游戏机制——
高级游戏设计技术

[美] Ernest Adams　Joris Dormans　著　　石曦 译

人民邮电出版社
北　京

图书在版编目（CIP）数据

游戏机制：高级游戏设计技术 /（美）亚当斯
(Adams,E.)，（美）多尔芒（Dormans,J.）著；石曦译
. -- 北京：人民邮电出版社，2014.4
　ISBN 978-7-115-34049-8

　Ⅰ. ①游… Ⅱ. ①亚… ②多… ③石… Ⅲ. ①游戏—
软件设计 Ⅳ. ①TP311.5

　中国版本图书馆CIP数据核字(2013)第294886号

版 权 声 明

◆ 著　　　　[美] Ernest Adams Joris Dormans
　　译　　　　石　曦
　　责任编辑　陈冀康
　　责任印制　王　玮

◆ 人民邮电出版社出版发行　　北京市丰台区成寿寺路 11 号
　　邮编　100164　　电子邮件　315@ptpress.com.cn
　　网址　https://www.ptpress.com.cn
　　涿州市般润文化传播有限公司印刷

◆ 开本：800×1000　1/16
　　印张：21　　　　　　　　　　2014 年 4 月第 1 版
　　字数：378 千字　　　　　　　2024 年 12 月河北第 35 次印刷

　　著作权合同登记号　图字：01-2012-7092 号

定价：119.90 元
读者服务热线：**(010) 81055410**　印装质量热线：**(010) 81055316**
反盗版热线：**(010) 81055315**
广告经营许可证：京东市监广登字 20170147 号

内容提要

　　游戏机制是游戏核心部分的规则、流程以及数据。在游戏设计中，游戏机制居于核心地位。它们使游戏世界生动多彩，产生出供玩家解决的种种灵活挑战，并决定着玩家的行动在游戏中产生的效果。游戏设计师的工作，就是打造出能够产生挑战丰富、乐趣十足、平衡良好的可玩性的游戏机制。

　　本书介绍游戏机制的本质，教授读者如何设计、测试及调整游戏的核心机制。全书共包括 12 章，分别从不同角度介绍和阐述了游戏机制，介绍了用于构建和模拟游戏机制的 Machinations 工具，展示了实用案例、常见的机制以及设计模式，还探讨了模拟和平衡游戏、构建经济机制、关卡设计与机制设计的融合以及有意义的机制等相对深入的话题。

　　本书适合学习游戏设计的学生以及希望对游戏机制的设计、构建和测试加深了解的业内人士阅读参考。

谨以本书纪念 Mabel Addis Mergardt。她主持设计的《The Sumerian Game》（后以《HAMURABI》这个名字为人熟知）是我玩过的第一个具有内部经济的游戏。

— Ernest W. Adams

献给挚爱的 Marije van Dodeweerd。

— Joris Dormans

致谢

这本书的写作契机，源于我们两人在一个学生 game jam❶ 活动中的深夜会谈。这个活动叫做 "G-Ameland"，在荷兰北部海域的一个小岛上举办。当时，Joris Dormans 向 Ernest Adams 演示了他开发的 Machinations 框架，Ernest Adams 立刻说："我们应该写一本关于游戏机制的书。"然而，这项工作花了差不多两年才完成。在这期间，我们受益于很多人的建议和帮助，现在是向他们表达感谢的时候了。

我们向各自深爱的妻子 Mary Ellen Foley 和 Marije van Dodeweerd 致以最深的感谢。你们宽容地忍受了一个个不眠深夜、假期的泡汤以及我们写作不顺时偶尔的歇斯底里。我们一定会尽力补偿你们！

Stéphane Bura 在看到 Machinations 示意图最初的静态版本后，向 Joris 提出了开发一个交互式工具的建议。

Jesper Juul 提出了突现型游戏和渐进型游戏这种分类方法。这种方法极其宝贵，本书从头至尾都受其影响。

在 Machinations 框架接受正式评审时，Remko Scha 作为 Joris Dormans 的博士导师起到了很重要的作用。

Mary Ellen Foley 欣然核实了我们所有的参考文献。

阿姆斯特丹应用科学大学的老师和学生们一直以来都积极地担当我们的测试对象，书中使用的许多材料都得归功于他们。

感谢那些授权我们使用图片的人：Alexandre Duret-Lutz 提供了《卡坦岛》（The Settlers of Catan）的图片；Andrew Holmes 提供了《Kriegsspiel》的图片；Jason Lander 提供了《电力公司》（Power Grid）的图片；Johan Bichel Lindegaard 提供了《Johann Sebastian Joust》的图片；维基共享资源贡献者 popperipopp 提供了屏风式四子棋的图片。我们还要感谢 Giant Bomb 网站（www.giantbomb.com）同意我们使用他们收藏的游戏截图。

Machinations 工具使用了 FlashDevelop 这个开源的开发工具来编写，感谢创造出这个工具的 Mika Palmu、Philippe Elsass 和其他贡献者。

我们极其感谢参与开发了开源的可缩放矢量图形编辑器 Inkscape 的许许多多无名人士。没有 Inkscape，书中插图的制作将会困难得多。

我们要感谢 Ernest Adams 的经纪人 Margot Hutchison 为合约所做的协助。Tobi Saulnier 是我们聪慧且眼光敏锐的技术编辑。她为本书提出的建议虽然是无形的，但却实实在在地反映在全书的字里行间。我们很感激这位游戏公司的首席执行官能抽出时间来给

---

❶ game jam 是一种具有高度挑战性的游戏开发活动。参与者们通常会聚集到一起，分组合作，在极短时间内（通常是一到两天）制作出一个或数个可玩的电子游戏（有时也允许制作桌上游戏）。——译者注

予我们帮助。Robyn G. Thomas，我们那不知疲倦、似乎永不睡眠的开发编辑，以软硬兼施的手段，以及对细节的追求和一贯的鉴别力，自始至终地监督着本书的成书过程。最后，我们要特别感谢 Peachpit 出版社的高级编辑 Karyn Johnson，她在一开始就对我们报以信赖，使我们得以写出本书。

我们还得补充一句：书中如有任何错误或疏漏，应完全归咎于作者，与上述诸君无关。

如有任何评论、问题和批评意见，欢迎致信作者。Joris Dormans 的邮箱是 jd@jorisdormans. nl，Ernest W. Adams 的邮箱是 ewadams@designersnotebook.com。

作者简介

Ernest W. Adams 是一名美国游戏设计顾问和教师，现定居于英国。除顾问工作外，他还开办游戏设计研讨班，并在各种会议和大学中发表演讲，广受欢迎。Adams 先生从 1989 年起就在互动娱乐行业中工作，并在 1994 年成立了国际游戏开发者协会（International Game Developers' Association）。他最近一次任职是在牛蛙公司（Bullfrog Productions）担任主设计师。在那之前的若干年中，他在美国艺电（Electronic Arts）担任《Madden NFL》系列橄榄球游戏的音效和视觉制作人。在早期职业生涯中，他曾担任软件工程师，开发过网络游戏、电脑游戏和游戏机平台的游戏，涉及平台从 IBM360 大型机到当今的游戏设备。Adams 还是其他四本书的作者，包括与本书联系紧密的著作《Fundamentals of Game Design》。他还为 Gamasutra 网站上面向游戏开发者的网络杂志撰写《Designer's Notebook》系列专栏。他的专业网站是 www.designersnotebook.com。

Joris Dormans 博士是一名荷兰讲师、研究员和游戏可玩性工程师❶，现居住于荷兰阿姆斯特丹。他从 2005 年起就在游戏行业和高等教育行业工作。过去四年中，他一直致力于研究可用于游戏机制设计的规范化工具和方法。他的另一个研究领域是如何通过标准化的设计方法来有序地构建出游戏。Dormans 博士曾在许多学术和行业会议中发表论文并主办研讨班。作为一名自由的独立游戏设计师，他已经发表了多个电子游戏和桌上游戏作品，包括故事驱动型冒险游戏、物理平台游戏以及一个政治讽刺题材的卡牌游戏。他还参加了迄今为止的每一届 Global Game Jam 活动。他的专业网站是 www.jorisdormans.nl。

技术审阅者简介

Tobi Saulnier 是 1st Playable Productions 的首席执行官。1st Playable Productions 是一

---

❶ 游戏可玩性工程师（gameplay engineer），通常指游戏开发团队中主要负责为游戏逻辑、机制等可玩性要素构建代码的程序员。从事该工作的人员除了需具备编程能力以外，还应对游戏可玩性有充分的理解。——译者注

个致力于为特定人群设计并开发游戏的工作室，其开发的游戏涵盖多个类别，以满足不同玩家群体的游戏偏好，包括针对幼儿、女孩、中学生、青年人等特定群体的游戏和适用人群较广的游戏。此外工作室还开发教育类游戏。在 2000 年进入游戏行业前，Tobi 曾在通用电气公司的研发部门负责嵌入式分布系统的研发管理，并且领导了新产品开发、软件质量、商业策略及外包等业务的革新工作。她拥有伦斯勒理工学院电气工程专业的学士、硕士及博士学位。

前言

这是一本涉及游戏最深层次的书。一个游戏无论看上去多么棒，如果其机制乏味或失衡，那么它玩起来就不会有趣。游戏机制产生可玩性，要创造出优秀的游戏，你必须懂得这件事之中的道理。

本书将告诉你如何设计、测试及调整游戏的核心机制。这些理论适用于任何游戏——从庞大的角色扮演游戏（RPG，role-playing game）到手机休闲游戏，再到传统的桌上游戏 (board game)。在学习过程中，我们会使用大量你可能已经耳熟能详的实际游戏作品作为案例，包括《吃豆人》（Pac-Man）、《地产大亨》（Monopoly）、《文明》（Civilization）、《星际争霸 II》（StarCraft II）等等。

本书不是要教你如何用 Unreal 引擎制作 mod，也不是要教你如何克隆别人的成功作品。本书名为"高级游戏设计"是有原因的。在本书中，我们会教你永不过时的关于游戏机制设计的理论和实践经验，并且为你提供所需的辅助工具——这些知识和工具既适用于一段课程，也适用于一段职业生涯乃至你的一生。

本书还有两个独有特点，你在其他游戏设计教科书里是找不到它们的。其中一个是名为 Machinations 的最新工具。使用它，你可以在自己的电脑上将游戏机制视觉化呈现出来，并模拟其运行效果，而且完全不用和代码以及电子表格打交道。Machinations 使你能实际看到机制内部是如何运作的，并收集统计数据。担心你设计的游戏内部经济机制不够平衡？Machinations 可在数秒内运行 1000 次测试，使你游刃有余地掌握游戏的运作机制和数据。Machinations 由 Joris Dormans 开发，能够轻松地在任何安装了 Adobe Flash Player 的电脑浏览器中运行。不过，你也并不一定非得用它，它只是一个用于辅助概念的工具。

本书的另一独有特性是"设计模式库"。此前也有其他人尝试在著作中列出游戏设计模式，但我们的模式首次提炼出了游戏机制设计的本质：它是游戏经济的深层次结构，能够产生挑战和各种各样的反馈循环。我们总结出了一批经典模式，涵盖多个类别，例如增长、阻力、渐增等引擎类模式，另外还阐述了如何令机制产生出平稳循环、军备竞赛、交易系统等模式。我们对这些规律进行了总结归纳，使它们足够全面，以供你应用到自己的任何游戏中，同时也将这些规律处理得足够实用化，以供你将它们载入到 Machinations 工具中观察它们如何运作。

在游戏设计中，游戏机制居于核心地位。它们使游戏世界生动多彩，产生出供玩家解决的种种灵活挑战，并决定着玩家的行动在游戏中产生的效果。游戏设计师的工作，就是打造出能够产生出挑战丰富、乐趣十足、平衡良好的可玩性的机制。

这本书就是为了帮助你达到这个目标而写的。

本书目标读者

本书针对的读者是学习游戏设计的学生，以及希望对游戏机制的设计、构建和测试加深了解的业内人士。尽管我们已尽力保证条理清晰，但本书并非入门读物。本书是对作者之一 Ernest Adams 的另一本著作《Fundamentals of Game Design》❶（由 New Riders 出版）的延伸。本书会时常引用这本著作的内容，如果你对游戏设计的基本理论缺乏认识，那么首先阅读最新版的《Fundamentals of Game Design》应该会有很大帮助。

本书在每章末尾提供练习题，供你实践我们传授的设计原理。与《Fundamentals of Game Design》不同，这些练习很多需要利用电脑来完成。

本书组织结构

本书包括 12 章，以及包含有用参考信息的附录。附录 A 中还包括 Machinations 的速查手册。

第 1 章，"设计游戏机制"：阐述了本书的关键理念，定义了书中使用的术语，并讨论了应于何时、如何着手设计游戏机制。这一章还列举了若干种原型构建方法。

第 2 章，"突现和渐进"：介绍并比较了突现和渐进这两个重要的概念。

第 3 章，"复杂系统和突现结构"：阐述了复杂系统的本质，并解释了复杂性是如何生成突现且不可预测的游戏系统的。

第 4 章，"内部经济"：对内部经济机制进行了概述，说明了经济结构是如何影响游戏走势，并产生出不同的玩法阶段的。

第 5 章，"Machinations"：介绍了 Machinations 这种可视化设计语言，以及可用于构建和模拟游戏机制的 Machinations 工具。这一章还包括一个扩展案例，展示了如何模拟构建《吃豆人》这款游戏。

第 6 章，"常见机制"：阐述了 Machinations 的一些高级功能，并以多个常见的游戏类型为范例，演示了如何用 Machinations 来构建和模拟各种常见游戏机制。

第 7 章，"设计模式"：对设计模式库中的模式进行了综述，提出了一些如何利用它们来激发设计灵感的建议。

第 8 章，"模拟并平衡游戏"：以《地产大亨》和威尔·莱特的《SimWar》作为分析案例，阐述了如何使用 Machinations 模拟并平衡游戏。

第 9 章，"构建游戏经济"：以《凯撒大帝Ⅲ》为例，对经济构建型游戏进行了探讨，并一步步带领你设计并完善一款自己的游戏：《月球殖民地》。

第 10 章，"将关卡设计和游戏机制融合起来"：这一章转入了一个全新的领域，探讨

---

❶ 中译本《游戏设计基础》，机械工业出版社出版。——译者注

了游戏机制该如何与关卡设计相融合，以及合理安排的序列式挑战可如何帮助玩家学习游戏玩法。

第 11 章，"渐进机制"：这一章讨论了两类渐进机制。首先，我们探讨了传统的"锁—钥匙"机制。然后，我们分析了突现型渐进系统，这种系统把进度当做游戏经济中的一种资源来对待。

第 12 章，"有意义的机制"：作为本书的结尾，这一章探讨了在一些意在向现实世界传达信息的游戏中，机制在传递意义时应扮演何种角色。随着游戏开发者为医疗护理、教育、慈善等目的而创作出的严肃游戏越来越多，这个主题的重要性也越来越高。

附录 A，"Machinations 速查手册"：列出了 Machinations 工具最常用的一些功能。

附录 B，"设计模式库"：包含了我们总结的设计模式库中的一些模式。完整的设计模式库可以在附录 B 的在线版中找到，网址是 www.peachpit.com/gamemechanics。此外，在这个网站上还能找到第 7 章中提到的各个设计模式的一些详尽扩展资料。

附录 C，"Machinations 入门指南"：包含了教导如何使用 Machinations 工具的教程。该附录需在 www.peachpit.com/gamemechanics 上下载。

本书配套网站

在 www.peachpit.com/gamemechanics 这个网页中（原书 ISBN978-0-321-82027-3），你可以找到供教师使用的教学材料、书中用到的许多 Machinations 示意图的数字版本、更多设计模式，以及一步一步教你使用 Machinations 的教程。只需注册成为 Peachpit 网站的会员，就可以访问这些额外资料。注意：网站上的资料随时可能更新，因此请确保你访问的是最新版本。

目录

第1章

设计游戏机制

　　游戏机制是游戏核心部分的规则、流程以及数据。它们定义了玩游戏的活动如何进行、何时发生什么事、获胜和失败的条件是什么。本章将介绍五种游戏机制，并说明它们是如何在一些常见的电子游戏类别中得到体现的。本章还会告诉你应该在游戏设计的哪一阶段中设计和构建机制原型，并详细阐述三种原型构建方法，分析各自的优点和缺点。读完本章后，你应该能清晰地理解游戏机制的作用和设计思路了。

1.1　规则定义游戏

　　游戏这个概念有很多不同的定义。但大多数说法都同意：规则是游戏的本质特性。例如，在《Fundamentals of Game Design》一书中，Ernest Adams 是如此定义游戏的：

　　游戏是在一个模拟出来的真实环境中，参与者**遵照规则行动**，尝试完成至少一个既定的重要目标的游乐性活动。

　　在《Rules of Play》中，Katie Salen 和 Eric Zimmerman 提出如下定义：

　　游戏是一个让玩家**在规则的约束下**参与模拟的冲突，最终产生可量化的结果的系统。

　　在《Half-Real》中，Jesper Juul 说：

　　游戏是一个基于规则的系统，产生一个不定的且可量化的结果。不同的结果被分配了不同的价值，玩家为了影响游戏结果而付出努力，其情绪随着结果而变化。游戏活动的最终结果有时可转换为其他事物❶。

　　注意每段话中的粗体字。我们并非要刻意比较它们的不同，或决出一个"最佳定义"。这里的重点是，它们都提到了规则。在游戏中，规则决定了玩家能做什么，以及游戏如何对玩家的活动做出反应。

> ### 作为状态机的游戏
>
> 　　很多游戏，以及游戏的组成部分，可以理解成状态机（可参考 Järvinen 2003; Grünvogel

---

❶　例如，现实世界中的金钱。——译者注

2005; Björk & Holopainen 2005)。状态机是一种假想的机器，有若干种不同的状态，每种状态都可依据一定的规则向其他状态转化。想想 DVD 播放机吧：当它正在播放 DVD 时，机器处于播放（play）状态；如果按下暂停按钮，就转化为暂停（paused）状态；如果按下停止按钮，会回到 DVD 菜单画面——又是一种不同的状态；如果按下播放按钮，则什么都不会发生——播放机仍然停留在播放（play）状态。

　　游戏开始时，它总是处于一个初始状态。玩家的行为（通常还有游戏的机制）可引出其他新状态，直到进入一个终止状态为止。在很多单人电子游戏中，这个终止状态要么是获胜，要么是失败，要么是玩家主动退出游戏。游戏的状态常常反映出玩家自己、盟友、敌人和其他玩家的位置，以及重要游戏资源的当前分布状况。通过把游戏抽象为状态机来看待，研究者可以确定是哪项规则使游戏进入其他状态。此外，依靠一些成熟的方法，计算机科学家可以设计、构建出拥有有限（finite）数量状态的状态机。然而，与 DVD 播放机相比，游戏中的状态类型实在太多，以至于无法一一罗列出来。

　　有限状态机有时被用于定义非玩家角色（NPC，non-player characters）的简单的人工智能（AI，Artificially Intelligent）行为。例如在战争游戏中，单位常常具有攻击、防御、巡逻等几种状态。然而本书并不是关于 AI 的，因此我们不会在书中探讨相关的技术。对于学习本书所涉及的这类复杂游戏机制而言，状态机理论并无帮助。

1.1.1　游戏是不可预测的

　　游戏的结果不应该一开始就明了。一定程度上，游戏应该是**不可预测的**。可预测的游戏通常没什么乐趣。要让游戏的结果不可预测，一个简单方法是加入偶然因素，例如桌上游戏中的掷骰子或转盘，21 点或 Klondike（单人纸牌类游戏 ❶ 中最常见的一种形式）这样的游戏几乎完全依赖于偶然因素。然而，在流程更长的游戏中，玩家会期望用技巧和策略来影响游戏。当玩家觉得他们在游戏中的决策和技巧根本无关大局时，就会很快陷入沮丧。纯偶然性的游戏在赌场里会有一席之地，但对于其他大多数游戏来说，技术也应是赢得胜利的一个因素。游戏流程越长，这点就越理所当然。

　　除了偶然性之外，还有另外两种深奥一些的方法能使游戏产生不可预测性：让玩家做选择，以及设计出能衍生复杂玩法的游戏规则。

 注意：在游戏和其他模拟机制中，包含偶然因素的过程（比如掷骰子来决定移动步数）称为随机过程（stochastic processes）。不含偶然因素，并且根据其初始状态就可以确定结果的过程，称为确定性过程（deterministic processes）。

　　像石头剪子布这样的简单游戏是不可预测的，因为其结果取决于玩家的选择。石头剪

---

❶　原文为 Solitaire，指一切能一个人玩的纸牌游戏。Klondike 是其中一个子类。例如，Windows 操作系统自带的《纸牌》就是一个 Klondike 游戏。——译者注

子布的规则不会对某一种选择有利，也不会产生什么优势策略。你或许可以试着使用移情技巧来揣摩对手的想法，或利用对手的逆反心理来影响其行动，但也仅此而已。在每个玩家能够控制的因素之外，还存在很大的变数。经典桌上游戏《外交》（Diplomacy）就使用了类似的机制。在这个游戏中，玩家可操控的部队只有一小批陆军和海军。规则规定，在一场战斗中兵力较多的一方即获胜。但是，由于每一回合中所有玩家都要在纸上秘密写下各自的走法，然后同时进行移动，因此玩家必须在之前的谈判阶段就运用社交技巧来探明对手的进攻计划，并说服盟友为自己的战略计划提供帮助。

当游戏规则十分复杂时，也会产生不可预测性，至少对人类玩家是这样。复杂系统通常包括许多可交互的组成部分。单个组成部分的运作规则可能简明易懂，但是组成一个整体之后，其运作机制就会相当高深、难以预测。国际象棋就是这种效应的一个经典例子。16 枚棋子各自的移动规则都很简单，但这些简单的规则组合在一起后，就形成了一个具有高度复杂性的游戏。阐述国际象棋策略的书籍多到足以堆满若干座图书馆。高水平的棋手还可以运用一系列走法构建陷阱，然后引诱对手上钩。在这类游戏中，判断游戏的当前局势，并理解游戏策略上的复杂性，是最重要的游戏技巧。

大多数游戏都混合了以上三种产生不可预测性的要素，即偶然性、玩家选择以及复杂的规则。对于这些要素的组合方式，不同玩家有不同的偏好。一些人喜欢随机因素丰富的游戏，而另一些人喜欢以策略性或复杂性为主的游戏。在这三种方案中，偶然性是最容易实现的，但它并不一定是产生不可预测性的最佳方案。另一方面，规则复杂、能为玩家提供大量选择的系统很难设计好，而本书就是为了帮助你达到这个目标而写的。在游戏规则所能做到的事中，为玩家提供有趣的选择尤其重要，本书的大多数章节就是用于阐述相关的设计方法的。在第 6 章中，我们从多个方面介绍并阐述了各种生成随机数的方法（相当于用软件来模拟掷骰子），但我们认为，在游戏机制设计中，偶然性仍应作为次要的、辅助性的因素。

1.1.2　从规则到机制

电子游戏设计的业内人士通常更喜欢使用术语游戏机制（game mechanics），而非游戏规则（game rules），因为规则（rules）一词通常被看作玩家应明确知晓的、能够印刷成册的那种说明和指南，而电子游戏的机制实际上是对玩家隐藏的，它们以软件的形式实现，并不存在一个直观的用户界面供玩家了解它们。和桌上游戏以及卡牌游戏不同，电子游戏本身能够教玩家如何玩游戏，因此它的玩家无需事先了解规则。规则和机制是相关联的概念，但机制更加详尽具体。例如，《地产大亨》❶（Monopoly）的规则只有寥寥数页，但它的机制则包括全部地产的价格以及所有机会卡和宝物卡上的文字指令。也就是说，机制涵盖了影响游戏运作的一切要素。游戏机制必须足够详尽，并明确说明所有必需细节，以使程序员能够清晰准确地将它们转化为代码。

---

❶ 又译为《大富翁》、《强手棋》。——译者注

核心机制（core mechanics）这个术语经常用于指代那些最具影响力的机制。这些机制能够影响游戏的许多方面，并与其他重要性较低的机制（比如仅控制某一个游戏元素的机制）相互作用。例如，在一个平台游戏中，实现重力的机制就是核心机制。这种机制影响到游戏中几乎所有的运动物体，并与跳跃机制以及计算角色掉落伤害的机制相互作用。而只允许玩家在道具库中移动物品的机制就不是核心机制。控制非玩家角色自主行动的 AI 也不能看作核心机制。

在电子游戏中，大部分核心机制是隐藏的，但玩家在游戏过程中能逐渐掌握它们。经验丰富的玩家可以通过反复观察游戏的运作方式来推断出核心机制是什么，并学会利用核心机制在游戏中得到好处。核心机制与非核心机制并没那么泾渭分明，即使在同一游戏中，哪些机制才是核心机制，不同的游戏设计师也可能有不同的看法，而且依据游戏中情势的不同，核心机制也可能会发生改变。

“Mechanic” 还是 “Mechanism” ❶

游戏设计师们习惯使用“a game mechanic”（一种游戏机制）这种单数形式说法。它们可不是指修理游戏引擎的技工（mechanic），而是指控制某个特定游戏元素的一个单一原理（mechanism）。而在本书中，我们表达这种单数意思时更倾向于使用“mechanism”这个词，以指代一套涉及单个游戏元素或交互特性的游戏规则，这样的一个“mechanism”可能包含多项规则。例如，在一个横版卷轴平台游戏中，移动平台的“mechanism”包括平台移动的速度、平台可供游戏角色站在上面的特性、角色可随平台移动的特性以及平台移动特定距离或发生碰撞后就改变方向的特性等等。

1.1.3　机制是独立于媒介的

同一个游戏机制可以通过许多不同的媒介来实现。例如，一个桌上游戏是通过棋盘、筹码、棋子、转盘等游戏配件作为媒介来实现其机制的。这个桌上游戏也可以改编成电子游戏，以软件这种不同的媒介来实现其机制。

由于机制是独立于媒介的，多数游戏研究者对电子游戏、桌上游戏甚至身体运动类游戏并不加以区分。游戏的这些不同实体形式之间的关系，就如同下棋时是用手挪动实际棋盘上的棋子，还是操作软件移动电脑屏幕上的棋子图像一样。一个游戏可以以不同的媒介形式呈现出来，供人游玩。不仅如此，有时一个游戏还能同时用到不止一种媒介。现在有越来越多的游戏属于混合型的，有的桌上游戏附带了简单的计算机设备作为配件，也有的身体运动类游戏受惠于能与计算机无线连接的精巧设备。

此外，游戏机制的这种媒介独立性使得设计师可以只为一个游戏设计机制，然后再将这个游戏移植到不同的媒介上，从而大大节约开发时间，因为设计工作只需做一次就行了。

❶ 这段文字原书中是为了说明 Mechanic 和 Mechanism 两个词的区别，二者都译做“机制”，以保证文字流畅易读。——译者注

混合型游戏示例

《Johann Sebastian Joust》这个游戏由 Copenhagen Games Collective 开发，是混合型游戏设计的一个绝佳范例。此游戏不需要显示屏，只用到了扬声器。游戏在一个开阔空间里进行，每位玩家手持一只 PlayStation Move 控制器，如**图 1.1** 所示。游戏规定控制器移动过快的话就算出局，因此玩家需要在小心护住自己的控制器的同时，通过推挤其他人手中的控制器来击败对手，而且不得不以慢动作来完成这些活动。背景音乐的节拍会不时加快，指示出玩家可以移动的速度上限。《Johann Sebastian Joust》是一个混合型的多人游戏，它将身体运动和用计算机实现的简单机制结合起来，创造出了一种令人满意的游戏体验。

图 1.1　玩家正在聚精会神地玩《Johann Sebastian Joust》（图片基于知识共享－署名3.0 条款（CC BY 3.0）许可使用，由 Johan Bichel Lindegaard 提供）

在创建原型时，使用不同的媒介会有很大帮助。一般来说，编写软件比写一个桌上游戏规则所需的时间多得多。如果你的游戏做成桌上游戏或身体运动游戏一样能玩，那么用这些形式事先检验一下你的游戏规则和机制就是个不错的主意，以免你在电脑上实现它们时费力不讨好。如你在下一节中将看到的那样，高效的原型构建技术是游戏设计师的得力工具。

1.1.4　五种游戏机制

我们用机制（mechanics）这个术语来指代游戏中各实体之间的多种潜在关系。下面列出了五种不同机制。任选一个游戏，里面很可能会出现它们的身影。

- **物理**（physics）。物理是关于运动和力的科学。游戏机制有时能决定游戏中的物理特性（这些物理特性可以与现实中的不同）。游戏中的角色通常会不断移动，跳上跳下，或驾驶交通工具。在很多游戏中，物体的位置、移动方向以及物体之间的重叠碰撞是最主要的计算任务。从超现实主义风格的第一人称射击游戏到《愤怒的小鸟》（Angry Birds）这样的物理益智游戏，物理机制在许多现代游戏中扮演着重要角色。然而，游戏中的物理学其实并没那么严谨。有的游戏运用了所谓的卡通物理（cartoon physics），开发者修改了牛顿力学理论，使玩家能够控制角色做出空中变向这样不合常理的动作（我们同样把这类动作看成时机和节奏挑战，它们属于游戏物理机制的一部分）。

- **内部经济**（internal economy）。游戏元素的收集、消费和交易等机制构成了游戏的内部经济。游戏内部经济常常包括金钱、能源、弹药等常见资源，但除了这些有形物品以外，健康、声望、魔力等抽象概念同样属于游戏经济。在任何一部《塞尔达》（Zelda）系列的作品中，主人公林克（Link）拥有的心形血槽（一个可见的生命值量表）就是内部经济的一部分。很多角色扮演游戏中的技能点和其他可量化的能力值同样如此，这些游戏有着非常复杂的内部经济机制。

- **渐进机制**（progression mechanisms）。在很多游戏中，关卡设计规定了玩家在游戏世界中能够如何行动。传统上，玩家需要控制他在游戏中的化身（avatar）前往一个指定地点，在那里救出某人或击败主要反派人物从而过关。这类游戏中有很多用来封闭或解锁前往某一区域的通路的机制，玩家的进度被这些机制牢牢控制着。操作杆、开关和能用来破坏某些门的魔法剑等道具都是这种渐进机制的典型例子。

- **战术机动**（tactical maneuvering）。这种机制使玩家可以将单位分配到地图上的特定位置，从而获得进攻或防守上的优势。战术机动不仅在大多数策略类游戏中极其重要，在一些角色扮演游戏和模拟类游戏中也是关键的特性。战术机动机制通常明确规定了每种单位在每个可能的位置上具有何种战略意义。很多游戏把单位的位置限制在一个个格子中，国际象棋这样的经典桌上游戏就是一个例子。甚至电脑上的现代策略游戏也经常使用格子的概念，尽管它们很好地将格子隐藏在了细节丰富的画面之下。战术机动机制不仅出现在国际象棋和围棋等桌上游戏中，也出现在《星际争霸》（Starcraft）和《命令与征服：红色警戒》（Command & Conquer: Red Alert）这样的电脑策略游戏中。

- **社交互动**（social interaction）。直到不久前，大多数电子游戏除了禁止玩家之间串通共谋，或要求玩家必须对某些信息保密外，并不会对玩家之间的互动交流进行控制和管理。但如今，许多在线游戏的机制都鼓励玩家互赠礼物、邀请新朋友加入游戏，或进行其他社交互动。此外，角色扮演类游戏中可能会有规定角色应当如何进行表演的规则 ❶，策略类游戏中则可能会有规定玩家之间如何结盟和解盟的规则。这些引导玩家之间进行交互的机制，在桌上游戏和孩子们玩的传统民间游戏中有着更为悠久的历史。

1.1.5 机制和游戏类型

游戏行业根据可玩性将游戏划分为不同类型。有的游戏的可玩性源于内部经济，有的

---

❶ 例如，《魔兽世界》（World of Warcraft）等网络游戏会开设专用的"角色扮演"服务器，玩家在这类服务器中的言行举止必须严格遵守游戏的世界观和角色的种族、职业等身份设定，以求身临其境地融入游戏世界，达到如戏剧表演一样的效果。——译者注

源于物理，还有的源于关卡渐进、战术机动、社交互动等等。可玩性是由机制所产生，因此游戏的类型很大程度上影响着游戏规则。**表 1.1** 展示了一种典型的游戏分类方案，并说明了这些游戏类型以及相应的可玩性是如何与不同种类的机制相联系的。表中列出的几种典型游戏类型出自《Fundamentals of Game Design》第二版，我们将它们与以上五种游戏规则或结构一一对应。边框颜色越深，表示其内容在本类型大多数游戏中越重要。

表 1.1　　　　　　　　　游戏机制和游戏类型

	物理	经济	渐进	战术机动	社交互动
动作	控制移动、射击、跳跃等动作的细致物理机制	增益道具(power-ups);收集要素;得分;生命值	包含难度递增任务的预先设计好的关卡;为玩家设立目标的故事情节		
策略	控制移动和战斗的简单物理机制	单位建造;资源采集;单位升级;将单位置于战斗的风险之中	为玩家提供一系列新挑战的情景剧本	为获得进攻或防守优势而对单位位置的调动	经过协调的行动;玩家间的结盟和竞争
角色扮演	用于处理移动和战斗问题的相对简单的物理机制，经常基于回合制	用装备和经验值来定制角色或队伍	为玩家设立目标的故事情节和任务	团队战术	表演
体育	细致的模拟	队伍管理	赛季;对抗赛;锦标赛	团队战术	
驾驶模拟	细致的模拟	在任务之余对座驾进行维护调整	任务;竞速赛;挑战;对抗赛;锦标赛		
经营模拟		资源管理;经济建设	为玩家提供一系列新挑战的故事情节	资源管理;经济建设	经过协调的行动;玩家间的结盟和竞争
冒险		管理玩家的道具库	用来推动游戏发展的故事情节;控制玩家进度的锁-钥匙机制		
益智解谜	简单的、常常是非写实的和离散性的;物理机制产生挑战		一系列短小的关卡,关卡的挑战难度逐渐递增		
社交游戏		资源采集;单位建造;花费资源来定制个性化内容	为玩家设立目标的各种挑战和任务		玩家互相交易游戏内资源;游戏机制鼓励玩家间的协作或冲突

第 1 章

1.2 离散机制 vs. 连续机制

我们已经列出了五种游戏机制，但我们还需说明另一个重要的机制区分方法，即机制可以是**离散的**（discrete）或**连续的**（continuous）。现代游戏倾向于通过精确地模拟物理机制（包括前面阐述过的时机和节奏）来创造出流畅、连续的游戏流程，在这种情况下，将一个游戏物体左右移动半个像素就可能产生巨大的影响。为了最大限度保证精确性，游戏在计算物理机制时需要高度精确到若干位小数，这就是我们所说的**连续机制**（continuous mechanics）。与此相反，游戏的内部经济规则通常是离散的，用整数来表示。在内部经济中，游戏的元素和动作常常属于一个有限集合，无法进行任何过渡转变，例如你在游戏中通常没法得到半个增益道具，这就是**离散机制**（discrete mechanics）。游戏物理机制和经济机制的这种区别，影响着游戏对媒介的依赖程度、玩家互动的本质，甚至设计师的创新机会。

1.2.1 理解物理机制

为了模拟精确的物理机制，特别是实时的物理机制，需要高速进行大量数学运算。这通常意味着基于物理机制的游戏必须在计算机上运行。要创造一个桌上游戏版本的《超级马里奥兄弟》（Super Mario Bros.）就很难，因为这个游戏的可玩性主要是建立在移动和跳跃等物理动作上的。在平台游戏中，玩家需要像在现实中踢足球那样，运用物理性技巧控制角色做出灵巧的动作，而在桌上游戏中无法做到这一点。《超级马里奥兄弟》可能更适合改造成一个身体运动类游戏，用来考验玩家实际的奔跑和跳跃能力。需要注意的是，虽然你可以把"某个道具可以让你跳两倍高"之类的规则轻松照搬到游戏的其他媒介版本中，但在现实中这是无法实现的。连续的、物理类的游戏机制比离散的游戏经济机制需要更多的运算工作。

有趣的是，当你回顾早期的平台游戏和其他早期街机游戏时，会发现它们的物理运算比现在的游戏更具离散性。《大金刚》（Donkey Kong）中角色移动的连续性比《超级马里奥兄弟》低得多。在《Boulder Dash》中，重力机制表现为石块以每帧一格的恒定速率向下移动，虽然玩起来可能会很冗长，但把《Boulder Dash》改造成一个桌面游戏是可能的。在那个年代，定义游戏物理机制的规则和定义其他机制的规则之间的区别还没这么大。早期运行游戏的计算机没有任何浮点运算指令，因此游戏的物理机制不得不做得很简单。但时光飞逝，今天的平台游戏物理已经进化得如此精确和细致，以至于要将它们表现成桌上游戏即使可行，也是非常麻烦的。

1.2.2 将物理机制和策略性玩法相结合

离散性的规则使我们能够预测游戏局势、制定行动计划，并执行复杂的游戏策略。虽然要掌握这些有时候不太容易，但的确是可能的，而且有很多人以此为乐。此时玩家是在头脑和策略的层面上与离散机制进行交互，而玩家一旦掌握了游戏的物理机制，他们就能直观地预测每个动作产生的结果，但这种预测的准确度不高。在此类互动中，纯熟的操作技巧比头脑策略更为重要。物理技巧和头脑策略的不同，对于游戏可玩性来说是至关重要的。《愤怒的小鸟》和《粘粘世界》（World of Goo）是两个混合了物理机制和策略性玩法的游戏，它们很好地体现了这一点。

在《愤怒的小鸟》中，玩家需要用一只弹弓将小鸟发射出去，摧毁猪周围的防御工事，如**图 1.2** 所示。游戏的物理机制十分精确，因此玩家用触摸屏控制弹弓时发射速度和角度稍有不同就能产生完全不同的破坏效果。弹射小鸟主要要求的是玩家的物理操作技巧。《愤怒的小鸟》的策略性体现在一些由离散机制控制的要素上，关卡中可供使用的小鸟种类和数量是有限的，玩家必须分析防守薄弱点，制定攻击计划，才能最有效地对敌人进行打击。但玩家的攻击行动本身仍属于物理技巧，需要手眼协调能力，而且其攻击效果无法特别准确地预测到。

图 1.2 《愤怒的小鸟》

我们将《愤怒的小鸟》中结合物理技能和策略的方法与《粘粘世界》（**图 1.3**）比较一

下。在《粘粘世界》中，玩家需要利用数量有限的粘性小球来搭建建筑框架。游戏对于玩家所搭建建筑的物理模拟十分细致，重力、动量、质心等物理学概念都在游戏机制中起着重要作用，而且玩家在玩《粘粘世界》时确实能直观地理解它们。但比这些物理机制更重要的是，玩家需要学习如何运用他们最重要的（也是离散性的）资源——粘性小球来成功搭建起建筑结构。如果思考一下这种连续性的、精确到像素级的物理机制分别在《愤怒的小鸟》和《粘粘世界》中起到的效果，就会发现这两个游戏的不同之处很明显。在《愤怒的小鸟》中，一个像素的区别就能决定结果是致命一击还是完全打偏。在这一点上《粘粘世界》要宽容一些。在这个游戏中，释放一个粘性小球时左右偏离一点通常没什么影响，因为最后所形成的结构是相同的，并且弹力作用会把小球推回到同一个位置，游戏甚至在玩家释放小球前就显示出了会形成何种连接结构，如图 1.3 所示。你会发现，《粘粘世界》的玩法比《愤怒的小鸟》更具策略性。相对于连续机制，《粘粘世界》更依赖于用离散机制来创造玩家体验。

图 1.3 《粘粘世界》

1.2.3　利用离散机制进行创新

　　相比于目前形式的连续机制，离散机制能够提供更多的创新机会。随着游戏和游戏类型的变化，设计师们设计物理机制的方法已经发展成不多的几个方向，每个方向紧密对应一个游戏类型。大多数时候，彻底改变一个第一人称射击游戏的物理机制几乎没有意义。实际上，随着越来越多的游戏使用现成的物理引擎作为中间件来实现这些机制，这个领域的创新空间也越来越小。另一方面，每个设计师都希望做出独一无二的东西，很多第一人称射击游戏也确实实现了独特的增益道具系统或者收集并消费物品的经济系统，使得它们的可玩性与竞争者有所不同。经济机制上的创造和革新空间比物理机制大得多。本书也是专注于离散机制的。

　　回顾电子游戏 40 年的历史，我们会发现游戏物理的进化速度明显比游戏中的其他任何机制都快得多。这是因为牛顿物理理论已经非常成熟，计算机速度也在飞快增长，使模拟物理机制较为容易。而经济机制则更为复杂高深、难以设计。在本书中，我们希望为你提供一个可靠的理论框架，使创造非物理的、离散性的机制更加容易。

　　　　注意：本书是从游戏机制的角度来看待并分析游戏可玩性的，这个角度是狭义的，它主要集中于游戏机制，而淡化了游戏的其他许多方面。你可以把这种看待游戏和游戏可玩性的角度称作游戏的机制性视角。不过，我们并非主张这是分析游戏时唯一的和最好的视角。在很多游戏中，美术、剧情、声效和音乐等要素对玩家体验作出的贡献不比可玩性小，有时甚至更多。不过，我们写这本书是为了探讨游戏机制和可玩性之间的关系的，这也是本书所专注的观点。

1.3　机制和游戏设计过程

　　设计游戏有各种各样的方法，这些方法几乎跟全世界游戏公司的数量一样多。在《Fundamentals of Game Design》中，Ernest Adams 倡导一种叫作以玩家为中心（player-centric）的设计方法，这种方法将重点集中在玩家所扮演的角色，以及他们从中体验到的可玩性上。根据 Adams 的定义，可玩性（gameplay）❶ 就是游戏施加给玩家的一系列挑战的组合，以及游戏允许玩家做的事情。机制产生可玩性。我们来设想马里奥跳过一个沟壑时的情况：关卡设计或许能决定沟壑的外形，但是，是游戏中的物理定律（即游戏的物理机制）决定了马里奥能跳多远，重力如何产生作用，以及某次跳跃是成功还是失败。

　　由于可玩性是由机制产生，因此我们鼓励你先想清楚要为玩家提供什么样的可玩性，然后再开始设计机制。本节所描述的游戏开发过程基于以玩家为中心的设计，并特别强调了如何创造复杂但平衡的游戏机制。

1.3.1　游戏设计流程概述

　　粗略地说，一个游戏的设计流程分为三个阶段：概念设计阶段、详细设计阶段、调整阶段。我们会在下面一一阐述它们。你可以在《Fundamentals of Game Design》一书中了解到这些阶段的更多信息。

---

❶　"gameplay" 词义灵活，本书中一般译为"可玩性"，有时会依据上下文将其译为"玩法"。——译者注

概念设计阶段

在**概念设计阶段**（concept stage），设计团队会决定游戏的总体概念、目标受众以及玩家所扮演的角色。这一阶段的成果会被整理成一份愿景文档（vision document）或展示文档（game treatment）❶。一旦确定了这些关键要素，你在余下的整个开发过程中都不应该改变它们。

在概念设计阶段，如果你不确定想要做哪种游戏的话，可以**非常**快速地为游戏的基本机制开发一个试验性版本，看看它是否能产生有趣的可玩性。这种概念验证（proof-of-concept）式的原型还能帮助你向其他团队成员或投资者展示你的设计构想，或用于玩测（playtest）❷关键的游戏概念。然而，你应当假定进入详细设计阶段以后你会把这些成果抛弃掉，从头开始。这样你在概念设计阶段就会工作得更快，用不着操心做出来的东西满是bug。在这个阶段结束之前，你不应该开始设计实际的最终机制，因为你的计划很可能还会改变，这会浪费掉先前的努力。

详细设计阶段

详细设计阶段（elaboration stage）通常在项目正式投入资金后开始，是游戏进入全力开发的阶段。在这个阶段中，你需要创建游戏机制和关卡、撰写故事情节、制作美术资源等等。此外，开发团队在这个阶段保持短期的迭代开发循环是至关重要的。每次迭代会产生一些可玩的功能或原型，这些成果经测试评估后，你才能继续进行设计。不要指望每件事情都能第一次就做对，在这个阶段你会不得不重新设计许多功能。另外，从开发组外部找一些属于目标人群的玩家来对游戏的某些部分进行玩测也是一个好主意。如果只靠开发组成员来试玩原型，你就没法知道真正的玩家实际上是怎样玩这个游戏的。你的开发组成员未必是游戏的目标玩家，而且他们对这个游戏实在是太了解了，很难成为合适的被测者。

调整阶段

调整阶段（tuning stage）以特性冻结（feature freeze）作为开始。你需要代表整个团队作出决定，认可游戏已开发完的各种特性，并保证不再添加更多的新特性，从而集中精力打磨和润色已有的东西。执行特性冻结可能会很困难：你仍在制作这个游戏，头脑中仍会不断蹦出一些之前没想到的漂亮点子。但是，此时开发已经进入后期阶段，即使微小的改变也可能造成潜在的毁灭性后果，让 debug 和调整任务的工作量剧增，所以不要这么做！你需要注意，调整阶段是一个减法过程，你应该抛弃那些无法正常运作的或价值微小的功能，而专心设计那些确实能为游戏增光添彩的东西。此外，为游戏项目制定计划时很容易低估调整阶段的工作量。根据我们的经验，打磨和调整游戏所需的时间大约会占去总

---

❶ 这两种文档都用于向投资者或上级展示游戏概念、开发计划和卖点等。——译者注

❷ "playtest" 是一个游戏行业术语，指在游戏发行之前让测试者（可以是从外部招募的玩家，也可以是开发团队成员）实际试玩游戏的一种测试方法。本书将其译为"玩测"。玩测可帮助开发者找出游戏存在的问题，同时也可作为一种市场调查和数据收集手段。——译者注

开发时间的三分之一到一半。

设计文档

游戏设计文档用于在游戏开发期间记录下设计。每个游戏公司都有自己的文档标准，而且使用文档的方式都不相同。一般来说，游戏文档需要在开头简要阐述游戏概念、目标受众、核心机制和预期的美术风格。许多公司的文档都保持及时更新，每个新加入的机制和新设计的关卡都会被记录到文档中。由于这个原因，设计文档常常被称为活文档（living documents），因为它们会与游戏共同成长。

由于许多原因，记录下设计过程十分重要。写下目标和期望，会帮助你在开发的后期阶段保持正轨。写下设计决定，会防止你在开发期间一遍又一遍地修改已经做好的设计。最后要说的是，在团队式开发中，一个明确说明了集体目标的文档非常有用，它减少了团队努力的方向出现分歧的概率，以免你最后不得不花费大量精力来处理各种功能不相容的问题。

目前，我们建议你找到最适合自己的文档使用方法，并养成用这种方法记录设计的习惯。你可以在《Fundamentals of Game Design》一书中找到更详细的相关论述和一些有用的设计文档模板。

1.3.2 尽早设计机制

构建游戏机制并不容易，我们建议你在详细设计阶段的早期就开始设计游戏机制。这有两个原因。

- 可玩性由游戏机制产生。要仅仅通过一堆规则来展现出你构建的可玩性是否有趣，即使并非不可能，也是很困难的。检验你设计的机制是否靠谱的唯一方法就是试玩，而且最好是同别人一起玩。为此你可能需要制作一些原型，我们会在后面的章节中详细讨论这点。
- 本书所重点关注的游戏机制属于复杂系统，游戏可玩性建立在这个系统内部的微妙平衡之上。如果进入开发后期阶段之后，再向运转良好的机制中加入新特性或者改变已有的功能，就会很容易破坏掉这种平衡。

一旦你的核心机制运行良好，并且你确信它们平衡且有趣，你就可以开始制作关卡及配套的美术资源了。

首先制作玩具

游戏设计师 Kyle Gabler 为 2009 年的 Global Game Jam 活动录制过一段主题视频。

他在视频中给出了怎样在短时间内开发一个游戏的 7 个小提示。这些提示非常有用，我们建议你把它们应用到大多数开发项目中，无论项目有多少时间。

其中一个提示和此处讨论的内容非常契合，就是首先制作玩具（make the toy first）。Gabler 建议，在你动手制作游戏资源和其他内容前，应该首先确保你的机制能够顺利工作。这意味着你应当为游戏机制做一个原型或者其他能够检验概念的方案。这个机制可以没有漂亮的画面、清晰的玩家目标或巧妙的关卡设计，但它玩起来要有趣。也就是说，你需要设计一个自身能提供有趣交互的"玩具"，然后再在此基础上构建你的游戏。显而易见，我们非常赞同 Gabler 的意见，并鼓励你遵从他的建议。

你可以在 www.youtube.com/watch?v=aW6vgW8wc6c 完整观看 Gabler 的这段诙谐有趣的视频。

1.3.3   找对方法

如上所述，要保证游戏机制正确运作，就必须把它们制作出来。本书的理论和方法会帮助你理解机制的运作原理，并为你提供能够高效地制作早期原型的最新工具。但这些理论和工具并不能代替真实的东西。你必须建立实际原型，并尽可能多地对它进行迭代修改，才能创造出机制平衡且新颖的游戏。

1.4   原型制作技术

原型是产品或工序的一个模型，它通常是预备性的、不完整的。它的作用是在产品实际制造出来之前测试产品的可用性。由于原型不像最终产品那样需要仔细润饰和打磨，因此它构建和修改起来更为快速且廉价。游戏设计师制作原型来测试游戏的机制和可玩性。游戏设计师经常使用的原型技术有软件原型（software prototype）、纸面原型（paper prototype）和物理原型（physical prototype）。

1.4.1   一些术语

多年以来，软件开发者们创造了很多术语来描述不同种类的原型。**高保真原型**（high-fidelity prototype）在很多方面都很接近预期的产品。在一些情况下，高保真原型会被加工成为最终产品，但它制作起来比较费时。

相比之下，**低保真原型**（low-fidelity prototype）制作起来较快，并且不需要像高保真原型那样接近最终产品。低保真原型与最终产品使用的技术通常不同。你可以制作一个2D Flash 游戏作为游戏机上的 3D 游戏的原型，甚至用 PowerPoint 做一个交互式故事板也行。开发者利用低保真原型来快速测试他们的点子，这些原型通常只着重于游戏的某个特定方面。

除了原型之外，游戏开发者还可创建预期产品的**垂直分片**（vertical slice）。这个术语来源于软件项目的一种视觉表述方式，如**图 1.4** 所示。垂直分片是一种原型，它包含了实现一个或若干个游戏特性所需的一切要素（代码、美术、声音等等）。垂直分片可用于测试游戏任一时刻的可玩性，而且使你无需展示最终产品就能让别人知道你的游戏大致是什么样子。**水平分片**（horizonal slice）是包含了游戏某些方面的全部组成部分的原型，但完全不涉及游戏的其他方面。例如，一个水平分片可能包含了完整的用户界面，但却未包含任何功能性机制。

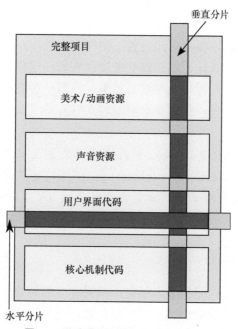

图 1.4 游戏项目的垂直分片和水平分片

1.4.2 软件原型

如果你想要了解玩家对你的游戏的看法，最好的方法是快速制作一个与你的设计十分近似的软件原型，越快越好。为了提升原型构建的速度，使用开源游戏引擎或GameMaker、Unity 等游戏开发环境有时是不错的选择，即使它们的运行平台与你的目标发布平台完全不同也没关系。

使用软件原型的好处是你能很好地评估你的游戏的可玩性，就算美术资源只是临时的、各种功能满是 bug 或者尚未完成也无所谓。然而其缺点是制作过程比其他种类的原型都更加耗时。根据已有的条件和开发团队的能力，制作软件原型可能会花掉和做真正游戏几乎同样长的时间。尽管如此，构建软件原型仍然是一个不错的主意，即使你最后会抛弃为它所做的所有美术资源和代码。在早期拥有一个软件原型能够帮助项目保持正轨：程序员会知道哪些游戏元素是必要的；关卡设计师会知道设计应该走的方向；游戏设计师也有了一个试玩和测试想法的环境。软件原型还起着同设计文档类似的作用，它能在开发团队构建实际产品时成为参考。比起单纯的文字描述，原型能更好地阐明游戏的一些特点，例如交互特性。

　　成功的软件原型的关键特性之一是允许设计师在原型内部方便地对游戏进行调整。如果你在做一个 3D 平台游戏，其中的重力机制十分重要，那么就要保证设计师在试玩游戏时能够很容易地改变参数设置，以找出怎样设置才能使机制运行得最好。如果你制作的是即时战略游戏，其中有个用于生产资源的工厂，那么就要确保你能方便地调节其生产速率，以迅速找到最佳平衡。不要把时间浪费在制作华丽的用户界面上。要把关键的初始参数值保存在一个文本文件中，让程序在启动时读取它们，这样设计师就能方便地在文本文件中调整这些数值，然后运行程序以测试其效果。还有一种更好的方法，在游戏里加入一个简单的、随时可用的控制台，供你在玩游戏时实时对游戏进行修改，这能够大大加快你的开发－测试循环。

　　小提示：《孢子》（Spore）的很多开发原型已经放到网上供人浏览，网址是 www.spore.com/comm/prototypes。我们建议你下载它们并亲自玩一下。这些原型会帮助你对出自专业工作室之手的 3A 级游戏的开发过程产生独特的领悟。

1.4.3　纸面原型

　　由于构建软件原型相对较慢且成本昂贵，越来越多的游戏工作室开始采用纸面原型技术。纸面原型是一个与你的游戏相类似的桌上游戏，它无需依赖计算机就能运行。一些游戏机制是独立于媒介的。如果你的游戏并不过度依赖于精确的时机控制、物理机制和其他计算密集型机制，那么你应该能根据你的游戏概念创造出相应的桌上游戏。即使你的游戏确实十分依赖计算密集型机制，你仍然值得花时间为游戏那些不依赖计算的部分创造一个纸面原型。记住，一个原型通常用于放大游戏的某个特定方面。如果一个游戏的大多数可玩性都是基于物理机制的话，你可以转而放大它的内部经济机制。在开始设计纸面原型前就搞清楚自己想要探索的是哪个方面，这是十分重要的。

　　纸面原型并不是无关紧要的东西。设计一个好的桌上游戏本身就是一门艺术，其难度至少和设计一个好的电子游戏同样高。如果你熟悉各种桌上游戏的话会很有帮助。要知道，除了"掷骰子然后走格子"以外，桌上游戏还有其他各种各样的机制。

一套合适的纸面原型构建工具

Corvus Elrod 是一名职业游戏设计师，他建议备齐以下物品作为一套构建纸面原型的工具包。

- 两副基本一样的扑克牌，牌的背面颜色要不同。
- 一个小笔记本（尺寸不能太大，否则容易分散注意力）。当然，还需要配上好用的铅笔或钢笔。
- 可作为筹码或代币的东西——美式扑克筹码、围棋棋子，或类似的物品。
- 一些骰子。骰子的面数不是特别重要，你也并不需要很大的数字。如果你设计的机制使用到百分数，那么你可以用两个十面骰生成 1 到 100 的随机数字（Elrod 2011）。

作为补充，我们建议可以再加入以下物品。

- 一沓粘性便条纸。
- 一些约 3 英寸 × 5 英寸大小的空白卡片。

我们还推荐你在纸面原型工具包中加入一些卡套。卡套是一种塑料封套，可以用来保护万智牌（Magic: The Gathering）之类集换式卡牌游戏中的卡片。它们能在任何桌游专卖店中买到。把一张做好标记的纸片插入卡套中，你就轻松地做出了一张游戏卡，这样的卡片不管是洗牌还是拿在手里都十分方便。另一个额外好处是，你可以方便地把新纸片覆盖在旧的上面，以保存你的设计历史。

在以上道具中，骰子可以生成随机数，筹码可用于代表各种数值（在美式扑克中，筹码代表赌注），空白卡片可用于代表各种东西（甚至游戏棋盘），笔记本可用于记录下你的点子。这些就是你制作原型所需的全部东西。

纸面原型有两个重要的优势，快速、天生易于修改。纸面原型制作起来很快，因为它不涉及编程。制作纸面原型时，你不应浪费时间来为卡片或棋盘制作华丽的外观，而应该将时间用在制定和测试规则上。如果具有一定的能力和经验，你就能在数小时内为任何游戏做出一个不错的纸面原型。这留给了你充足的时间来玩测和平衡机制。

纸面原型的规则很容易修改，你甚至可以边测试边修改游戏。如果你在试玩过程中发现某个功能没按预想的情况运行，就要立即进行修正。这样，你几乎可以边玩边制作这个游戏。这种方法效率很高。迭代循环所需花费的时间不会比这种方法短。

纸面原型也有两个缺点，它对测试玩家来说较难上手，并且不是所有的机制都能轻易地转换成桌上游戏。如果参与测试纸面原型的是新玩家，你就需要亲自向他们解释游戏规则——花时间把规则写下来并不合算，因为你会不断修改它们。此外，参与测试的玩家（特别是那些几乎没有游戏测试或桌上游戏经验的人）可能会觉得很难把你的纸面原型同电子游戏联系到一起。

更成问题的是，不是所有机制都能轻易转换成纸面原型，如我们之前阐述过的用来处理游戏物理的机制就很难转换。这类连续机制需要密集型计算，它们确实有必要利用电脑来实现。在制作纸面原型时，你需要记住，它们的最佳用途是测试离散机制。纸面原型更适合用于设计游戏的经济机制或渐进机制。

1.4.4 物理原型

原型不只限于软件或纸面形式，简单地起草出规则并在现实世界中测试它们也是可行的，特别是当游戏包含很多连续性、物理性的机制时。带上激光标记枪❶绕办公楼跑几圈可以让你体会到第一人称射击游戏的感觉。大多数时候，这比制作纸面原型需要的准备工作还少。和纸面原型一样，物理原型制作快速且适应性强。一些游戏设计师把物理原型和纸面原型这两种技术结合起来使用，取得了很好的效果。然而和纸面原型一样，制作物理原型也不容易。要把物理原型做好，需要设计师和玩家双方的技能和专长。

小提示：为了体会物理原型的好处，你可以参加（或观察）一场实况角色扮演游戏（LARP，live-action role-play）。LARP 玩家运用了很多技巧来保证战斗的安全性，并发明了一些方法来模拟那些现实世界中不存在的事物，例如魔法。LARP 需要在某个固定的地点进行，因此你需要找到一个离你较近的 LARP 社团。网站 http://larp.meetup.com 列出了一些。

1.4.5 原型聚焦点

除了为你的原型选择合适的媒介以外，有效构建原型的另一个关键之处是为原型选择正确的聚焦点。在开始制作原型之前，你应当想清楚要从原型中得到什么。如果你的目标是平衡游戏经济，就不应该制作一个意在测试用户界面的原型。你可以看看《孢子》的原型（www.spore.com/comm/prototypes），这些原型每个都有特定的聚焦点。

选择一个单一聚焦点能帮助你快速制作原型。如果只专注于某一方面，就不需要为整个游戏制作原型了。紧扣一个焦点还能帮助你从测试玩家那儿得到合适的反馈，因为玩家更不容易被那些与你当前所研究问题无关的功能（或 bug）分散注意力。

原型的聚焦点影响着原型所采用的制作技术。一个物理类平台游戏本身很难转换成桌上游戏，但如果要为它的道具系统设计一套平衡的经济机制，纸面原型完全可以胜任。但如果你要检验某种新输入装置的操作方案，就得制作一个高保真的、接近实际游戏的软件

---

❶ 激光标记枪是在激光标记游戏（laser tag）中使用的装有红外发射器的道具枪。激光标记游戏是一种真人野战游戏，参加者身上佩戴红外接收器，接收到其他人发射出的红外线激光就被判定为击中。——译者注

原型。

下面是一些典型的原型聚焦点，大致按照早期原型到后期原型的顺序排列。

■ **技术演示**（tech demos）。确信你自己或程序员团队能够真正驾驭开发游戏所需的技术总是没错的。为了制作技术演示原型，你应该尝试挑战技术中最困难和陌生的部分，并向你自己（最好还有游戏发行商）证明你有能力做这个游戏。技术演示原型应当在早期制作，以免开发进入后期阶段时力不从心。在制作技术演示原型时，也别放过那些实现有趣玩法的机会。特别是在你专注于驾驭新技术时，快速实现一些简单的点子没准会在之后的开发中起到抛砖引玉的作用。

■ **游戏经济**（game economy）。游戏的经济机制与一些关键性资源紧密相关。你可以用低保真的纸面原型技术来构建游戏的经济原型，最好在设计的早期阶段完成。你需要注意下面这些典型的玩测问题：游戏是否平衡？是否有无敌的统治性策略？能否为玩家提供有趣的选择？玩家是否能充分预见选择所带来的后果？找到合适的受测者来对游戏经济进行玩测十分重要，你和你的团队是不错的人选，但也可能因为过于了解自己的游戏而出现当局者迷的情况。总体来说，这种原型理想的受测者是资深玩家，他们能快速掌握游戏机制，并找到和利用游戏中设计得不平衡的地方来投机取巧。让他们随意蹂躏你的游戏吧！你应当知道自己的游戏是否真能被蹂躏和破坏掉。

■ **界面和操作方案**（interface and control scheme）。为了了解玩家是否能顺利操作你的游戏，你必须要有一个软件原型。这个原型的内容不必非常丰富，关卡也不用多么完整，它更重要的意义在于为玩家提供一个游乐场，使他们能体验到游戏的大多数要素和交互特性。你需要注意下面这些典型的玩测问题：玩家是否能正确地执行游戏中已提供的操作？他们有没有其他想要或需要的游戏操作方法？你是否提供了必要的信息供他们作出正确的决定？操作方案是否直观？玩家是否拥有玩这个游戏所必备的信息？他们是否注意到游戏角色正在受到伤害，或者游戏是否已经转变到一个关键性阶段？

■ **教程**（tutorials）。要打造一个好的教程，必须等到游戏进入开发的后期阶段。毕竟在游戏机制随时可能改变的情况下，没人愿意浪费时间和资源制作教程。在测试教程时，确保参与测试的玩家对你的游戏一无所知是很重要的。从很多方面上来说，游戏开发就像是一个漫长且细致的教程。开发者花费大量时间调整游戏机制，在此期间他们一遍又一遍地玩这个游戏。开发者很容易忘记自己非常擅长这个游戏。因此，你不能凭借自己的判断来设计游戏的初始难度和学习曲线，而要找其他的新玩家来对你的游戏进行测试。在他们玩游戏时，不要干涉他们的学习过程。在对教程进行测试时，最重要的问题是：玩家是否理解游戏，并知道这个游戏应该怎样玩。

作为参考的游戏：免费原型

有时，创建原型最高效的途径是观察现有的游戏，并用它们当作范例。这使你得以从其他人的成果中受益。这种方法尤其适用于用户界面设计、游戏操作和基本物理机制等方面。在这些方面，玩家希望不同游戏之间有共通性。只是为了追求新奇就把PC上的第一人称游戏传统的WASD键位改成ESDF是毫无意义的。

显然，你不应该抄袭别人的设计，但是以别的作品作为学习对象，并避免他们犯下的错误则没问题。当你为项目选择参考游戏时，要留意项目的规模大小。如果你的开发时间只有几个月，就不要选择那些由庞大的专业团队花几年才做出的游戏作为参考。你应该尽量选择那些在规模和水准上与你希望制作的游戏相近的作品作为参考，不过如果你只是想参考学习某个特定的界面细节或机制细节，则不受此限。

本章总结

游戏机制是游戏中精确制定的规则，它不仅包括游戏核心部分的各种实体和流程，还包括执行这些流程所需的必要数据。机制可以分为连续机制和离散机制。连续机制常常是以实时方式呈现的，每秒需进行大量浮点运算，最常用于实现游戏的物理机制。离散机制不一定实时运行，它们使用整数值来实现游戏的内部经济。尽早设计游戏机制，以创建出可供玩测的原型是十分必要的。

游戏机制中存在一些特定结构，这些结构对产生突现型玩法至关重要。在接下来的两章中，我们会以这些结构为着眼点，更加细致地探讨游戏机制，并从这个着眼点出发，提出一套实用的理论和工具，以帮助你更好地设计游戏机制。

练习

1. 训练你的原型构建能力。把一个已有的电子游戏改编为纸面原型。

2. 为你想要制作的游戏选择一个合适的参考对象，并解释此参考游戏的哪些地方有助于说明你要做的游戏是什么样子。

3. 本章阐述了五种游戏机制（物理、内部经济、渐进、战术机动、社交互动）。请在一个已发行的游戏中为以上每种机制找出离散机制和连续机制的例子，不要使用本章中已经给出的任何案例。

第 2 章

突现和渐进

在上一章中，我们介绍了五种游戏机制：物理、内部经济、渐进、战术机动和社交互动。其中，渐进机制衍生出了游戏研究者所称的**渐进型游戏**（games of progression）。其他四种机制则可归为另一种类型：**突现型游戏**（games of emergence）。为了便于参照，在本章中，我们把其他四种游戏机制统称为**突现型机制**（mechanics of emergence）。

突现型游戏和渐进型游戏被看作构建游戏可玩性的两种重要选择方案。在本章中，我们将详细探讨它们之间的重要区别，并分别举例说明。我们还将分别对产生突现现象和渐进现象的机制进行分析，探讨这些机制在结构上的区别，以及当设计师试图将突现和渐进融入同一个游戏中时可能引发的问题和机遇。

2.1 突现和渐进的历史

突现和渐进这种分类方法，由游戏研究者 Jesper Juul 在论文《The Open and the Closed: Games of Emergence and Games of Progression》（2002）中首次提出。简单地说，突现型游戏就是那些规则相对简单，但变化多样的游戏。之所以用突现（emergence）这个词，是因为这类游戏的挑战和事件流程并非事先安排好，而是在游戏进行的过程中显现出来的。突现现象由各种可能的规则组合所产生，在桌上游戏、纸牌游戏、策略游戏和一些动作游戏中都有出现。Juul 在论文中提出"突现是最原始的游戏结构"（p. 324）。也就是说，最早的游戏都是突现型游戏。此外，在设计一个新游戏时，许多人也从突现角度入手。

这种类型的游戏在进行过程中，可能会出现很多种局面或状态。在国际象棋中，棋子的所有可能分布方式形成了不同的游戏状态，因为即使将某个小兵移动一格也可能造成决定性的差异。国际象棋可能产生出的排列组合数量极其庞大，然而该游戏的规则却仅用一页纸就能写完。与之类似的有模拟游戏《模拟城市》（SimCity）中住宅区的位置布局，以及策略游戏《星际争霸》（StarCraft）中单位的位置等。

> ### 电子游戏以外的突现和渐进
>
> 按照 Juul 的分类方式，所有的桌上游戏都是突现型游戏。那些以游戏元素的随机

排列组合作为每局游戏开端的游戏也是如此，例如纸牌或多米诺骨牌❶。这类游戏通常包含一小批棋子或纸牌之类的构件，预设资料则很少或完全没有。《地产大亨》中机会卡和宝物卡上的文字指令就是预设资料，但要将它们存储起来还用不了 1KB。

渐进型游戏则需要由设计者准备好大量数据或资料，玩家可从任意一点访问它们，这叫作随机存取（random access）。这在桌上游戏中不太可行，但对于现在动辄数 GB 容量的电子游戏来说完全是小菜一碟。渐进这种游戏结构出现得晚一些，它在 20 世纪 70 年代诞生的文字冒险游戏中才开始崭露头角。然而，渐进并不限于运行于计算机上的游戏。《龙与地下城》（Dungeons & Dragons）之类用纸笔玩的桌上角色扮演游戏就有公开发行的情景剧本，这些剧本同样包含类似于《Choose Your Own Adventure》丛书❷那样的渐进型游戏要素。书籍是另一种能存储大量数据并提供便利的随机存取的媒介。

与之相反，渐进型游戏则提供许多预先设计好的挑战，设计师通常会通过精巧的关卡设计来依序排列这些挑战。渐进现象依靠于一个由设计师紧密控制的事件序列。设计师让玩家必须以特定的次序遭遇到这些事件，通过这种方法来指定玩家所遇到的挑战。根据 Juul 的观点，任何有攻略流程的游戏都是渐进型游戏。在极端情况下，玩家在游戏中只能按照固定轨道前行，依次完成一个又一个挑战，或者在某次挑战中失败。在渐进型游戏中，游戏状态的数量较少，各种游戏元素完全在设计师的控制之下。这使得渐进型游戏很适合用来叙事。

小提示：不要将术语渐进型游戏（games of progression）和其他涉及游戏中渐进现象的概念（如升级、难度曲线、技能树等）搞混。我们使用 Juul 对这个术语的定义，渐进型游戏是这样一种游戏：它提供一些预设的挑战，其中每个挑战仅有一种解决方案，挑战的次序是固定的（或只有很小的可变性）。

2.2　将突现和渐进进行对比

在 Juul 的原文中，他看好那些具有突现特性的游戏，称"理论上来说，突现是最有趣的结构"（2002, p. 328）。他将突现看作一种方法，设计师可以通过这种方法控制游戏中玩家的自由度，对其进行平衡调节。在突现型游戏中，设计师并不详细指定每个事件如何发生，尽管规则可能产生出一些近似的 事件。然而在实际情况中，具有突现型结构的游戏通常仍包含一些固定模式。Juul 分析道，在《反恐精英》（Counter-Strike）中，尽管胜利条件并不一定是消灭对方，但玩家间几乎必然会发生枪战（p. 327）。另一个例子是

❶　这里并非指连环推倒骨牌的游戏，而是指一种像麻将那样在桌上用多米诺骨牌进行对抗的策略型玩法。——译者注
❷　《Choose Your Own Adventure》是一个儿童书籍系列。各故事以第二人称写成，含有一定的交互性元素，读者需要自行选择故事的发展路线。例如"要出门，翻到第 4 页；要留下，翻到第 5 页"。——译者注

桌上游戏《Risk》。在这个游戏中，玩家的领地在一开始是零散分布在地图各地的，但随着游戏的进行，这些领地不断易主，结果到游戏后期，各玩家的领地总会形成一大片相邻的区域。

数据密集度和过程密集度

游戏设计师 Chris Crawford 提出的过程密集度（process intensity）和数据密集度（data intensity）的概念可适用于游戏中的渐进特性和突现特性。计算机与其他大多数游戏媒介的区别在于，它非常擅长处理数字。此外，计算机还能快速访问一个庞大数据库中任意位置的数据，这在渐进型游戏中非常有用。但使得计算机真正大放异彩的，还是它实时动态地生成新内容和进行复杂模拟的能力。不同于之前的任何媒介，计算机以其灵活的模拟能力和生成突现玩法的能力带给了玩家和设计师新的惊喜。Crawford 相信，游戏应该充分利用计算机的这种能力，即游戏应当是过程密集型，而不应是数据密集型。他称电子游戏应该是突现型游戏，而非渐进型游戏。

在《Half-Real》一书中，Juul 对突现型机制和渐进型机制进行了更加微妙的区分（2005）。大多数现代电子游戏都是混合型的，它们既包含突现型机制也包含渐进型机制。游戏《侠盗猎车手：圣安地列斯》（Grand Theft Auto: San Andreas）提供了一个广阔的开放世界，但它的任务系统的结构仍然是有规律的，这种结构不断给玩家带来新要素，并一点一点解锁游戏世界。在故事驱动型第一人称射击游戏《杀出重围》（Deus Ex）中，玩家下一步要前往什么地方是由故事情节指定的，但玩家在路途中遇到的障碍则可以运用丰富多样的战术策略来解决。由于你可以为《杀出重围》写出一份流程攻略，按照 Juul 的定义，它应该属于渐进型游戏。但实际上《杀出重围》有着许多可能的攻略方法，它的攻略路线是多种多样的——就好比（至少从理论上来说）你可以为《模拟城市》写一份如何建造特定城市的攻略，一步一步告诉玩家于何时何地进行何种建设活动，最后凑成一座运转良好的城市。真要按照这种攻略来玩游戏会很麻烦，但至少写出它是可能的。

突现型机制并不比渐进型机制更优秀，它们只是不同而已。纯突现型游戏和纯渐进型游戏分别处于两个极端。许多休闲游戏是纯突现型游戏，例如《宝石迷阵》（Bejeweled）。纯渐进型游戏则很少见，最有代表性的例子是冒险类游戏，例如《The Longest Journey》，但它们已经失去往日的辉煌了。有的游戏同时包含突现和渐进两种要素，它们经常把突现因素设置在关卡中，但这些关卡本身则严格按照顺序排列，玩家无法改变这个顺序（这就形成了渐进特性）。如今，像《半条命》（Half-Life）系列和《塞尔达传说》（Legend of Zelda）系列这样的动作冒险游戏比传统冒险游戏常见得多。这些动作冒险游戏的可玩性中包含了一部分突现机制。在大型游戏中，混合型是最流行的形式。

2.3　突现型游戏

在 Juul 提出他的分类方法之前，术语突现（emergence）就已经在游戏理论中得到使用了。该术语出自复杂性理论。在这种理论中，它指的是一个系统的行为特性无法通过它的各组成部分（直接）推导出来的现象。同时，Juul 提醒我们，不要把突现现象同那些表现出设计师没有预料到的现象的游戏相混淆（2002）。游戏也和其他任何复杂系统一样，其整体大于部分之和。围棋和国际象棋能闻名于世，正是因为它们用相对简单的元素和规则产生了极具深度的玩法。一些较为简单的电子游戏也是如此，例如《俄罗斯方块》（Tetris）、《Boulder Dash》和《粘粘世界》（World of Goo）等。这些游戏的构成元素相对来说比较简单，但是其策略却千变万化，每次的过关流程都毫不重复。可玩性中的突现特性并非源于游戏单个组成部分的复杂性，而是源于游戏各部分之间相互作用所产生的复杂性。

2.3.1　复杂系统中的简单部分

复杂性科学研究的是现实生活中所有种类的复杂系统。虽然这些复杂系统中的各种活跃因素本身可能十分精巧复杂，但它们却常常可以通过一些简单的模型模拟出来。例如，研究行人在不同环境下的流动规律，只需设定少量行动规则和目标，就能得到理想的模拟结果（Ball, 2004, pp. 131–147）。在本书中，我们也用相似的方法来研究游戏。虽然用一些复杂元素来构建突现型游戏也是可行的，但我们对那些构造简单，却仍能产生出突现型玩法的游戏系统的机制更感兴趣。我们选择的这个探索方向的优势在于，尽管游戏起初会更难以理解，但到了后面，游戏构建起来会更高效。

概率空间

在上一章中，我们提到了游戏经常被看作状态机——一种由玩家提供输入，能在不同状态之间进行转换的假想机器。在游戏中，状态数量的增长速度可能非常快，而且并不是所有的状态都能实际存在。如果将国际象棋的棋子随意排列在棋盘上，可能会出现一些在实际下棋时不可能形成的局面。例如，兵不可能位于己方底线一行，己方的两个象也不可能处于同色的格子中。当可能状态非常多时，游戏研究者把它们的集合体称为一个概率空间（probability space）。这个概率空间涵盖了所有可经由当前状态所达到的状态。我们可以把概率空间描述成一个具有宽度和深度的图形，如果图形很宽，代表当前状态可以产生出很多其他状态，通常这意味着玩家的选择较多。如果图形很深，则代表游戏具有很多不同状态，玩家可以经由一系列连续的选择来达到这些状态。

C. E. Shannon 在他早年发表的论文《Programming a Computer for Playing Chess》中推测道，国际象棋和围棋中可能产生的游戏状态比地球上的原子数量还要多（1950）。游戏的规则决定了游戏状态可能达到的数量，但规则增多，可能存在的状态数量未必会随之增加。此外，如果一个游戏能用较少的规则产生较多的可能状态，就意味着这个游戏对玩家来说比较容易理解和掌握。

2.3.2 游戏玩法和游戏状态

玩家在游戏过程中会经历各种可能状态（即概率空间），我们有时把玩家经历这些状态时所经过的路线称为**轨迹**（trajectory）。游戏的可能状态和游玩轨迹属于游戏规则系统的突现特性。可以说，游戏的轨迹越丰富多样，越具乐趣，其可玩性就越高。然而，如果想仅通过浏览某个游戏的规则就判断出其可玩性的类型和品质，即使不是不可能，也是很困难的。对比一下井字棋（tic-tac-toe）和屏风式四子棋（Connect Four）的规则，就能清楚地认识到这种难度。井字棋的规则如下。

1. 游戏在 3×3 的格子中进行。
2. 玩家轮流占据格子。
3. 每格只能占据一次。
4. 最先将三个格子（横、竖、斜均可）连成一线的玩家获胜。

屏风式四子棋的规则如下（不同之处以粗体字标示）。

1. 游戏在 **7×6** 的格子中进行。
2. 玩家轮流占据格子。
3. 每格只能占据一次。
4. **只能占据每一列中最靠近底部且空着的格子。**
5. 最先将**四个**格子（横、竖、斜均可）连成一线的玩家获胜。

虽然这两个游戏的规则只有些许不同，但其引起的玩法差异却十分巨大。理解这种差异比理解它们规则上的差异要费事得多。在标准商业版的屏风式四子棋中，最复杂的一条规则（第 4 条）是由重力原理执行：玩家投入的棋子会自动落到竖立式棋盘最下方的空格子中，如**图 2.1** 所示。这将玩家从手动执行这项规则的负担中解放出来，使他们能把注意力集中于规则所产生的结果上。尽管两者的规则只在复杂性上有细小差别，但产生的效果却大大不同。井字棋只适合于儿童，而屏风式四子棋不论儿童和大人都能乐在其中。后者策略丰富多样，因此要成为高手需花更多时间。在屏风式四子棋中，两个老手的对弈会非常激烈，而在井字棋中，两个老手只能握手言和。只是单纯地观察两者规则有什么不同的话，是很难体会到这些实际游戏中的差异的。

图 2.1　在屏风式四子棋中，重力作用使玩家只能占据每行中最底部的空格子（图片由维基共享资源贡献者 Popperipopp 授权使用，基于知识共享 3.0 条款许可）

2.3.3　实例：《文明》

　　席德·梅尔（Sid Meier）设计的游戏《文明》（Civilization）是突现型游戏的一个优秀范例。在《文明》中，你需要带领一个文明进行发展和进化，时间跨度长达约六千年。在游戏中，你需要建造城市、道路、农场、矿山和军事单位，还需要修建神庙、兵营、法院、股票交易所等设施来发展你的城市。城市产出的金钱可用于研究新科技，也可用于购买奢侈品使人民保持快乐，或提升单位的建造和升级速度。《文明》是在划分成若干格子的地图上进行的回合制游戏，每一回合都代表你的文明历史中的若干年。你在游戏中的选择会决定你的文明发展速度、科技水平和军事力量。此外还有其他电脑控制的文明在这张有限地图上与你争夺领土和资源。

　　《文明》是一个庞大的游戏，含有丰富多样的游戏元素，然而其单个游戏元素却惊人的简单。城市的升级机制可以容易地用几个简单规则表述出来。例如，一座神庙每回合消耗 1 单位黄金，减少 2 点市民不满意。每个战斗单位都有一些用整数表示的属性值，分别代表每回合能移动的格数、攻击力和防御力等。一些单位还有特殊能力，例如移民者可以建造新城市，炮兵可以远距离攻击敌军等等。单位的能力受地形影响，在山地上的单位防御力会得到提升，但也会消耗更多的行动力。玩家可以修建道路来抵消山地的这种负面效果。

> **《文明》的机制是离散的**
>
> 如果仔细观察《文明》，就能看出它的机制是离散的：游戏基于回合制，单位和城市被限制在一个个格子中，攻击和防御力用整数来表示。由于这种离散性特点，这些机制单独理解起来十分容易。理论上来说，你可以在头脑中计算所有机制产生的结果。尽管如此，《文明》中的概率空间仍然非常庞大。《文明》树立了一个优秀范例，它用相对简单的离散机制产生出了丰富多样的变化性，而且这种机制能够鼓励玩家在策略层面上与游戏互动。

如果要完整描述《文明》中的所有机制，很容易就能写成一本书，特别是要详细列出所有种类的单位和城市升级选项的话更是如此。游戏甚至附带了自己的百科全书，以向玩家提供这些细节性信息。然而，所有这些元素都很容易让人理解。更重要的是，这些元素之间有着非常多的关联。城市生产单位，为此可能消耗掉一些重要资源，而这些资源是达成其他目标所必需的。当单位被生产出来之后，你还需要每回合为它们支付维护费。修建道路需要花费时间和资源，但却能使你更有效地调遣军队，从而降低大量屯兵的必要性。你还可以花钱研究新科技，使你的单位在作战中获得优势。简而言之，《文明》中几乎一切事物都相互关联。这意味着你做出的选择会产生各种效应，而且它们有时是无法预见的。在早期建立一支强大的军队可以使你占领大片领土，但也会削弱其他领域的进步和发展，导致你在很长一段时间内落后于人。更复杂的是，你周围还有其他文明势力，它们作出的选择会对你的策略的有效性产生影响。

《文明》有许多不同的玩法策略，玩家经常会根据游戏的发展而在策略之间进行转换。在早期，占领地盘十分重要，因为这样可以使你的文明快速扩张。这种做法还有助于快速发展科技，从而使你有能力探明并控制住对这一阶段至关重要的资源。如果遭遇到其他文明势力，你可以选择开战或结盟。在游戏的早期阶段，要彻底征服其他文明相对容易，而到了后期，虽然直接征服变得十分困难，但其他策略却更加有效了。例如，如果你比邻国富有得多，就可以发动文化攻势，说服邻国对你俯首称臣。这个游戏通常会经过一系列相互独立的玩法阶段，从早期扩张到经济发展，再到军事冲突，最后是太空竞赛。在《文明》的组织安排下，这些策略和游戏阶段非常自然地从机制中生发❶了出来。

> **《文明》的玩法阶段 vs 历史时期和黄金时代**
>
> 在《文明》中，你的文明的演化会经历若干个历史时期。游戏从古典时代开始，逐

---

❶ 原文为 emerge，是 emergence（突现）的动词形式。为将它与作为名词的"突现"区分开来，同时也为了行文自然，本书中将其译为"生发"。——译者注

步经历中古时代、文艺复兴时代，直至现代。每进入一个新历史时期，游戏就会对文明的视觉效果和表现细节进行改变，以配合你的游戏进度。游戏中触发进入新历史时期的条件相当牵强，并不是像探索—发展—交战这一系列战略阶段一样是从游戏机制中自然生发出来的。这些历史时期只是一些用于提高游戏视觉表现力的浅层次东西而已，它们并不属于突现型的游戏阶段。

黄金时代（Golden Age）则介于游戏的玩法阶段和历史时期这两种情况之间。它是《文明》中的一个机制，能在 20 回合内提升你的文明的生产力。触发黄金时代的条件差不多和进入新历史时期的条件同样牵强，然而，玩家确实对这些条件拥有较大的控制权，能够有目的性地触发黄金时代。黄金时代并不是从游戏玩法中生发出来的，但它确确实实影响到了游戏的玩法阶段。

设想一下，如果你要为一个类似《文明》的游戏设计机制，会如何完成这项任务？你或许会想到原型和迭代的方法，利用它们对机制进行设计并调整。如果你比较机灵的话，就会让所有元素尽量简单，但又在各元素之间建立起联系。这样做可以保证游戏的复杂度，但无法担保能生发出有趣的玩法。为正确处理这个问题，你需要关注这些机制的结构，有的结构能产生出比其他结构更多的突现特性。在游戏机制中，利用反馈循环之类的结构来引发突现现象是一种不错的方法，如果这个反馈能以不同的规模和速度运转的话则更好。目前，这些理论听上去可能并不十分清晰。在本章和以后的章节中，我们会更加详尽地对这些结构和反馈进行探讨。

 注意：我们用结构（structure）这个词来指代游戏设计师为使多个游戏机制能够相互影响或控制，而设置规划这些机制的各种方式。例如，一个反馈循环就是一个结构，一个能在特定条件下引发某个事件的触发器（trigger）也是一个结构。

2.4 渐进型游戏

尽管突现特性在游戏中十分重要，但也没有哪个职业游戏设计师能够忽视游戏中的渐进型机制。很多游戏都包含一个故事，以用来驱动游戏玩法，这个故事一般在玩家攻克一个个关卡的过程中叙述出来。这些游戏的单个关卡中通常会有一些清晰明确的任务，以此为玩家设立最终目标，其中还会包含一系列小任务，玩家必须完成小任务才能过关。采取这种方式规划游戏及关卡，可以为玩家带来流畅连贯的体验，同时也常常意味着设计师需要运用多种机制来控制玩家在游戏中如何前进。本书中，我们把这类机制称为**渐进型机制**（mechanics of progression）。如果你希望自己设计的游戏拥有出色的关卡和有趣的交互式故事，那么理解渐进型机制至关重要。

一场学术论战

在游戏学术界，对于故事和游戏应该是何种关系这一问题，有两个阵营长期以来进行着激烈的辩论。阵营之一是叙事研究者（narratologists），他们专注于研究游戏的叙事特性，并将游戏与其他传统的叙事媒介并列看待。阵营之二是游戏研究者（ludologists），他们主张，只有优先将目光放在游戏机制和可玩性上，才能更好地理解游戏。对于游戏研究者而言，游戏故事并不是必需元素。《愤怒的小鸟》就是一个好例子。这个游戏有故事情节，但这个故事只在关卡之间进行叙述，关卡内发生的事情跟故事无关，故事和可玩性互不影响。在《愤怒的小鸟》这个例子中，游戏研究者说得没错。但要看到，还有不少游戏努力尝试将可玩性与故事相结合，特别是角色扮演和冒险游戏。当我们谈论"在游戏中叙述故事"这个主题时，我们指的不是那种仅仅为可玩性提供一个情境的肤浅背景设定，而是超越其上，真正为游戏服务的完整故事。

渐进型机制是游戏关卡设计的一个重要方面。它们是设计师的重要工具，设计师利用它们来指定玩家首先遇到哪些游戏元素、拥有哪些初始资源、为了过关必须完成哪些任务等等。作为游戏设计师，你可以决定玩家在游戏中拥有何种能力，并利用关卡布局（如锁、钥匙或其他关键道具的摆放位置）来控制玩家在游戏过程中的进度。通过这样做，你可以使玩家轻松地享受游戏。当玩家在游戏中进行探索并学习游戏技能时，他们会逐渐产生一种体验故事的感觉。关卡中发生的事件、玩家在游戏中找到的各种线索以及在特定位置触发的剧情动画（cut-scene）都是使玩家产生这种感觉的因素。

2.4.1 游戏教程

游戏设计师运用渐进型机制来设计教程和关卡，从而训练玩家掌握游戏中的必备技巧。如今，市面上出售的游戏中的规则数量、界面元素、玩法选择大大增多，大部分玩家都难以一次性掌握它们。甚至网上的小游戏也经常会要求玩家学习一大堆规则，记忆各种游戏元素并探索不同的策略。一次性扔给玩家这么多东西只会压垮他们，导致他们很快放弃学习，转而投入其他游戏的怀抱。要解决这些问题，最好的方法是一点一滴地教玩家学习游戏规则。在早期的教学关卡中，玩家可以在一个安全的、受控的环境下试验各种游戏玩法，即使犯错也几乎不会造成什么不良后果。

叙事架构

使用教程和设计好的关卡来训练玩家的游戏技巧，证明了电子游戏的一个优势：游戏能利用模拟出来的物理空间来营造玩家体验。游戏很适合用来描述空间，而不像文学作品和电影那样适合用来描述时间。Henry Jenkins 在论文《Game Design as Narrative

Architecture》（2004）中，把这种着重于空间的叙事技巧称为叙事架构（narrative architecture），并把游戏归入空间性故事之列，使游戏得以同传统神话、英雄传奇故事和托尔金（J.R.R. Tolkien）的现代作品共享同样的地位。随着玩家在游戏空间中进行游历，故事就得到了讲述，就这么简单。

2.4.2 游戏中的叙事

许多游戏利用叙事手法取得了很好的效果，这一点在《半条命》系列中尤其显著。这个系列的作品都是第一人称动作射击游戏，玩家需要在游戏世界中四处奔走。游戏的虚拟世界乍看十分广阔，但实际上却只有一条狭窄的固定路线。《半条命》的整个故事都是在游戏中叙述的，没有那些使玩家脱离游戏世界的剧情动画，所有对话都在游戏内部进行，如果有人向玩家搭话，玩家既可以停下来倾听，也可以选择无视。《半条命》在引导玩家完成游戏这一点上做得极其出色，它创造出了一个构造精巧的游戏体验，这种做法经常被称作**轨道引导**（railroading）。由此看来，在《半条命》和《半条命 2》中，玩家一开始乘坐列车进入游戏世界的设计或许并非偶然（见**图 2.2**）。轨道引导的缺点是玩家的自由度大都只是一种幻象，当玩家试图走到游戏规定的区域之外时，这个幻象就会迅速破灭。为避免玩家注意到那些看不见的边界线并试图跨过它们，设计者需要运用很多设计技巧。

图 2.2　在《半条命 2》中，玩家乘坐列车进入指定区域，但他的行动路线无法偏离列车的轨道

为游戏编写交互式的故事并不容易，有分支情节的故事树等传统技巧已经被证明为不大可行。玩家如果仅玩一遍游戏的话，很多你准备好的内容他们根本不会遇到。像《上古卷轴》（Elder Scrolls）系列那样构筑一个巨大的开放世界供玩家探索的做法，在给予玩家很高的自由度的同时，也经常会导致玩家晕头转向，完全摸不着游戏故事的主线。是给予

玩家高度自由，还是通过关卡设计限制玩家的自由度？为了创作出连贯一致、像故事一样的游戏作品，把握好这两者之间的微妙平衡是必要的。

2.4.3 实例：《塞尔达传说》

《塞尔达传说》系列中几乎所有的游戏和关卡都是渐进型游戏的优秀范例。为了详细说明渐进是如何在游戏中发挥作用的，我们来分析一下《塞尔达传说：黄昏公主》（The Legend of Zelda: Twilight Princess）中的"森之神殿"关卡。这一关中，玩家需要控制游戏主角林克前去探索布满邪恶生物的古老森林神殿，并救出八只猴子。在这个任务中，玩家需要解救八只猴子，并击败小头目——猴王 Ook，从而得到重要道具"疾风回旋镖"，最后还需要击败关底头目——寄生食人花 Diababa。图 2.3 是森之神殿的关卡地图。图 2.4 用图表概括了玩家的任务目标以及它们之间的相互关系。要达成过关目标，林克必须讨伐关底头目；为了前往关底头目所在地，林克必须找到钥匙并救出四只猴子；为了救出猴子，林克需要拿到疾风回旋镖；为了得到回旋镖，林克必须击败猴王头目，如此类推。有些任务的完成顺序是无关紧要的，例如林克先救哪只猴子都无所谓。还有的任务是可选的，玩家如果完成它们，会得到额外的奖励。

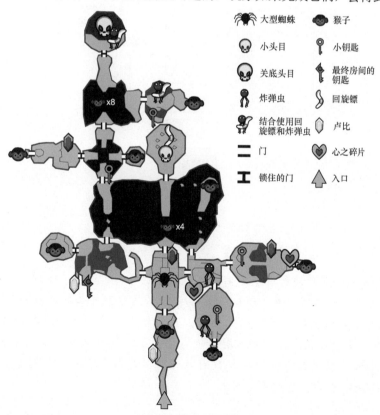

	大型蜘蛛		猴子
	小头目		小钥匙
	关底头目		最终房间的钥匙
	炸弹虫		回旋镖
	结合使用回旋镖和炸弹虫		卢比
	门		心之碎片
	锁住的门		入口

图 2.3　森之神殿地图

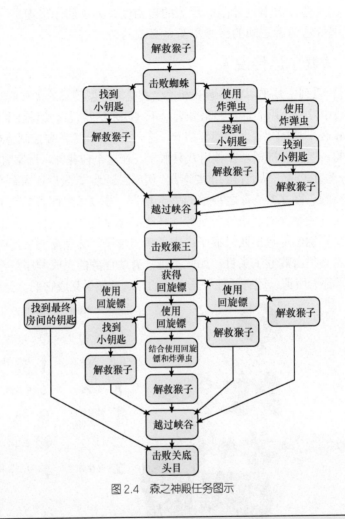

图2.4   森之神殿任务图示

> ## 塞尔达系列并非纯渐进型游戏
>
> 《塞尔达传说》系列的所有游戏都是突现型玩法和渐进型机制的结合体。例如，游戏中的战斗主要基于突现型机制，玩家在战斗时必须学习并掌握许多不同的战斗技巧，并根据敌人的特点采取最有效的应对策略。我们之前说过，纯渐进型游戏现在已经非常稀少。然而，《塞尔达传说》系列游戏确实包含了大量渐进型机制，这些作品通过巧妙设计的关卡和漫长的故事情节来构筑可玩性体验。就这点而论，塞尔达游戏是用来说明游戏中渐进特性的首选例子。

森之神殿关卡的任务结构有一些值得注意的特点，其中一个特点是任务中的瓶颈设计。关卡以玩家击败小头目并拿到回旋镖这个事件为瓶颈，把关卡任务分成了前后两部分，前半部分和后半部分分别包含了若干个平行小任务。此关卡的游戏空间遵循辐射式布局（见小专栏"塞尔达系列游戏中的辐射式布局"），这种布局方式支撑起了这种平行任务结构。在关卡前半部分，以中央房间（击败大型蜘蛛的地方）为起点，玩家有三条前进路线可供选择，其中右边的路线又会迅速延伸出另外三条分支路线。这三条路线通往要救的猴子所在地，其中一条还通往小头目所在地。通往小头目所在地的道路只有靠关卡前段救出的四只猴子帮助才能通行（图 2.3 中标有"×4"的位置）。玩家得到疾风回旋镖后，就能到达关卡前半部分中之前无法进入的一些地点，并前往关卡后半部分继续冒险（后半部分的空间结构同样是一个辐射式布局）。

塞尔达系列游戏中的辐射式布局

塞尔达系列游戏中的地下城❶经常被设计成辐射式布局（hub-and-spoke layout）。其中的一个中央房间作为辐射的中心区域（hub），由此为起点，玩家可以探索其延伸出的各个子区域（spokes）。在完成子区域任务后，玩家会频繁地返回中心区域。辐射式布局的优点在于能让玩家自主选择完成任务的先后顺序（如果玩家觉得某个任务太难，就可以选择先完成其他任务）。此外，中心区域也是设置存档点或地下城入口的良好地点。使用辐射式布局能最大程度地减少玩家重复路过同一区域的情况。关于辐射式布局的详细论述，可参见《Fundamentals of Game Design》第 12 章。

锁—钥匙机制是塞尔达系列的一种典型机制，疾风回旋镖就是这种机制的一个好例子。正如 Ashmore 和 Nietsche 在论文《The Quest in a Generated World》（2007）中阐述的那样，这种机制广泛应用于许多动作冒险游戏之中。如果一个关卡任务中有着很强的先后关联条件，你就可用锁—钥匙机制将这些条件转换为空间性结构，通过若干个小任务将它们的关联性体现出来。疾风回旋镖既是武器，也是多种场合中的开锁道具。玩家可以用它推动某些控制吊桥的风力机关，开启一条通往新区域的道路，也可以用它来依序推动四个机关开启房门，拿到通往关底头目房间的钥匙。此外，玩家还能用它来取得远处的道具（它会自动收集飞行时碰到的物品），或把它当作武器来使用。回旋镖的这些特性使得设计师可以在关卡前半段任务的途经地点中就放置好后半段任务（打败小头目后）所需的物品。玩家在前期阶段会因各种障碍而无法拿到它们，直到获得开锁道具——回旋镖后才能克服这些障碍，取得物品。

---

❶ 在游戏用语中，"地下城"（dungeon）是一个宽泛的概念，它并不一定指真正的地牢或地下城，而是泛指那些供玩家进行探索和冒险的空间区域。这种空间区域的布局通常比较复杂，具有迷宫式特点。——译者注

> ### 塞尔达游戏中的离散机制
>
> 　　塞尔达系列游戏将离散机制和物理类的连续机制结合了起来。塞尔达游戏中的空间是连续性的，大多数物理挑战也是这样。然而，游戏中也存在大量的离散机制。用来表示生命值的心形血槽以及角色的攻击伤害都是离散的，某种敌人对你造成的伤害量是固定值，为了消灭这个敌人，你需要用剑砍它的次数也固定不变。同样，控制渐进型要素的机制也是离散性的。为了开一扇门，你需要一把钥匙；为了越过一个沟壑，你需要特定数量的猴子协助，等等。

　　依靠这种关卡布局以及锁－钥匙机制，《塞尔达传说：黄昏公主》的森之神殿关卡形成了一种类似于英雄传奇故事的流程体验。林克刚进入神殿就解救出一只猴子，并在它的指引下接受了救出其他七只猴子的任务。紧接着他又遭遇到了守卫着第一个中心区域的大蜘蛛。击败蜘蛛后，林克得以前往关卡前半部分的各个区域。接下来他还会遇到各种考验和阻碍、敌人和朋友。当关卡过半时，林克遭遇到猴王头目，但剧情在这里发生了转折，林克发现对方并不是真正需要打倒的敌人。他从猴王手中夺得疾风回旋镖后就离开了战场。依靠这个神奇的道具，林克开启了通往关卡后半部分的道路，并在最后的一场大战中击败了真正的敌人头目。就像同样结构的"英雄之旅 ❶"模式在童话故事和冒险题材电影中似乎永不会过时一样，这种游戏结构也广泛应用在林克的各种冒险旅程以及其他许多游戏中。

　　每个敌人、触发器或上锁的门都是一种简单机制，它们关系到玩家能否前往故事的下一阶段，设计渐进型游戏时必须慎重进行规划。要记住，关卡的物理布局和其中关键道具的位置是你控制玩家进度的最重要工具，你应当使用这些元素为玩家创造出一个流畅连贯的游戏体验。同时，你还需要确保玩家有机会学习并应用那些过关所必需的技巧。但最重要的是要让玩家克服那些他们早先无法完成的挑战，从而使他们充分享受游戏过程。

　　注意： 我们无法在这里详细阐述英雄之旅这种故事模式，但如果你对此感兴趣，可以很容易地找到大量相关资料。Christopher Vogler 的著作《The Writer's Journey: Mythic Structure for Writers》（1998）是一本较受欢迎的参考资料。

2.5　结构差异

　　为了更好地理解突现和渐进的区别，我们来观察一下产生出这两种不同可玩性的机

---

❶　"英雄之旅"（The Hero's Journey）模式由美国神话学家 Joseph Campbell 在著作《The Hero with a Thousand Faces》（中译《千面英雄》）中提出。该书的主要理论是：世界各地的神话虽然千差万别，但其中的英雄都遵循一些相同的基本冒险模式。Campbell 将其总结为"英雄之旅"模式。此理论影响了包括电影《星球大战》在内的众多文艺作品。——译者注

制的结构。突现型游戏仅仅用数条规则就能构建出来。在一个突现型游戏中，复杂度是由规则之间的各种联系和相互作用所产生，而不是由大量的规则堆砌而成。这类游戏的一个有趣之处在于，当规则的复杂度超过某一点后，玩法的复杂度会猛然提升。我们已经在讨论井字棋和屏风式四子棋时看到了它们的玩法复杂度的一个类似飞跃，**图 2.5** 描绘出了这个转折点。我们把这种现象称为**复杂度屏障**（complexity barrier）。在越过某一点后，规则之间的交互作用就产生了一种效应，叫做**概率空间激增**（explosion of the probability space）。一般来说，游戏中的突现因素会为游戏增加大量的可能状态。较大的概率空间能提高游戏的重玩价值，确保玩家每次游戏经历都不相同。这能提高游戏的吸引力，特别是如果每次过关过程都能带来不可预测的结果的话更是如此。

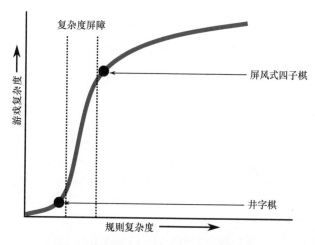

图 2.5　两条虚线之间的区域即为复杂度屏障

　　渐进型游戏经常有很多规则，但规则之间的交互关系却相当少。在某一关中控制玩家进度的机制几乎不会和游戏其他机制进行交互。很多机制只有一个作用：在玩家完成必要的任务之前，阻止他们到达某个地点。实际上，这些机制只有一到两个简单的状态：一扇门要么开启，要么关闭；一把钥匙要么能被找到，要么不能。渐进性要素很少为游戏增添各种不同的状态，但它们对游戏设计师来说易于控制。渐进特性的优点在于设计师可以指定玩家遭遇挑战和学习技能的顺序，并且能把逐渐提升的挑战难度与故事情节有机结合起来。渐进型游戏的整体体验比突现型游戏的整体体验更易于设计。

　　典型的突现型机制所产生的概率空间与渐进型机制产生的概率空间在形状上有很大差异。突现型游戏为玩家提供了很多选择，并且游戏的走向会受到玩家控制范围以外事物的影响（例如掷骰子），因此它的概率空间大而宽广。相比之下，渐进型游戏的概率空间通常较小，但也较深。对设计师来说，创造出一系列数量众多的可玩性选择变得更加容易（但玩家每次作出决定时可以挑选的方案也较少），而且他同时仍能清楚地预见和控制可能产生的结果。这就是渐进型游戏通常比突现型游戏流程更长，并且能传达出流畅连贯的故事的原因。突现型游戏通常流程较短，例如西洋跳棋就是这样。如果一个突现型游戏的流程很长，就会出现玩家由于在早期犯了某个小错，而导致游戏久久不能获胜的情况，这属于一种设计缺陷。《X-COM: UFO Defense》虽然在很多方面都相当优秀，但这个问题却显露无遗。

如果要构建一个较大的概率空间，那么突现型机制相当有效。而渐进型机制则相反，它通过限制玩家每次可选的选项数目来约束概率空间——在解决某个特定问题之前，玩家无法继续前进。渐进型机制使得设计师能够精心构筑玩家体验，并传达出一个叙事优秀的故事。除此之外，渐进型机制还能使设计师得以控制游戏难度，从而确保玩家不会以准备不足的状态来应对挑战。**表 2.1** 对这些差异进行了归纳总结。

表 2.1 突现型机制和渐进型机制的结构差异

结构	突现	渐进
规则数量	少	多
游戏要素的数量	多	少—多
各要素之间的交互	多	少
概率空间	大而广	小而深
重玩价值	高	低
设计师对游戏流程的控制力	低	高
游戏长度	通常较短（《文明》是一个罕见的例外）	通常较长
学习曲线	通常较陡	通常较平缓

2.6　将突现和渐进相结合

尽管突现和渐进被视为两种不同的为游戏构筑挑战的方法，但许多游戏同时具有这两种特性。设计师试图将两者结合起来，以创造出两全其美的方案：既拥有自由和开放的突现型玩法，也能提供叙事出色的渐进型体验。渐进型结构通常用于叙述故事，但如果玩家的行动具有高度自由，那么它就和突现型游戏一样，很难传达出连贯的故事情节。在实际情况中，突现和渐进经常交替使用：在一个突现型关卡或任务结束后，穿插一小段故事情节，紧接着又进入另一个突现型关卡，以此类推。《侠盗猎车手》系列游戏是一个好例子。在这个系列的游戏中，玩家可以通过丰富多样的不同途径完成任务，但他们选择的玩法并不会对故事发展产生实质性的影响，因为故事只发生在任务和任务之间。迄今为止，能够成功结合突现和渐进结构，让玩家同时体验到它们的游戏并不多。产生这种情况的原因有很多。

- 电子游戏仍然是一种相对年轻的媒体，期望所有的问题都已解决是不现实的。
- 如 Noah Wardrip-Fruin 所主张的那样（见小专栏"游戏机制和故事机制的发展差距"），渐进型机制和突现型机制在复杂程度上存在差异。在过去的许多年中，突现型机制的进化比渐进型机制更快，也更完善。
- 过去，对于什么是游戏机制以及游戏机制如何构建出来等问题，由于缺乏正规且可靠的理论，人们很难着手去研究。本书的目标之一就是提供一种游戏机制设计的方法论，供人们用来探究上述这类问题。

此外，在电子游戏短暂的历史中，有的游戏已经发明了一些有趣的方法来融合这两种结构。让我们来看一下近期的一个例子。

游戏机制和故事机制的发展差距

Noah Wardrip-Fruin 在《Expressive Processing》（2009）一书中写道，那些控制游戏的交互性故事的机制并没有发展到与那些用于模拟运动、战斗和游戏其他（物理）特性的机制同样的高度。模拟机制如今已经发展得十分完善和细致，而玩家在故事中所取得的进度却仍然只是简单地通过一些里程碑式的标记事物（如关卡中设置的瓶颈或大门）来体现。每当玩家完成了一个里程碑的相关任务，故事就继续前进。Wardrip-Fruin 称，这种渐进式的故事机制潜在上不如游戏其他机制有趣。

实例：从《星际争霸》到《星际争霸 II》

最早版本的《星际争霸》是突现型游戏的一个杰出范例。《星际争霸》完善了即时战略这种游戏类型。与《文明》一样，它的单个游戏元素相当简单，但各个游戏元素之间有很多互动和联系，从而构筑了一个拥有很多有趣的突现特性的游戏机制系统。在游戏的单人战役模式中，玩家需要通过 30 个任务关卡，几乎每一关都要求玩家建造基地、管理资源、训练军队并消灭对手。《星际争霸》中每关的流程几乎总是相同的，这种可预测性导致了关卡的故事性并不强。

《星际争霸》的故事是安排在关卡之间叙述的。在很多方面，《星际争霸》是在游戏内进行叙事的一个优秀范例，相对于同时期的其他游戏来说，它的情节更富戏剧性。实际上，它的情节设置与经典悲剧有着类似的结构，这在游戏中非常少见。然而，其故事仍然只是一个游离在核心可玩性外围的作为框架的工具。除了必须过关以推动故事继续发展之外，玩家在游戏中的表现和他做出的选择对故事情节毫无影响。这个故事为游戏提供了情境和动机，但却并不是可玩性的一个有机组成部分。

十余年后，《星际争霸Ⅱ》问世，故事以及故事与游戏的融合方式可能是它最大的变化。《星际争霸Ⅱ》的核心机制与前作相差无几，玩家仍然能建造基地、管理资源、训练并升级军队。然而，其单人战役任务的多样性较前作有了很大提升。例如，在"恶魔游乐场 ❶"一关中，岩浆会定期淹没地图的低洼区域，摧毁停留在此区域中的一切单位，如图**2.6**所示。这一关的目标并非击败敌人，而是在这种严酷的条件中生存下来，并采集满一定数量的资源。与最早版本《星际争霸》的典型任务关卡相比，这个设计带来了一种不同的节奏感和渐进感。另一个好例子是更早的一关"大撤离"。在这个关卡中，你的目标是保护平民安全撤离被外星生物侵占的星球。为了达到这个目标，你需要杀出一条血路，护送四批平民安全到达附近的太空港。在这一关中你同样要建造基地和训练军队，但首要目标还是一路保护平民到达目的地。这种设计同样也提供了一种与前作不同的游戏体验。在《星际争霸Ⅱ》的单人战役中，很难找到像前作一样按部就班的关卡任务。例行公事地建造基地，探索地图，再消灭敌人从而过关的模式已经一去不复返了。在《星际争霸Ⅱ》中，各种预先设计的事件和剧情会推动你在游戏中不断前进——这正是典型的渐进型机制。其结果是，游戏中的任务更多样化、更吸引人，并促使玩家对那些一成不变的战术进行改变和调整，以适应不断变化的游戏环境。此外，由于关卡的重复度降低，它们的故事性也得到了提升。

图2.6 《星际争霸Ⅱ》中的"恶魔游乐场"一关

在《星际争霸Ⅱ》中，玩家对游戏的故事走向有了更高的控制权。玩家能在一定程度

❶ 关卡译名引自网易公司代理发行的《星际争霸Ⅱ》简体中文版。下同。——译者注

上自行决定完成任务的顺序，有时还能在两种不同的科研路线中进行选择。虽然这些手段使得整体故事情节和游戏的融合程度稍好于上一代作品，但这种融合还是比不上渐进性和突现性在游戏个体关卡层面上的融合程度，它不如后者融合得那么精巧和成熟。

本章总结

在本章中，我们探讨了突现型游戏和渐进型游戏这两种游戏类别。在游戏研究领域，它们代表两种为游戏创造可玩性和挑战的不同方法。在游戏研究领域和一些游戏设计师之中，似乎存在着一种比起渐进型游戏更重视突现型游戏的倾向。这种倾向的产生可归因于游戏中产生突现特性的机制结构更加有趣，并且突现型机制生成的概率空间也更大。

突现型游戏是由较少的规则、许多互相关联的游戏元素和一个大而广的概率空间所构成。渐进型游戏则是由较多的规则、关联性较低的游戏元素和一个规模较小、通常窄而深的概率空间所构成。

现代电子游戏既包括突现因素，也包括渐进因素。然而，通过将突现和渐进相结合使玩家同时体验到这两者并不是一件容易的事，它要求设计者对产生这些因素的机制结构有着敏锐的洞察力。在本书中，我们会教你一些更加系统化和体系化地分析机制的方法。在后面的章节中，我们会再次回到突现和渐进的融合问题上，并利用这些方法来以全新的角度探究该难题的解决方案。

练习

国际象棋通常被看作有三个阶段：开局、中盘和末盘，然而在整局游戏中，规则却从未发生过变化。这种现象是由规则自身的突现特性引起的，而不是由人为设定的渐进型机制所造成的。

1．举出另一个在进行过程中会产生不同玩法阶段的游戏作品（电子游戏和桌上游戏均可）。

2．是什么引发了这种现象？

3．这些不同阶段是真正以突现形式生发出来的，还是仅仅是预先设计的故事情节或人为设置好的触发器所引发的结果？

第 3 章

复杂系统和突现结构

在第 1 章中，我们解释了游戏可玩性是如何从游戏机制中产生的。在第 2 章中，我们说明了突现型游戏的机制具有一种特定结构，在这种结构下，用一些较为简单的规则就可以产生出多种多样的可玩性。一般来说，这也意味着突现型游戏有很高的重玩价值。在本章中，我们会更详细地探讨突现、游戏机制的结构和游戏可玩性这三者的关系。我们将会看到，为了使可玩性从机制中生发出来，游戏机制必须在秩序和混沌之间保持平衡。这种平衡很容易被搅乱，从而为设计者树立了一个挑战。实际上，设计突现型机制在某种意义上是一个自相矛盾的任务，因为突现行为具有一个重要特征：只有当系统实际运转时，它才会显现出来。

突现现象并非只出现在游戏中，能表现出突现行为的复杂系统有很多，其中不少系统过去已被人们研究过。复杂科学（science of complexity），即广为人知的混沌理论（chaos theory），研究的就是游戏领域以外的突现系统。在本章中，我们将了解此学科取得的一些成果，并进一步学习那些对突现性的产生起到了促进作用的复杂系统的结构特征。但在此之前，我们先来详细讨论一下突现和可玩性之间的关系。

3.1 作为游戏突现特性的可玩性

我们把可玩性（gameplay）这个词定义为游戏给予玩家的各种挑战，以及玩家在游戏中所能执行的行动。多数行为能够帮助玩家克服挑战，但也有一些行为（例如更换赛车的颜色或与其他玩家聊天）与挑战无关。那些与挑战有关的行为由游戏机制所控制。例如，只有当游戏中存在"跳跃"这个机制时，玩家角色才能执行跳跃动作。

如果要把游戏设计成每个挑战只能通过一种独一无二的活动来解决是完全可能的。正如我们在上一章中讨论过的那样，经典的渐进型游戏（例如文字冒险游戏）就是以这种方式运作的——每个挑战都是一个独一无二的问题，每个问题只能通过一种活动解决。不过，我们也阐述过，在大多数游戏中，至少有一部分活动和挑战并非是以这种方式设计出来的。《俄罗斯方块》的开发者在编写程序时并未为方块编写出所有可能的掉落组合和顺序，而只是简单地让方块随机产生而已。在《俄罗斯方块》中，游戏挑战是由方块的随机掉落顺序和玩家对之前掉落方块的叠放方式所结合形成的。这种结合的方式每次都不同，并且玩家对他们所面对的挑战具有一定的控制力。这个游戏可产生的挑战变化是无穷无尽的，但玩家只需用很少的几种操作就足以应付它们。单人纸牌类游戏也具有这种特性。

其他也有一些游戏加入了允许玩家以出人意料的方式行动的机制。游戏设计师 Harvey Smith 在 2001 年的《The Future of Game Design》一文中探讨了构建出高度灵活的游戏系统，以使玩家能够做出各种表现力丰富的行为的必要性（www.igda.org/articles/hsmith_future）。为实现这种构想，游戏设计师应该把关注点从"一个预先设计好的挑战只对应一个特定的解决方法"这种观念上移开，而转向那些简单、连贯，并能以各种有趣方式任意组合的机制，即使这样会造成一些奇怪的后果也没关系。火箭跳（rocket jumping）就是一个例子。在大多数第一人称射击游戏中，火箭弹爆炸时会对周围的物体产生冲击力，结果一些精明的玩家学会了利用这个力量使自己跳得更高更远。Smith 并不把这个突现型的技巧看作游戏缺陷，反而将它当作一种启发。他主张设计师在设计游戏时应利用富有表现力的系统赋予的优势，以自由灵活、充满创造性的方式来设计游戏，人们需要更多这样的游戏。

> ## 一致性应高于写实性
>
> 　　火箭跳这种离奇的玩法是游戏设计者无心插柳的结果。它玩起来很有趣，同时也很脱离现实。这印证了 Steven Poole 在《Trigger Happy》（2000）一书中提出的观点：游戏的一致性比写实性更重要。Poole 认为，玩游戏是一种玩家让自己沉浸在游戏机制构筑的模拟世界中的活动。玩家并不希望游戏机制分毫不差地模拟现实。例如，一个完全写实的、要求玩家必须花费长达数年时间练习，才能掌握足够技巧从而上场比赛的 F1 赛车游戏，对于大多数玩家来说根本不会有趣。玩家希望所有太空射击武器的攻击效果都像《星球大战》里的光束枪一样直观易懂，而不是像真正的激光那样以光速射出，使玩家根本看不到弹道轨迹就被击中。玩家玩游戏是为了做那些在现实生活中不可能或不安全的事情，因此火箭跳这类奇特的现象也是乐趣的一部分。但需注意，玩家无疑是期望游戏机制连贯一致的。如果机制显得牵强随意（例如火箭弹能消灭强大的敌人却无法破坏一扇薄木板门），玩家就会感到沮丧和失望。

突现型游戏有很高的重玩价值，因为玩家每次玩游戏时遇到的挑战和可能作出的对应行为都不相同。游戏的每一段时期都是玩家与游戏共同协作而产生的独一无二的结果。然而，仅仅通过观察规则很难预测出某个游戏是否会生发出有趣的可玩性。我们在上一章中讨论井字棋和屏风式四子棋时已经说明过，创造突现型因素并非靠规则的堆砌。规则的复杂度和游戏所表现出来的复杂度不是线性关系，规则越多并不意味着游戏越有趣。事实上，如果将规则的数量减少，有时更容易创造出一个能产生真正有趣和突现型的可玩性的系统。

3.1.1　秩序和混沌之间

复杂系统（见小专栏"什么是复杂系统？"）的行为表现既可能是有序的，也可能是混沌的，抑或介于这两者之间。有序系统（ordered systems）很容易预测，而混沌系统（chaotic systems）即使在你完全理解其系统各部分工作原理的情况下也无法预测。突现系统是在秩序和混沌之间的某一点处产生出来的。

什么是复杂系统？

本书中提到的复杂系统（complex systems）并不是从字面上指那些难以让人理解的系统。这里的复杂（complex）这个词是指系统由许多部分组成。根据复杂性科学的研究成果，这些组成部分单个来看一般都很容易理解，也容易模拟出来。但把它们组合在一起后形成的复杂系统大都能表现出无法预测的惊人特性，很难通过单独分析每个组成部分来解释这种现象。那些探讨复杂系统的科研资料和文献也总是以游戏作为典型例子。这些游戏的单个规则通常都相当简单且易于理解，但整体产生的结果却是无法预测的。在本书中，我们会详细探讨游戏单个组成部分和游戏整体行为特性之间的关系。

在秩序和混沌这两极之间，还有两个阶段：周期性系统和突现性系统，如**图 3.1** 所示。周期性系统在运行过程中会以一个连续且易于预测的次序经历若干个区分明确的阶段。在较大的规模上，天气系统和季节交替现象就是以这种方式运行。你在地球上的位置决定了你每年会经历哪几个季节。在一些地区，季节轮转的节奏非常精确，每个季节在一年中到来的日期几乎是固定的。尽管气温会产生季节性变化，季节开始的日期每年也有所差异，但天气系统大体上是平衡的，并以固定的循环一遍又一遍地轮回。（虽然全球变暖现象看上去改变了天气系统，但我们仍不能确定这到底是永久的改变，还是一个长期循环的一部分。）

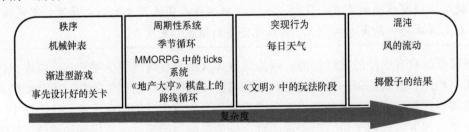

图 3.1　复杂系统的四种行为模式

与周期性系统相比，突现性系统的有序程度较低而混沌程度较高。突现性系统的行为模式通常比较稳定，但也可能会毫无征兆地突然从一个模式转变到另一个模式。天气系统就是一个好例子。虽然某一特定地域的季节循环是遵循着一个大体规律的，但要预测某一年的天气情况仍然很困难。由于气压、海水温度和大气温度之间有着复杂的相互作用，要准确预测下一次出现霜冻的日期或整个冬天的降雪量几乎是不可能的。不过，我们仍然可以基于统计学方法来做出一定的猜测或假设，并制定出一些普遍性的规则，例如"豌豆要在受难日播种"❶。但这类规则并不是每年都可靠。

通过一个简单的实验来体会突现现象

你可以通过一个简单的实验来体验复杂系统的这四种行为模式。实验所需的全部道具只有一个水龙头（不过根据所用龙头的不同，实验效果也有好有坏）。当你将水龙头轻轻拧到一个特定位置时，水滴会以固定的频率缓慢滴下。有时候通过先拧开水龙头再缓缓关上会更容易达到这个状态。当水龙头拧紧时，它处于一个有序且易于预测的状态，因为此时没有水流出。当水龙头滴水时，它处于一个周期性状态。此时缓缓地将龙头继续拧开的话，它滴水的速度会越来越快。然后，当到达某个离完全拧开不远的位置时，水流的规律会变得紊乱起来。在这段时间中，你将系统快速地引向了混沌状态。此外，在混沌状态和周期性滴水这两种状态之间，还可能出现更复杂的周期性现象，比如每暂停一段时间后接连滴下两滴水珠的现象，或者一段时间快速滴水、一段时间形成不规则的水流，如此交替进行的现象。如果继续拧大龙头，则会使水流很快回到稳定有序的状态。

我们不仅可以在游戏中辨认出行为模式，而且在很多游戏中，我们还可以同时辨认出多个模式。渐进型游戏属于有序系统，因为所有可能的挑战次序和行动次序都是预先设计好的。虽然玩家不知道接下来会发生什么，但一个设计师却可以通过分析游戏机制来准确预测接下来会发生的事情。在桌上游戏中，玩家轮流执行回合的行为产生了一个周期性系统，但具有更多的细微变化性。在大多数大型多人在线角色扮演游戏（MMORPG，massively multiplayer online role playing game）中，离散性的时间单元机制（ticks❷）影响着玩家所采取的策略。在《文明》中，各个明确区分开来的发展阶段（扩张、合并、战争、殖民、太空竞赛）则是游戏中的突现行为的清晰体现。最后，使用骰子之类的随机数生成工具，以及让其他玩家加入到游戏中来，可以为游戏引入混沌特性。要设计一个突现型游戏，设计师必须确保所有这些游戏元素相互平衡得恰到好处，使游戏的整体行为表现出突现型游戏的特征。

---

❶ 这是一条流传于美国的农业指导规则。它告诫人们，在每年的耶稣受难日前后（三月底到四月份），各种自然条件有利于豌豆的生长，因而于此时播种豌豆最为合适。——译者注

❷ ticks 系统多见于网页游戏中，这种系统每隔一段固定时间给予玩家一定行动力（或能量值等类似概念），这样的一个时间间隔就称为一个 tick。例如，我们假定在一个农场题材的游戏中，玩家执行种植、收割等一些关键活动时都需要消耗不等的行动力，可用行动力的总量是有上限的，用完后，玩家就只能充值购买能迅速恢复行动力的道具，或等待其自动恢复。如果该游戏将行动力的恢复速率设置为每 3 分钟恢复 1 点，那么这里的一个 tick 就等于 3 分钟。——译者注

3.1.2 突现现象是否可以设计?

复杂系统中的突现现象只有当系统实际开始运转后才会显现出来,这解释了为何游戏设计如此依赖原型构建和游戏测试。游戏属于复杂系统,要了解一个游戏的可玩性是否有趣、平衡、使人着迷,唯一的方法就是以某种形式去玩这个游戏。

我们通常把设计活动看作一个过程,设计师在这个过程中清楚地知道他想创造什么东西,并着手将这件东西制作出来。但突现性系统的设计是有矛盾性的,因为设计师可能无法准确预测这个系统最终会产生出何种状态,却仍然得努力进行设计,朝着这个不确定的目标前进。然而,如我们在第 1 章中说过的那样,游戏机制中的特定结构通常会产生出特定类型的结果。理解这些结构可以帮助设计师实现出他们想要的效果(不过在这个过程中,大量的测试工作仍然是必需的)。本书的重点就是告诉你如何识别这些结构,如何在你的游戏和别人的游戏中辨认出它们的存在,以及如何利用它们创造出你所追求的游戏可玩性。

下面,我们暂时将关注点从游戏上移开,来看看复杂科学中的一些经典案例。在后面的章节中,我们会重新将目光转回到游戏上来。

3.2 复杂系统的结构特性

复杂科学的研究对象通常涉及规模庞大的复杂系统,天气系统就是一个经典例子。在这些系统中,一个小小的变化就可能随时间推移而造成巨大的影响。这种现象就是所谓的蝴蝶效应(butterfly effect):一只蝴蝶在地球的这一头振翅,其引起的空气运动可能逐渐累积,最终在遥远的地球另一头形成一场飓风。复杂科学研究的其他系统包括股市、交通、人流、鸟的集群飞行、天体运动等,这些系统的复杂程度通常大大高于游戏中的系统。幸运的是,也有很多较为简单,但仍体现出突现行为的系统。要研究学习与突现行为相关的结构特性,从这些系统着手会简单得多。

3.2.1 活跃并相互关联的组成部分

在数学、计算机科学和游戏理论的交界处,有一个特殊的学术领域,它研究的对象是细胞自动机(cellular automata)。细胞自动机是一系列简单规则的集合,这些规则控制着一行格子或一个网格中的每个格子单元(细胞格)所呈现出的状态。每个格子只有两种状态:黑色或白色。规则决定了格子颜色改变的条件,以及当前格子颜色如何对周围的格子产生影响。如要根据规则改变格子颜色的话,在二维网格中通常只需检测当前格和周围八个邻接格的颜色。在一维网格(即单行格子)中,通常只需检测当前格和两个邻接格的颜色。

　　数学家们把这样的一个规则集合看作一种假想的机器，这种机器无需人工干预就能自行运转。这也是它被称作自动机（automata）的原因。

　　一个细胞自动机在开始运行时，会在一个给定的初始布局（一些格子呈现为白色，一些格子呈现为黑色）基础上，根据规则判断每个格子的颜色是否应该改变。系统并非一个个地改变格子颜色，而是首先检查所有的格子，标记出需要改变的那些，然后在下一次迭代来临之前同时对它们进行变色，并不断重复这个过程。这样的每一次迭代称为一个世代（generation）。

　　英国科学家 Stephen Wolfram 创造出了一个简单的细胞自动机，用于展示突现现象。这个自动机只有一行格子，在每次循环中，每个格子的新状态（颜色）由它上一次的状态和两个邻接格子的状态共同决定。因为格子的状态只有黑色或白色，所以可能形成的组合一共有八种。**图 3.2** 列出了一套可能的演化规则（图片底部）。该细胞自动机以一个黑格（其他格子均为白格）开始，依据此规则进行演化，并把每个世代所产生的结果逐行向下打印出来，就形成了图中这个惊人的复杂图案。

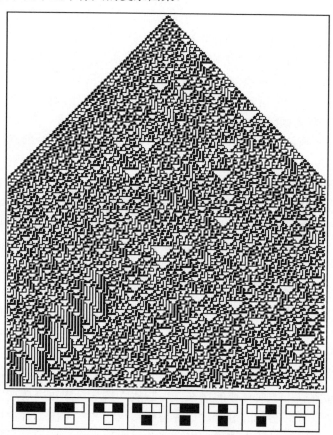

图 3.2　Stephen Wolfram 的细胞自动机

图 3.2 底部的小图说明了此细胞自动机格子的变色规则。最左端的规则意为"如果一个黑格两端皆为黑格,则此格在下一世代中变为白格"。第四条规则意为"如果一个白格左端为黑格而右端为白格,则此格在下一世代中变成黑格"。

需要注意的是,尽管这个细胞自动机的规则没有任何随机性,但它却能产生出独特且**看似随机**的图形。

Wolfram 在《A New Kind of Science》(2002)一书中详细阐述了他的研究成果。他通过大量研究工作揭示出了表现出动态行为的系统的三个关键特性。

- 系统必须由简单的单元(cells)构成,这些单元的规则必须是局部性的。意思是说,系统必须能以相对简单的方式将每个组成部分个别地描述出来。在 Wolfram 的细胞自动机例子中,八条简单的规则就涵盖了每个格子可能演化出的所有形式。
- 系统必须支持远程信息传递。复杂系统中的某一个组成部分状态的改变必须要能跨越较远的时间或距离,造成系统其他组成部分的改变。蝴蝶效应之所以可能发生,正是由于远程信息传递。在 Wolfram 的细胞自动机中,每个格子会影响到它的邻格,而邻格又有其他邻格,依此延伸,最后使系统中每个格子都能与其他任意一格产生间接联系,从而使各组成部分之间得以进行信息传递。
- 系统组成单元的活跃程度能够有效地反映出系统行为的复杂度。如果一个系统中的活跃单元很少,那么它就不太可能生发出复杂的行为。在 Wolfram 的细胞自动机中,"活跃"这个概念可理解为单元状态的改变。例如一个格子从黑变白或从白变黑时,它就是活跃的。

有趣的是,从控制每个单元行为的规则中,我们可以推论出一些系统特性。例如,根据每个格子需要根据自己的前一状态和相邻格的状态来改变颜色的规则,可以推断出此系统很容易发生远程信息传递现象,因为所有的格子都是相连的。又如,在图 3.2 所示的八条规则中,有四条都能使格子改变自身颜色,这表明此系统的活跃度很可能较高。

细胞自动机理论告诉了我们一件事:复杂系统的构建门槛其实出乎意料的低。只要有足够多的组成部分以及足够高的活跃性和关联性,那么相对简单的规则也能产生出复杂的行为。大多数游戏都是通过与之类似的方式构建出来的。游戏由许多不同的元素组成,这些元素由相当简单的机制控制着,各元素之间通常存在着很多互动作用。显然,玩家是使系统产生活跃性的重要原因,但正如细胞自动机所表明的那样,即使没有人类的干预,突现现象也能产生。

塔防类游戏很好地诠释了这些特性,如**图 3.3** 所示。塔防类游戏由若干个相对简单的部分所组成。在这类游戏中,每个敌方单位都有特定的前进速度和生命值,此外可能还会有其他一些为提高游戏乐趣而存在的属性。这些敌人会沿着固定路线冲向玩家大本营,玩家需要摆放防御塔以抵御它们的进攻。每种塔有相应的射程范围,并会以固定频率攻击射程内的敌人。有的塔直接对敌人造成伤害,有的塔对敌人造成减速之类的效果,还有的塔能提升周围其他塔的威力。在塔防游戏中，有很多元素是由局部规则所定义的（例如敌人和塔）。和细胞自动机一样，这些元素既具有活跃性（敌人会进行移动，塔会对敌人作出反应），也具有相互关联性（有的塔会攻击敌人，有的塔能提升周围其他塔的威力）。

图 3.3《Tower Defense: Lost Earth HD》

　　系统元素的活跃度和相互关联度是很好的指示器，可用于将突现型游戏和渐进型游戏区分开来。在典型的渐进型游戏中，所有元素（例如谜题和角色等）都只与玩家控制的角色相交互，而且它们仅在玩家可见时才表现出活跃性。如果你在当前游戏画面中看不到某个元素，那它此时十有八九是处于停滞状态的。与此类似，游戏各元素之间的关联度也很小，它们仅以一些预先设计好的方式进行交互活动。显然，设计师因此得以在很大程度上掌控渐进型游戏的流程，但正如我们在上一章中论述的那样，这种做法也使游戏变得易于预测。当所有预先设置好的选项都被玩家探索殆尽后，游戏也就失去了乐趣。

3.2.2 反馈循环可促进系统稳定也可使系统失稳

　　生态系统是复杂系统的另一个经典例子。生态系统看上去平衡得非常好：各种动物的数量基本稳定，不会随时间推移而大幅改变。更重要的是，大自然似乎采取了一切可行的方法来维持这种平衡。我们用捕食者和猎物数量的关系来说明这一点。当猎物很多时，捕食者很容易得到食物，它们的数量因而上升。然而，随着捕食者越来越多，猎物会不断减少。当捕食者数量增长到一定程度后，情况便发生了逆转：捕食者因得不到足够食物而数量下降，给了猎物生存繁衍的机会，使猎物数量重新上升。

　　生态系统中捕食者和猎物的数量之所以能保持平衡，原因就是所谓的**反馈循环**（feedback loop）。当系统的某个部分（例如捕食者的数量）发生变化，并且这种变化产生的效果在一段时间后回馈并影响到同一部分时，就形成了一个反馈循环。在这个例子中，捕食者的增加会导致猎物的减少，反过来又造成捕食者减少，捕食者数量改变产生的效果最终反馈给了自身。

　　维持系统平衡的反馈循环叫做**负反馈循环**（negative feedback loop）。这种循环在电器中有着广泛应用，恒温器就是一个典型例子。恒温器会检测空气温度，当温度过低时，激活加热装置使室温上升，当检测到室温高于一定值后，又会反过来关闭加热装置。另一个例子是机器装置上的调速器。当机器的运动速度过快时（可能是由于施加于机器上的负荷减小），调速器降低动力使之减速。当机器的运动速度过慢时，则增加动力使之加速，从而使机械的运动速度处于一个稳定状态。调速器可以保证机器以最合适的速度运行，防止负荷突然减小导致机器运行过快而损坏。

　　负反馈循环在游戏中很常见。例如《文明》（**图 3.4**）中的城市人口就受到负反馈影响，其原理和捕食者与猎物的例子并无不同。在《文明》中，随着城市发展，逐渐增长的人口需要越来越多的食物供应。这会使城市最终固定在一个稳定的规模上，这个规模取决于城市所处的地形和玩家的科技水平。

图 3.4　《文明》的游戏画面。图中显示的是底比斯城的人口数量和食物供应情况

　　你也许已经猜到了，负反馈循环的反面叫作**正反馈循环**（positive feedback loop）。负

反馈循环的自身反馈效应能维持平衡，而正反馈循环的自身反馈效应却会使效果加强。声音的反馈就是一个典型例子：一段声音进入麦克风，经过放大器后从扬声器中放出，这个放大后的音量又进入麦克风并被进一步放大……如此循环，结果就产生了高音啸叫现象，只有把麦克风从扬声器旁拿开才能使声音停止。

正反馈循环在游戏中也很常见。例如在国际象棋中，如果你吃掉了对方一个棋子，接下来要再吃掉一个就会更容易，因为你在棋子数量上占优势。正反馈循环会产生动荡不定、变化迅速的系统。

我们在本书接下来的章节中还会继续深入探讨反馈机制。在大多数突现型游戏中，都有若干个不同的反馈循环在同时运转。但在目前，最重要的是要记住反馈循环是可以存在于复杂系统中的。负反馈循环使系统保持平衡，而正反馈循环可以使系统失稳。

3.2.3　不同的规模级别生发出不同的行为模式

Stephen Wolfram 并不是唯一一位研究细胞自动机的数学家。最著名的细胞自动机大概是由 John Conway 发明的《生命游戏》（Game of Life）。Conway 的自动机由一个二维网格中的格子组成，理论上，这个网格是朝着所有方向无限延展的。网格中的每个细胞格有八个邻格，即四边和四角上的格子。每个细胞格可能的状态有两种：死亡或存活。在大多数例子中，死亡的细胞格被标记为白色，存活的细胞格被标记为黑色。系统在每次迭代时执行以下规则。

- 如果一个存活的细胞格周围存活的邻格少于两个，则此格由于过于孤独而死去。
- 如果一个存活的细胞格周围存活的邻格多于三个，则此格由于过度拥挤而死去。
- 如果一个存活的细胞格周围存活的邻格为两个或三个，则此格保持存活状态。
- 如果一个死亡的细胞格周围存活的邻格恰好为三个，则此格死而复生。

要运行《生命游戏》，你需要准备一个网格，并将其中一些细胞格设置为存活状态。**图 3.5** 是一个例子，它展现了执行以上规则后所生发出来的结果。不过，为了真正领会《生命游戏》的突现特性，我们还是建议你在网上找一个它的交互式版本，实际观察一下它的运行效果。

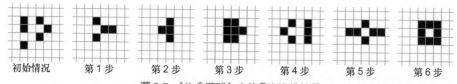

图 3.5　《生命游戏》中的几次迭代结果

　　　　小提示：你可以在 http://golly.sourceforge.net 下载到《生命游戏》的一个开源多平台版本。维基百科的"Conway's Game of Life"条目中也有一些其他版本的链接。

　　《生命游戏》在开始运行后，通常会以初始存活的细胞格为源头引发大量细胞格的爆发式活动，产生混沌性相当高的结果。《生命游戏》通常在若干次循环后进入大体稳定的状态，但有时候仍会余下若干群细胞格在两个状态之间不断振荡。

　　研究《生命游戏》的学者通常在研究工作的早期都会问自己一个问题："是否存在一种初始布局，使细胞格能永远增殖下去？"他们很快发现了一些令人称奇的布局，其中一个被称为 glider，它由五个存活细胞格组成，每四次循环后会在一格之外重现自己的初始形状，其效果就像一个小小的生物不停地在网格中移动，如**图 3.6** 所示。此外还有一些更有趣的布局，例如 "glider gun"。在这个布局中，初始的细胞格维持原地不动，但会不断产生出新的 glider，这些 glider 每经过 30 次迭代会移动一格。

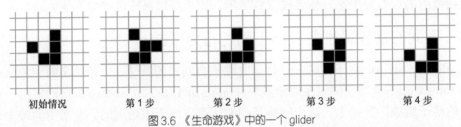

初始情况　　　　　第 1 步　　　　　第 2 步　　　　　第 3 步　　　　　第 4 步

图 3.6 《生命游戏》中的一个 glider

　　glider 和 glider gun 的例子说明，在复杂系统中，最有趣的行为不是在系统的个体组成部分这个规模级别上产生的，而是在由许多个体部分所组成的群体这个规模级别上产生的。这种现象在其他许多复杂系统中也能找到，鸟的集群飞行就是一个好例子。一群鸟在飞行时就如同一只鸟，整群鸟似乎遵循着一个明确的形状、方向和目标，如**图 3.7** 所示。在这个例子中，为鸟群掌舵的"规则"在个体和群体这两个规模级别上都发挥着作用。要模拟鸟的集群飞行，只需让每个个体遵循以下规则：向群体中心部位移动；配合邻近个体的速度和方向；避免与邻近个体过于接近。

　　在游戏中，我们同样能找到类似的现象。许多年来，玩家都很好奇《吃豆人》（Pac-Man）中的鬼怪在追逐玩家时是否是有意识地相互协作，并设置陷阱引玩家上钩的。实际上，鬼怪们并未相互协作，虽然它们几个的整体行为看似智能，但实际上它们远远没有这么聪明。这个游戏有两种状态：逃跑和追捕。在逃跑状态下，鬼怪们不追逐玩家，而是分别向迷宫的不同角落逃去。然而游戏在大部分时候是处于追捕状态下的，在这个状态下鬼怪们会追逐玩家。为了追上玩家，鬼怪到达一个拐角时必须判断朝哪边转弯，此时程序算法会忽略掉鬼怪和玩家之间的所有墙壁，让鬼怪选择那个最接近玩家的方向。每个鬼怪的行动方式都有些许不同：Blinky（红色鬼怪）试图前往玩家的目前位置；Pinky（粉红色鬼怪）试图前往玩家**前方**四格的位置；Inky（蓝色鬼怪）结合玩家的位置和 Blinky 的位置来决定去哪儿；最后的 Clyde（橙色鬼怪）在一定距离外会追逐玩家，而在接近玩家后则会试图堵住玩家左下角的路线。这些行为组合到一起后，整体看上去就非常智能：Blinky 会尾随玩家，Pinky 和 Inky 会试图堵在玩家的前面，而 Clyde 则增添了更多不确定因素。鬼怪们组成这样一支队伍后就成为了相当强大的捕猎者，而实际上它们甚至连其他伙伴的位置都不知道。这些鬼怪的简单行为结合在一起后，就给了玩家一种鬼怪们相互合作的印象，而这其实只是由于它们各自的策略具有互补性而已。

图 3.7　鸟的集群飞行

　　小提示：如想更加详细地了解《吃豆人》中鬼怪的行为特征，可以查阅 http://gameinternals.com/post/ 2072558330/understanding-pacman-ghost-behavior。

3.2.4　对突现进行分类

科学家们将复杂系统中的突现划分为不同等级，某些现象的突现性等级比其他现象要高。将复杂系统中的反馈循环和规模级别这两个概念结合起来，可以大大帮助我们描述并解释突现特性的不同等级。科学家 Jochen Fromm 在论文《Types and Forms of Emergence》中以反馈和规模级别为标准，对突现进行了如下分类（2005）。

最简单的突现形式称为微小突现（nominal emergence）或有意突现（intentional emergence），它们要么不存在反馈，要么反馈只发生在同一规模级别中的各个元素之间。大多数人造机器设备都属于这类系统，这些机器所展现出来的功能是设计者通过设计，有意使机器各部件产生出的突现特性。展现出这种有意突现的机器，其行为是确定性的、可预测的，但也缺少了灵活性和适应性。调速器和恒温器就是这种可预测反馈的例子。

Fromm 划分的第二种类别是弱突现（weak emergence），这种突现类型可以在系统的不同层级之间实现自顶向下的反馈。Fromm 使用了鸟的集群飞行行为来说明这种特性。

一只鸟不仅会对周围其他鸟的行为作出反应（中介体到中介体的反馈），同时也会感知到鸟群这个整体（群体到中介体的反馈）。整个鸟群形成了一个与个体飞鸟不同的规模，每只鸟都可以感知到这两种规模，并对两者都作出反应。这种现象并不仅限于鸟群，鱼群的行为也是相似的。可以推论，某种单位如果既能感知它周围同类的行为，又能感知它所在的群体的整体状态的话，该单位就会产生如上所述的这种集群行为。

比弱突现系统的复杂性更胜一筹的是具有多重突现（multiple emergence）特性的系统。这种系统中具有多种反馈，这些反馈跨越了不同的规模级别。为了解释这种突现类型，Fromm 阐述了有趣的突现是如何在那些具有小范围正反馈和大范围负反馈的系统中得到体现的。股市就表现出这种特性。当股价上涨时，人们会注意到并购买更多股票，导致股价继续升高（短期正反馈）。同时人们根据经验知道股价总有一刻会达到顶峰，因此他们会适时卖出股票，导致股价下降（长期负反馈）。这种现象反过来也成立，人们发现股价下跌时会卖出股票，但当他们认为股价已经到底时，又会抱着占便宜的心理重新买入。John Conway 的《生命游戏》也表现出了这种突现特性。《生命游戏》既包含正反馈（控制细胞诞生的规则），也包含负反馈（控制细胞死亡的规则）。此外它也包含了不同规模级别的组织：最小的组织是单个细胞格，而较大规模的组织则能形成一些持久性的模式和行为，例如 glider 和 glider gun。

Fromm 划分的最后一种类别是强突现（strong emergence）。他举了两个主要例子来说明这种特性，一是基因系统发生突现而产生生命，二是语言和书写发生突现而产生文化。强突现的产生应归因于各规模级别间的较大差异，以及系统中的中间规模级别的存在。强突现是多层级的突现，其中最高层级所产生的突现行为可与最低层级上的中介体分离开来。例如，在《生命游戏》中以一定的方式设置细胞网格，使系统在较高的层级上成为一个能执行简单运算的计算机，进而产生出新的复杂系统（例如游戏）是可能的。在这个例子中，计算机表现出来的特性同《生命游戏》本身之间只存在最低限度的因果依赖性。

以上这些突现类型暗示我们，不同层级的突现行为在游戏中同样存在，而且常常是同时并存。更重要的是它还让我们认识到，游戏机制的结构特性（例如规模层级的存在以及反馈循环）对于复杂和有趣的行为特性的生发起着至关重要的作用。

3.3 驾驭游戏中的突现特性

游戏属于复杂系统，能够产生出不可预测的结果，但同时也必须为玩家带来设计良好、自然合理的用户体验。为了达到这个目标，游戏设计师必须要理解突现特性的一般性实质，同时也要理解他们自己创作出的游戏的特定实质。

我们把以上所学的活跃并相互关联的系统组成部分、反馈循环、系统的不同规模级别等概念看作一个系统，称为游戏的结构特性（structural qualities）。在游戏中，这些结构特性对于创造突现型玩法有着至关重要的作用。通过对游戏机制的学习，上述这些（以及其他的）结构特性将会更加详尽地展现在我们眼前。本书余下的章节就是用来学习这些内容的。

这三种结构特性既是本章的主题，也是理解 Machinations 构造原理的前提知识。Machinations 是一个实用性的理论框架，它可以直观地处理游戏中的突现特性。一个表现出突现特性的高质量游戏的构建过程是难以掌控、捉摸不定的，而 Machinations 能使设计师更好地掌控这个过程。在接下来的几章中，我们会把视角拉近到游戏的内部经济机制上。我们将阐述如何用 Machinations 将游戏机制可视化，以及如何利用这些可视化成果来认识机制的结构特性。在第 10 章"将关卡设计和游戏机制融合起来"和第 11 章"渐进机制"中，我们会重新把视角拉远，阐述如何在一个更大的规模级别上将多种机制组合起来，以及如何用这些机制设计出同时具有渐进特性和突现特性的有趣关卡。

本章总结

本章中，我们阐述了复杂系统（complex systems）的定义，并展示了游戏可玩性是如何从复杂系统中生发出来的。我们还阐述了高度有序的系统和高度混沌的系统之间有哪些过渡状态，并说明了突现现象会在这两极之间的某一点上出现。复杂系统的三种结构特性都有助于突现现象的产生，这三种结构特性是：活跃并相互关联的系统组成部分、反馈循环、不同规模级别之间的交互作用。

我们以细胞自动机为例，说明了简单的系统也能产生突现特性。此外，我们还阐述了塔防游戏是如何像细胞自动机一样运作的。

最后，我们介绍了 Fromm 划分的突现类别。这种分类的依据是反馈循环的不同结合方式，以及在不同规模级别上系统各个组成部分之间的交互作用。

练习

1. 对图 3.2 中 Wolfram 制定的演化规则做一些修改，使八种可能组合中的其中一些组合产生出的结果与 Wolfram 制定的原规则不同。准备一张方格纸和一支铅笔，从一个单一的黑色细胞格开始，在方格纸上逐行向下涂画出你制定的新规则的演化结果。最后比较一下，看看得到的图案与原图有何不同。

2. Conway 的《生命游戏》是设置在一个矩形网格中的，某个细胞格的状态是否改变，取决于周围八个邻格的状态。而在六角形与三角形网格中，每个细胞格分别只有六个和三个邻格。试着为六角形或三角形网格设计一套与《生命游戏》类似的规则，看看执行规则后会产生什么结果。

内部经济

在第 1 章中，我们列出了游戏中的五种常见机制：物理、内部经济、渐进机制、战术机动和社交互动。本章我们将专门阐述内部经济机制。

在现实生活中，经济（economy）是一种使资源得以生产、流通和消费的系统，这些资源的数量是可量化的。很多游戏也同样包含了经济系统，这个系统由资源和规则组成，资源受游戏控制，而规则决定了资源如何产生和消耗。然而，游戏的内部经济可以包含那些在现实经济中并不存在的资源。在游戏中，生命值、经验值和技能等概念同金钱、物品、服务一样，都可以成为游戏经济的一部分。《毁灭战士》（Doom）中没有金钱，但却有武器、弹药、生命值和护甲等概念。在桌上游戏《Risk》中，军队是一种重要的资源，你必须运用它们来克敌制胜。在《超级马里奥银河》（Super Mario Galaxy）中，你需要收集星星和各种增益道具以增加生命，并靠它们一路闯关。几乎每类游戏都有一个内部经济系统（第 1 章中的表 1.1 提供了很多例子），即使这个系统与现实世界中的经济系统并不相似。

要理解一个游戏的可玩性，理解它的经济机制至关重要。有些游戏的经济规模较小，也较简单。但无论经济的规模是大是小，把它创造出来都是一项重要的设计任务。这也是为数不多的必须由设计师独立完成的任务之一。要确保游戏物理机制运行正确，你需要与程序员紧密合作；要保证关卡设计合理，你需要与故事作家和关卡设计师紧密合作；然而要设计游戏经济，你则必须自己来完成。通过精心打造机制来创造出一个充满乐趣和挑战性的游戏系统，这也是游戏设计师的职责。

在《Fundamentals of Game Design》一书中，Ernest Adams 已经对游戏的内部经济进行过论述。本书会援引其中的一些内容，并且会进一步对内部经济的概念进行扩展。

　注意：本书在使用经济（economy）这个词时，采用的是它的广义定义。它可不是只与金钱有关！信息经济（information economy）中包含了信息生产者、信息加工者和信息消费者。政治经济学（political economy）研究的是政治力量如何影响政府政策。而市场经济（market economy）才是关于金钱的经济。本书中，我们用经济这个词抽象地指代一切使资源（不论是什么类型的资源）得以生产、流通和消费的系统。

4.1 内部经济的构成要素

本节中，我们会简要介绍游戏经济的基本构成要素：**资源**（resource）、**实体**（entity）以及四种使资源得以生产、流通和消费的机制。我们只对它们进行概要性叙述，如果你想深入了解相关内容，请查阅《Fundamentals of Game Design》一书第 10 章。

4.1.1 资源

一切经济机制都涉及资源的流动。资源是指任何能用数字来衡量的概念。游戏中几乎任何元素都能成为资源，例如金钱、能源、时间、玩家控制的单位、物品、增益道具、敌人等等。玩家能够生产、积累、收集或破坏的任何东西都可能是某种形式的资源，但并非所有资源都处于玩家的控制之下。例如时间资源有自行流失的特性，玩家通常无法改变这一点。速度也是一种资源，虽然它通常是物理引擎的一部分，而非内部经济的一部分。然而，游戏中也并非所有东西都是资源。平台和墙壁，以及其他任何不活动的或固定不变的元素都不是资源。

资源可以是有形的或无形的。**有形资源**（tangible resources）在游戏世界中具有物理性质。它们存在于某个特定地点，而且一般都能被移动到其他地方，例如玩家角色随身携带的道具，或者《魔兽争霸》（Warcraft）中可供采伐的树木等。在策略游戏中，玩家控制的单位也是有形资源，玩家必须派遣它们前往游戏世界的各个地方。

无形资源（intangible resources）在游戏世界中没有物理性质——它们不占据空间，也不存在于某个具体地点。例如，《魔兽争霸》中的树木被采伐后，就变成了无形的木材资源。这些木材只是一个显示在屏幕上的数字，它们不实际存在于任何地方。建造建筑时玩家无需实际往工地运送木材，只要显示的木材数字足够，就能开始建造了，即使建筑地点远离伐木地点也没关系。《魔兽争霸》这种对树木和木材的处理方式，是帮助我们理解游戏如何将有形和无形资源进行转换的好例子。类似的例子还有射击游戏中的医疗包（有形）和生命值（无形）。

有时候，为了便于理解资源的特性，我们可以把资源看作**抽象的**（abstract）或**具体的**（concrete）。抽象资源并不实际存在于游戏中，它是根据游戏的当前状态推算而来的。例如在国际象棋中，你可以故意牺牲一枚棋子，以换取战略上的优势。在这个例子中，"战略优势"就可看作一种抽象资源（抽象资源同时也是无形的——显然它并不实际储存在任何地方）。与之相似，在平台游戏和策略游戏中，玩家控制的角色或单位所处的地势高度也可成为有利因素。在这类情况下，我们可以将地势高度看作一种资源——如果这样做有助于衡量玩家占领特定地点后取得的战略优势的话。游戏通常不会明确告诉玩家有哪些抽象资源，抽象资源只用于游戏的内部计算。

需要注意的是，电子游戏中的某些资源可能看似抽象，实则具体。例如，角色扮演游戏中的经验值（experience point）就不是抽象资源，而是一种无形的（但也是实际存在的）商品。像金钱一样，它必须由玩家来挣取，而且有时候也可以被消费掉。快乐度（happiness）和声望值（reputation）也是存在于许多游戏中的资源。它们虽然是无形的，但同样属于游戏的具体组成部分。

要为游戏设计内部经济，或研究学习一个已有游戏的内部经济，最好的方法是首先确定主要资源是什么，然后再分析是哪些具体机制控制着这些资源的相互关系，以及这些资源是如何被生产和消费的。

4.1.2   实体

资源的具体数目储存在**实体**（entity）中（如以程序员的视角来看，实体本质上是一种变量。）资源是一个笼统的概念，但一个实体可以存储特定数量的资源。例如，可以用一个叫作计时器（timer）的实体来存储时间资源，这个时间可能是用于计量距游戏结束还剩多少秒的。在《地产大亨》中，每位玩家都拥有一个用来储存金钱资源的实体。当玩家进行买卖、交租或缴纳罚款等活动时，这个实体中的金钱数量就发生改变。当一名玩家向另一名玩家交纳租金时，金钱就从前者的实体中流出，转移到后者的实体之中。

仅存储一个数值的实体称为**简单实体**（simple entity），而若干个相互关联的简单实体的集合称为**复合实体**（compound entity），因此一个复合实体可以包含不止一个数值。例如在策略游戏中，一个单位通常会含有多个简单实体，这些简单实体分别用于描述单位的生命值、攻击力、速度等等。它们组合起来之后就构成了一个复合实体，而作为组成部分的这些简单实体就是俗称的**属性**（attribute）。例如，单位的生命值就是它的一个属性。

4.1.3   经济系统中的四个功能

经济系统普遍含有四个能够影响资源并转移资源的功能，它们是**来源**（source）、**消耗器**（drain）、**转换器**（converter）和**交易器**（trader）。下面我们将对它们逐一进行说明。再次强调，这里的说明只是概要性的，详细内容可参见《Fundamentals of Game Design》第 10 章。

■ **来源**（source）是一种能凭空产生出新资源的机制。在特定的时刻或条件下，一个来源可以生产出新资源，并将它存储在某个实体中。来源既可以由游戏中的事件触发，也可以一直持续运转，以固定的生产速率（production rate）生产资源。它也有可能被开启和关闭。在模拟游戏中，金钱常常是由一个来源定期生成，每次生成的量与人口数量成正比。此外在一些含有战斗机制的游戏中，战斗单位的生命值也会自动随时间恢复。

- **消耗器**（drain）与来源正相反：它将实体中存储的资源从游戏中永久消除。在一些需要供养人口的模拟游戏中，食物的消耗速率与人口数量成正比。这些资源并不是转移到了别处，也不是转换成了其他东西，它们单纯只是消失掉了而已。在射击游戏中，弹药也会随着开火而消耗掉。
- **转换器**（converter）能将一种资源变换成其他形式。我们在前面提到过，《魔兽争霸》中的树木（有形资源）在被采伐后会变成木材（无形资源）。采伐树木的行为是一种转换器机制，它将树木转换为木材的速率是不变的，因为一定数量的树所产出的木材数量是固定的。许多模拟游戏中都有一些相应的科技，研究以后可提高游戏中转换器机制的效率，使转换器能产生出更多资源。
- **交易器**（trader）是根据一个交换规则将某种资源从一个实体转移到另一个实体，同时将另一种资源转移回来的机制。如果玩家花三枚金币从铁匠那里购买一个盾牌，交易器机制会把金币从玩家存储金钱的实体中取出，转移到铁匠的相应实体中去，并把盾牌从铁匠那里转移到玩家的道具库中。交易器机制与转换器机制不同，没有任何东西产生或消失，而只发生物物交换而已。

4.2　经济结构

要识别出一个经济系统由哪些实体和资源组成并不特别困难，但要从整体上充分地把握这个系统就不太容易了。如果为你设计的经济系统中的要素绘制一张走势图，其图形会呈现何种形状？某种资源的数量是否会随时间增加？资源的分布状况如何变化？系统是会使资源集中在一个玩家手中，还是会将资源分散到各处？理解你设计的经济系统的结构能够帮助你找到这些问题的答案。

4.2.1　经济走势图

在现实世界中，人们用图表和数字来表示经济系统的运行规律，如图 4.1 所示。这些图表具有一些有趣的特性：在一个较小的规模上，线条的走势比较杂乱，但在一个较大的规模上，图形的走向就变得明显了。我们很容易看出走势曲线在长远上是上升还是下降，也能看出哪些时期情况良好，哪些时期情况不佳。也就是说，我们能够从这种图表中识别出事物变化的明显趋势和模式。

我们可以画一张类似的走势图来记录下游戏中玩家境遇的变化情况。你将发现，游戏的内部经济会生发出各种独特的走势曲线。然而，并不存在一条能用于衡量可玩性优秀与否的曲线。好的可玩性由何种因素构成，取决于你为游戏设立的目标以及围绕着可玩性的上下文情境。例如，在某个游戏中，你可能想让玩家奋斗很长时间才能凌驾于他人之上（图 4.2），而在另一个游戏中，你可能希望游戏用时较短，并且玩家的境遇能够突然发生逆转（图 4.3）。

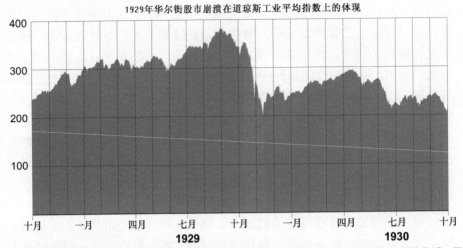

图 4.1   记录了引起大萧条的股市崩溃情况的图表。大部分时期的走势曲线是杂乱的，但崩溃阶段却一目了然

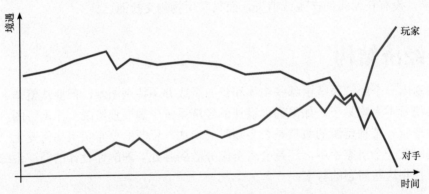

图 4.2   一个耗时较长的游戏。游戏中玩家与强大的对手长期对抗，最终获得了胜利

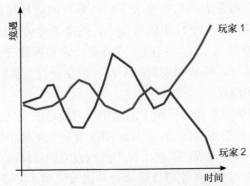

图 4.3   一个耗时较短的游戏。游戏中两名玩家的境遇发生了突然逆转

4.2.2 一局国际象棋的走势图

我们可以通过一局国际象棋中玩家境遇的变化来学习游戏经济中的走势变化。在国际象棋中，棋子是玩家的重要资源。玩家（以及电脑上的国际象棋程序）会为每种棋子设定一个实力分值。例如一种方案是将兵设为 1 点，车设为 5 点，后设为 9 点。把玩家在棋盘上存活的所有棋子分值相加得到的数值，称为这个玩家的子力（material）。玩家以移动棋子的方式来占据棋盘上的战略位置。在这个游戏中，玩家的战略优势可被看作一种抽象资源。图 4.4 显示了两个玩家的一局对弈过程。

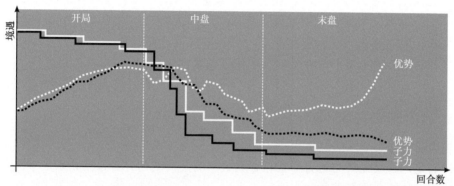

图 4.4　一局国际象棋的对弈过程。对弈的双方分别以相应颜色的线条表示

在这张图中，你会发现一些重要的模式。首先，从长远的趋势来看，双方的主要资源（子力）是不断减少的。随着游戏的进行，双方会不断损失棋子。而增加子力是非常困难的。在国际象棋中，唯一增加子力的方法是将自己的兵走到对方的底线一行，使之升变❶为另一种强力棋子。这种情况非常少见，但一旦出现，通常会使游戏局势发生戏剧性的转变。如果只考虑子力因素，那么国际象棋就是一场消耗战，能将自己的子力保存最久的一方很可能就会获得胜利。

在国际象棋中，战略优势的动态性更强。随着游戏的进行，玩家不断获得战略优势，又不断将其损失掉。玩家使用他们的子力来获取战略优势或者削弱对手的战略优势。玩家拥有的子力和他获取战略优势的能力之间有一种间接联系，如果一个玩家的子力较多，那么他要获取战略优势就更容易。反之，玩家也可以利用战略优势消灭更多的对方棋子，从而降低对手的子力。有时候，玩家还可以有意牺牲一枚棋子以换取己方的战略优势，或引诱对手上钩，削弱对手的战略优势。

一局国际象棋通常会经历三个不同阶段：开局（opening）、中盘（middle game）和末

❶　升变是国际象棋中的一项规则。当己方的兵到达对方底线一行时，可变为后、车、马、象中的任何一种，但不能不变。由于后的威力最大，棋手通常会选择将其升变为后。——译者注

盘（endgame）。每一阶段在这局游戏中都有着独特的作用，它们所涉及的策略和技巧也需要分开来研究。玩家在开局时通常会使用一系列固定的成熟走法。在开局阶段，玩家会尽力占据具有战略意义的位置。而当棋盘上的棋子已经屈指可数，王的行动变得较为安全时，就标志着末盘阶段已经开始。中盘阶段处于开局和末盘之间，不过它与两者的界限其实并没那么泾渭分明。这三个阶段也可通过图 4.4 所示的经济走势看出。在开局阶段，双方都在构筑战略优势，棋子数量下降较慢。而中盘阶段会在双方利用各自的战略优势互相吃子时开始，这个阶段在图中表现为子力的陡然下降。在末盘阶段，玩家努力将战略优势转化为最终胜利，子力重新进入一个稳定状态。

 注意： 上文中我们以国际象棋这种大众熟知的游戏为分析对象，高度抽象地阐述了它的经济原理。研究国际象棋的传统理论并不以经济学的方式来分析这个游戏，因为这个游戏的关键是将死对方的王，而不是尽可能多地吃子。然而，我们在上文中的分析表明，即使游戏本身跟经济无关，我们也同样可以以经济的观念来理解游戏进程及游戏可玩性。

4.2.3 从机制到走势图

为了构建出特定形状的经济走势，你需要知道这种走势能通过哪一种机制结构产生出来。幸运的是，游戏经济的走势形状和游戏机制的结构之间有着直接联系。下面我们会阐述构建经济走势的一些最重要的元件。

负反馈引发均衡

我们在第 3 章中讨论过负反馈。这种反馈可以维持动态系统的稳定性。负反馈使系统不易发生变化，例如，在外界温度发生改变的情况下，冰箱的内部温度仍能保持恒定状态。系统保持稳定时所处于的状态称为均衡（equilibrium）。图 4.5 显示了负反馈的效果。

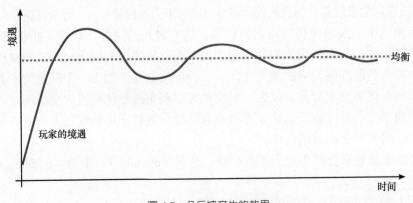

图 4.5 负反馈产生的效果

最简单的均衡在图形上显示为一条水平直线，但在有些系统中，可能存在着不同的均衡。均衡可能稳定地随时间发生变化，也可能周期性地发生改变，如图 4.6 所示。如要改变均衡的话，需要有一个动态因素，这个因素发生的变化应该基本不受负反馈机制的影响。一年之中的气温变化就是一个周期性均衡的例子。这种均衡的产生应归因于每日白昼时间的周期性改变，以及日照的相对强度变化。

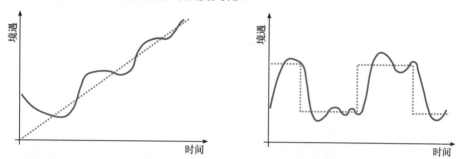

图 4.6 负反馈对于均衡变化的影响。左图：逐渐上升的均衡。右图：周期性变化的均衡

正反馈引发军备竞赛

正反馈会产生出一条指数曲线，如图 4.7 所示。利滚利就是这种曲线的一个经典例子。如果你定期把本金产生的利息重新存入储蓄账户，存款就会不断增加，而且随着每次得到的利息逐渐累积，增速会越来越快。多人游戏经常利用这种正反馈来引发玩家间的军备竞赛。《星际争霸》中的采矿（或其他 RTS 游戏中类似的生产机制）就是一个例子。在《星际争霸》中，你可以花 50 点晶矿制造一个采矿单位（游戏将其命名为 SCV，全称为 Space Construction Vehicle）。如果玩家按固定比例将采集到的晶矿划拨出一部分，专门用于制造新 SCV 的话，玩家晶矿量的增长曲线就会呈现出和上述利滚利的曲线相同的形状。

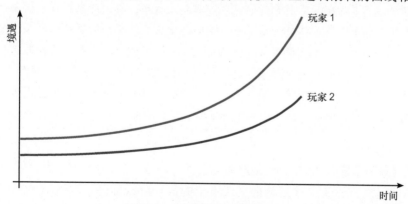

图 4.7 正反馈会产生指数曲线

显然，《星际争霸》的玩家不会真的把资源全花在 SCV 上，他们还需要花费资源来建造军事单位、扩大基地规模、研究科技等等。然而从长远来看，基地的经济发展潜力仍然

是至关重要的。很多玩家在游戏开始时首先采取守势，并在积累大量资源后拥有了强大的军事实力，最终得以战胜对手。

死锁和相互依赖

正反馈机制可能造成死锁和相互依赖现象。在《星际争霸》中，要采集晶矿，就需要制造 SCV，而要制造 SCV，又需要采集晶矿。这两种资源是相互依赖的，而这种依赖可能会造成死锁局面：如果你的晶矿和 SCV 全部耗尽，你就无法再度开始生产活动。实际上，这种反馈循环中还包含了第三种必要的资源：主基地。要建造主基地，你需要足够的晶矿和至少一个 SCV。这种死锁局面是一种潜在威胁，如果你在军事单位上花光了全部积蓄，而此时敌人又发动进攻，干掉了你的所有 SCV，那么你的麻烦就大了。这种情况也可反过来运用在关卡设计上，有的关卡可能在开始时给你一支军队和一片晶矿资源，但却没有 SCV 或主基地，使你必须探索地图，寻找或救出 SCV 后才能开始进行生产。死锁和相互依赖是游戏机制中某些特定结构所具有的特性。

游戏中的正反馈最有用的地方之一，是使玩家在取得决定性的领先优势后迅速取胜。图 4.7 清楚地说明，微小的差异经过正反馈的作用后会被放大。如果两个储蓄账户的利率相同，但初始本金的数额不同，那么随着时间的增长，两个账户的金额差异只会越来越大。我们可以利用这种正反馈效应来防止游戏陷入胶着状态，一旦玩家间的差距已经大到无法弥补，游戏就可以结束了。毕竟在已经明显分出胜负的情况下，继续消耗时间也没有意义。

破坏性机制中的正反馈

正反馈并不总是帮助玩家胜利，它也可以起到反效果。在国际象棋中，棋子的损失会削弱你的实力，使你更容易丢掉更多的棋子，这同样是正反馈循环所造成的结果。当正反馈被用于破坏性机制上时（正如国际象棋中损失子力的例子一样），其产生的效果有时被称为下行螺旋（downward spiral）。一定需要注意，"破坏性机制中的正反馈"与负反馈是不一样的。负反馈的效果是抑制差异，维持均衡。你也可以在破坏性机制中加入负反馈因素。例如，在射击类游戏《半条命》中，当某个玩家生命值较低时，游戏会在地图上生成更多的补血包。

长期投资 vs. 短期收益

如果把《星际争霸》改成一场资源采集竞赛，以尽可能多地积累资源为获胜条件，不考虑其他任何因素，那么无时无刻把空余下来的每一分钱都用于制造新 SCV 的方案是不是最佳策略呢？并不完全是。如果你把所有收入都花在了 SCV 上，你就无法积累资源，而不积累资源，你就无法获胜。你需要在某个时刻停止制造 SCV，转而开始囤积资源。这个最佳时机与游戏为玩家设立的目标和限制条件有关，此外也会受到其他玩家的行动影响。如果游戏目标是在规定的时间内积累尽可能多的资源，或者尽快积累规定数量的资源，那么就会存在一个 SCV 的最优数量值。

为了理解这种效应，让我们来看看图 4.8。从图中可以看出，玩家如果不断制造新 SCV，就无法积累晶矿资源。而一旦停止制造，玩家所持的晶矿资源就会以固定的速率增加，这个速率取决于玩家拥有的 SCV 数量。SCV 数量越多，资源积累越快。你囤积 SCV 越久，开始积累资源的时刻就越迟，但你最终会赶超那些在你之前开始积累资源的玩家。图中所示的两条线没有绝对的优劣之分。获胜目标不同，对应的最佳方案也不同。

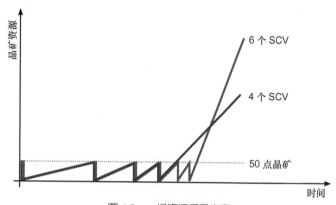

图 4.8　一场资源积累竞赛

幸好《星际争霸》并非真的只是一个单纯的采矿游戏。你终究会受到敌人的攻击，所以把所有资源都花在 SCV 上是一个糟糕的策略。你必须在长远目标和短期需求（例如保护基地）之间找到一个平衡点。此外，一些玩家喜欢在开局时迅速建立起一支部队，从而闪电般征服那些没来得及做好防御准备的对手——这就是"快攻"策略。这种策略是自《命令与征服：红色警戒》中的坦克快攻而开始闻名于世的。在一些地图上，玩家出生点位置的资源十分有限，你必须迅速迁移到地图上的其他地方去，才能保证未来的资源供应有所着落。从长远来看，把资源投资在 SCV 上是一个不错的策略，但这也在早期为你带来了一定风险，使你容易在对手的快攻下落败。

玩家技巧和资源分布所造成的变化性

在《星际争霸》中，影响晶矿采集速率的并不只有 SCV 数量。晶矿是从晶体矿脉上采集到的，而这些矿脉坐落在地图上的特定位置。为你的主基地选择一个最佳的建造地点，以及对 SCV 进行微操采矿，都属于游戏技巧。这是说明玩家技巧以及游戏地形如何造成输入信息的变化，从而影响到游戏经济运行的一个好例子。玩家通过操作来影响游戏经济是理所当然的，但如果游戏既允许玩家频繁输入信息，又能保证没有哪一次输入会造成太大影响的话则最好不过了。

基于分数差距的反馈

在 1999 年的游戏开发者大会（GDC，Game Developers Conference）上，Marc LeBlanc 发表了一个关于游戏反馈机制的演讲。他在演讲中描述了两个不同版本的篮球赛。在"负反馈篮球赛"中，双方分数差距每拉大五分，落后的一方就可以在场上加派一名球员。"正反馈篮球赛"则相反，分数差距每拉大五分，领先的一方可以在场上加派一名球员。这种基于对阵双方之间差异的反馈机制与直接影响场上分数的反馈机制有一点点不同，前者影响的是玩家间的**差异**，而非玩家持有的绝对资源。这种方式会产生一些违反我们直觉的结果，图 4.9 就是一个例子。这张图反映了负反馈篮球赛的经济走势。可以看出，比赛进行了一段时间后，强队与弱队之间的分数差距就稳定了下来，因为弱队在实力上的不足被他们派上场的额外球员弥补了。

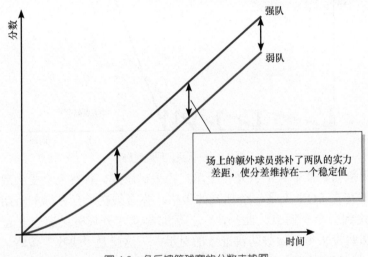

图 4.9 负反馈篮球赛的分数走势图

动态均衡

由玩家双方所持资源的差异而产生的负反馈机制引起的均衡，叫作动态均衡（dynamic equilibrium）。这种均衡并非固定在某个数值上，而是依赖于游戏中的其他变化因素的。你会发现，负反馈在游戏中大多数有趣的应用成果的动态特性都是以这种方式实现的。在游戏中，非动态均衡产生的平衡效果很容易被玩家预测到。为了避免这种情况，一个好方法就是让负反馈循环的均衡依赖于多名玩家的境遇差异或游戏中的其他因素，从而使这种均衡具有动态性。当你拥有足够的经验、知识和技巧时，就可以把若干个游戏因素结合起来创造出动态均衡，并让这种均衡的走势遵循周期型、上升型或其他你期望的形状。

当两支球队进行正反馈篮球赛时，双方的实力差距会被放大。当一方强于另一方时，比赛就会呈现一边倒的局面。然而，当双方势均力敌时，会出现一种不同的模式，游戏很可能陷入胶着状态，直到某一方取得了一个较大的领先分数，从而将比赛引入一边倒的局面为止。在后一种情况中，实力的微小差距、斗志的旺盛程度，甚至单纯的运气都能成为影响胜负的决定性因素。在第 6 章中，我们会更加详细地探讨篮球赛中的正反馈和负反馈对可玩性产生的影响。

皮筋约束：基于相对位置的负反馈

竞速游戏经常利用一种基于玩家在赛道上前后位置的负反馈机制来维持比赛的激烈性。这种机制常常被称为皮筋约束（rubberbanding），因为受其影响的车辆就如同被橡皮筋绑在一起，相互之间总是无法拉开太大距离。有些游戏只是简单地通过强制降低前车速度并提升后车速度来实现这种机制，而另一些游戏采用的方法则要巧妙一些。在《马里奥赛车》（Mario Kart）中，玩家拾到道具箱后从中获得的道具是随机的，但落后的玩家获得强力道具的概率比领先者高。此外，这个游戏中的大多数道具是用于攻击玩家前方的对手的，因此领先者比落后者更容易成为众矢之的。这些因素使得各竞争者交替领先，提升了游戏的激烈程度，并增加了落后者在最后时刻逆转获胜的可能性。

4.3　内部经济在游戏中的应用

在前几节中，我们阐述了游戏内部经济的组成要素及它的一般结构特点。本节中，我们将论述游戏经济是如何在不同类型的游戏中发挥作用的。表 1.1 已经对游戏经济中包含的一些典型机制进行了概述。下面，我们将更详细地探讨各类游戏中的典型经济结构。

4.3.1　用内部经济补强物理机制

显然，物理机制是动作类游戏的核心机制中最主要的组成部分，它测试的是玩家的敏捷度、准确性以及时机控制能力。不过，大多数动作游戏仍然引入了内部经济机制，并用这种机制来构建出一套完整的奖励系统或一套依托于资源的增益道具系统。一种简单的做法是用计分系统作为动作游戏的经济机制，很多动作游戏都采用了这种做法。如果玩家可以通过消灭敌人来得到分数奖励的话，他就不得不权衡为此所需付出的代价：为了得到分数奖励，是否值得将角色置于危险之中？是否值得消耗掉弹药或其他难以获得的资源？

《超级马里奥兄弟》以及其他许多平台游戏都使用了一种简单的经济机制来实现奖励系统。在《超级马里奥兄弟》中，玩家每集满一定数量的金币就会增加一条命。可收集的金币数量众多，因此设计师可以把金币安放在关卡中的任意位置，并可在玩测时随意对它们进行增减，而不会对经济机制造成重大影响。在这种情况下，金币还能起到为玩家指引路线的作用。这种用于指引玩家的收集要素经常被称为面包屑（breadcrumbs）。玩家会理所当然地认为所有设置在关卡中的金币都是可以得到的，因此某个金币只要能被发现，就一定能通过某种途径拿到。设计师可以利用这种方法奖励那些努力磨练游戏技巧的玩家，使他们在克服艰难险阻到达某个地点后得到应有的报酬。遵循这种方式的游戏内部经济机制可以做得非常简单。然而，即使如此简单，它也同样包含了反馈循环：如果玩家努力收集金币，就能获得更多生命，而有了更多生命，他们就能够冒更大风险去收集金币。

要采取这种方式设计经济机制，你就必须小心协调风险和回报之间的关系。如果你在某处只放置了一枚金币，但却在附近设置了一个致命陷阱，你就是在鼓励玩家为了一点微不足道的回报而拿生命冒险。这不仅有失公平，而且会让玩家产生上当受骗的感觉。作为设计师，你有责任为风险分配合理的回报，特别是当这些风险出现在新手玩家的必经之路上时。（如果玩家能看到某个奖励，但却**永远无法**拿到它，则更加糟糕——玩家冒着风险试图获得某个回报，但这个回报实际上却不可能得到。）

增益道具（包括第一人称射击游戏中的武器和弹药）也能构成类似的经济机制。你可以用增益道具和弹药本身作为玩家杀敌的回报，以激励玩家消灭关卡中的所有敌人。作为游戏设计师，你必须保证这种回报得到合理平衡。在某些游戏中，玩家消灭敌人后获得的补给不足以弥补为此而消耗的弹药。这种设计本身没有问题，但如果它会导致玩家过早耗尽弹药，结果在面对强力头目时力不从心的话，你就是在惩罚那些努力玩游戏的玩家。如果你要做一个以生存为主旨的第一人称射击游戏，那么为它设计一个容易导致弹药短缺的经济机制通常是个不错的主意，因为这会为游戏增添紧张感和戏剧性。不过，这种经济机制平衡起来也比较困难。如果你的游戏更注重表现激烈的动作场面，那么最好还是为玩家提供充足的弹药，并保证玩家在消灭敌人后能得到合理的回报。

4.3.2　用内部经济影响游戏进程

在那些包含了角色运动机制的游戏中，内部经济机制也可以用于影响游戏的进程。例如，动作游戏中的增益道具和特殊武器可以成为游戏经济的一个特殊组成部分，玩家可以利用它们到达一些新地点。在一个平台游戏中，二段跳技能可以使玩家跳到之前无法企及的高处。我们可以从经济的角度把这类技能看作一种新型资源，并假定它们能产生一种叫作路径（access）的抽象资源。路径可作为获取额外奖励的途径，或作为推动游戏进程的必要条件。

在这两种情况下，你都必须留意死锁局面的出现，这也是你作为设计师的职责。例如，你可能安排了一个特殊的敌人守住关卡出口，并把能一击杀死这个敌人的武器放在了这个关卡中的某个地方。这个武器在整个关卡中都可以使用，它有十发子弹，但子弹打完后只能在下一关得到补充——而玩家在第一次玩这个游戏时并不知道这一点。现在，我们假设这个武器落到了一个新玩家的手里。这个玩家试验性地开了几枪，并用它消灭了几个小怪。最后当他来到关卡出口时，枪里只剩一发子弹了。如果玩家这最后一枪没击中守卫，那么就出现了死锁局面：玩家需要路径来进入下一关补充子弹，但在没有子弹的情况下，他无法打开这条路径。

塞尔达游戏中避免死锁的方法

在塞尔达系列的许多游戏中，玩家经常需要使用消耗性道具（例如箭矢或炸弹）来打开通往新地点的路径。如果这些道具全部耗尽，就出现了死锁的风险。塞尔达游戏的设计者通过让这类资源不断重生而避免了这种危险。如图 4.10 所示，塞尔达游戏的地下城中散布着一些有用的罐子。玩家如果打破它们，就能获得所需资源。而玩家如果离开房间再重新进入，就会发现之前打破的罐子神秘地恢复了原状，里面的资源也随之重生。因为游戏中罐子存放的东西没有限制，所以设计师可以利用这种机制为玩家提供任何所需资源。你甚至还可以用它作为游戏玩法的提示：如果玩家发现了很多箭，意味着很可能不久之后他就需要用到弓。

图 4.10　陶罐是塞尔达系列游戏中一种有用的资源来源

4.3.3　通过内部经济引入策略性玩法

即时战略游戏中有很多策略型挑战在本质上与经济有关，你也许会对其数量之多感到惊讶。在一场典型的《星际争霸》对战中，玩家花在经济管理上的时间很可能比花在战斗上的时间还要多。要为一个时间跨度比大多数物理动作类和战术动作类游戏都要大的游戏引入策略玩法的话，加入内部经济机制是一个好方法。

大多数即时战略游戏的内部经济机制之所以精巧复杂，原因之一就在于这些经济机制鼓励玩家进行长远规划和长期投资。一个以军事冲突为主题，但却缺乏计划性和长期投资要素的游戏应该被称为战术游戏，而非战略或策略游戏，因为这类游戏大都更重视对战场单位的具体操控。如果要维持某个游戏的策略性，就需要保证它的内部经济机制具有一定复杂度，而不能让经济机制仅仅成为物理和动作机制的附庸。策略游戏中的经济机制经常包含多种资源，并且含有多种多样的反馈循环和内在联系。如果你是头一次构筑这样的经济机制，会面临不小的挑战，而要把这个机制平衡好还会更加困难。作为设计师，你必须理解经济中的各种要素，还需培养出敏锐的判断力，以评判它们所产生的各种动态效应。但即使你有多年经验，也很难避免犯错误，像《星际争霸》这样的游戏会根据玩家发明出的最新战术而不断推出调整补丁，修正其经济中暴露出来的平衡问题。这种调整即使在游戏发售很久以后也仍在进行！

即使没有像《星际争霸》中的晶矿和 SCV 这样的经济生产要素，内部经济机制也能为几乎任何游戏增添策略深度。在大多数情况下，这意味着玩家需要巧妙地规划利用已有资源。我们之前已经阐述过，国际象棋的经济可以理解为子力（即棋盘上棋子的总实力）和战略优势的概念。国际象棋不是个关于生产的游戏，虽然也有子力增加的情况，但在实际对局中很少出现。这个游戏的重点更多地是如何利用（有时也需要牺牲）子力来尽可能地增加战略优势，也就是说，国际象棋实际上是个关于如何最大限度利用棋子价值的游戏。

在游戏《波斯王子：时之沙》（Prince of Persia: The Sands of Time）中，你会发现一些异曲同工之处。在这个动作冒险游戏里，玩家需要通过一系列关卡，经历各种各样对灵敏度和战斗技巧的考验。游戏开始不久，玩家会得到一把能控制时间的魔法匕首。如果遇到了不妙的情况，就可以用匕首中的时之沙倒转时间，重新挑战。除此之外，玩家也可将这种力量用于在战斗中死里逃生，或者用于冻结时间以同时对付多个敌人。然而，根据沙子的存量多少，匕首的使用次数是有限的，不过幸运的是，这种沙子可以通过消灭敌人而得到补充。这意味着玩家除了需要克服游戏中的动作类挑战之外，还要合理地管理沙子这种重要资源，判断何时是沙子的最佳使用时机。有些人喜欢将它用于战斗，而另一些人则喜欢用它来对付路上的机关，这使得沙子成为了一种用途广泛的资源，玩家可以根据情况选择最合适的时机来用它克服难关。

4.3.4 用内部经济创造出大概率空间

游戏的概率空间会随着内部经济复杂度的增加而迅速扩大。概率空间较大的游戏，重玩价值通常也更高，因为相比于单一的通关路线，玩家在探索时拥有了更多的选择。这种游戏的另一个优势是能为玩家提供更加个人化的体验，因为玩家的表现和选择直接决定了概率空间的哪些部分会向玩家敞开大门，供玩家进行探索。

　　用内部经济机制来管理角色成长、科技发展或座驾升级等要素的游戏，经常通过某种内部货币来为玩家提供选择。这在角色扮演游戏中是一种典型设计。在角色扮演游戏中，玩家花费游戏内的金钱来武装角色，也会消耗经验值和技能点来提升等级、修炼技能。一些竞速游戏也允许玩家在比赛之余（有时甚至在比赛进行时）调整或升级他们的座驾。只要这能为玩家提供足够多的选择，并且这些选择确实能为玩家在游戏中遇到的问题提供不同的解决方案的话，这就是一种不错的设计方法。

　　在使用内部经济机制来让玩家自定义玩法时，你有三点需要注意的地方。第一，在一个在线角色扮演游戏中，如果有人发现某些技能或道具的特定组合方案效果出众，这个情报就会迅速在玩家间传播开来，导致游戏经济失衡。玩家如果从此只使用这些最优方案，就会使概率空间大大降低，导致游戏体验单调乏味。而如果不采用这些方案，他又永远追不上那些从中获益的人。在这种情况下，利用某些形式的负反馈来平衡这些玩家自定义方案是最好的方法。正因如此，角色扮演游戏中通常都包含了很多负反馈机制：玩家每次升级都需要比上次升级更多的经验值，这有效地降低了玩家间的等级和实力差异，并使玩家每升一级都要付出比之前更多的努力。

　　第二，你必须保证概率空间足够大，使其中的要素不至于被玩家在一次通关过程中全部发掘出来。例如，我们假定在一个角色扮演游戏中，玩家控制的角色拥有力量、敏捷和智力三项属性，每项属性的最低级别为1，最高级别为5，并且玩家在游戏中会不时获得提升某一项属性的机会，可以选择提升哪一项属性。在这种情况下，如果你要求玩家非得加满所有属性才能通关，就多半作出了一个糟糕的设计决定。与此类似，如果玩家在决定属性提升的先后顺序时只有很少的几种选择方案，那么这些选择的存在价值就被降低了。要使游戏的选择真正具有存在价值，一个好方法是使不同选择之间相互排斥。例如在很多角色扮演游戏中，每种职业都拥有独特的技能和本领，而玩家通常只能选择其中一种职业。另一个例子是《杀出重围》。在这个游戏中，玩家必须选择如何改造生化人主角，要么装备上能使角色暂时隐形的装置，要么植入能提高防御力的皮下装甲。不同的改造方法会产生出不同的玩法。

　　第三，理想上来说，你在设计关卡时应当让玩家能用多种方法过关。例如在《杀出重围》中，玩家可以决定主角的能力发展方向是战斗专精、潜行专精还是黑客专精。这三种能力各有所长，能以不同的方式解决游戏中各种各样的挑战。这意味着几乎每一关都有多种过关方法，要在这种情况下维持平衡并不容易。假设玩家在某一关开始时有三次提升能力的机会，你就必须考虑到多种情况，玩家既可能把这三次机会全部用于提升战斗、潜行、黑客的其中一项，也可能平均分配，将每项能力各提升一次。在《杀出重围》中，这个问题尤其突出，这是因为提升能力所需的技能点来源无法再生，玩家只能在主线和某些支线任务中获得技能点，而且游戏不允许玩家利用多次返回前面区域的方法来反复获得技能点。

　　这个例子说明，一个允许玩家自定义玩法的游戏的关卡必须比普通的动作游戏设计得更灵活、更具通用性，因为你无法准确知道玩家培养出的角色有何种能力。《杀出重围 3：人类革命》（Deus Ex: Human Revolution）就有一个缺点，它允许玩家以不同方式进行游戏，但只允许以一种方式击败各关卡头目，这就降低了玩家个性化培养角色的必要性。

4.3.5   经济构建型游戏的一些设计技巧

建设模拟和经营模拟等允许玩家来构建经济的游戏通常都有庞大且复杂的内部经济机制。《模拟城市》就是一例。在这个游戏中，玩家划分地域并建造城市设施的行为实际上是在用各种经济构件搭建一个经济结构，这个结构产生出的资源又能反过来用于进一步扩展和巩固结构本身。要制作出这种游戏，设计师需要为玩家准备好一系列经过妥当搭配的机制，使玩家能以各种各样有趣的方式将这些机制组合起来。要做到这一点，难度甚至比你自己设计一个完整、实用、平衡的经济机制还要高，因为你不得不考虑经济构件的所有可能组合方式。但一旦成功，游戏玩起来就会非常有成就感，因为玩家能感觉到他们在游戏过程中采取的选择和策略实实在在地影响到了游戏经济。也正因如此，《模拟城市》中不会出现两座一模一样的城市。

如果你在设计这种经济构建型游戏，这里有三个技巧能帮助你掌控游戏的复杂度。

- **不要一次把所有的经济构件都提供给玩家。** 在建设模拟和经营模拟游戏中，玩家通常需要利用一些基本元素或经济构件来建造某些设施，例如农场、工厂或城市。这些设施建成后会成为游戏经济的一部分。（在《模拟城市》中，这些设施就是划分好的地域和用途各异的建筑。）你应该有条不紊地逐渐为玩家提供游戏中的各种不同元素，每次只提供一部分。这能使你更容易地控制概率空间，至少在游戏一开始是如此。你可以只允许玩家使用一部分指定的经济构件，借此创造出特定的故事和挑战。如果你的游戏没有明确的关卡或故事概念，就需要注意不能在一开始就对玩家开放所有功能。要让玩家先积累资源，然后再对他们开放具有新功能的高级经济构件。《文明》是经济构建型游戏的一个绝佳范例，这个游戏的大部分经济构件在一开始都是锁住的，玩家必须一个个解锁它们。
- **要留意超经济结构。** 在一个理想的经济建设游戏中，各种经济构件的组合方式是无穷无尽的。然而这些组合方式也有优劣之分，某些组合方案比其他方案更有效（在那些有胜利条件的游戏中，某些方案永远无法使玩家获胜）。作为设计师，你应该留意一种叫作超经济结构（meta-economic structure）的现象。例如，在《模拟城市》中，把工业区、居民区和商业区按照一定方式混合搭配起来，可以使它们发挥出很高的生产效率。玩家很可能会立刻发现这些搭配方案，并一直沿用它们。要避免这类统治性策略产生过大的影响，可以采用一种困难但有效的方法：让这些策略产生的效果随着游戏的进行而逐渐降低。例如，某种区域规划方案在游戏早期可以有效地增加人口，但在游戏发展到后期时却会造成严重污染。要得到这种效果，利用运转缓慢的破坏性正反馈机制是一个不错的主意。

- **利用地图产生变化性并限制概率空间。** 在《模拟城市》和《文明》中，如果你是在一块十全十美的土地上建造城市或发展国家，游戏玩起来就不会那么有趣。在受限的初始条件下发展经济，也是游戏挑战的一部分。作为设计师，你应该通过地图设计来为玩家设置限制条件，或反过来为玩家提供机会。也正因如此，即使游戏中存在一种经济建设的最佳方案（我们可以称之为"统治性超经济结构"），只要对地图设计作一些调整，就能轻松地使它失效。这就迫使玩家随机应变，使那些懂得变通和调整策略的玩家得到回报。与之类似的是《模拟城市》中有一些灾难模式，玩家可在其中对自己的城市释放各种自然灾害，这同样是对玩家应变能力的考验。当然，该游戏也会随机产生自然灾害，阻碍玩家的发展。

本章总结

在本章中，我们介绍了内部经济的核心要素，这些要素是资源、实体和一些用于操控它们的机制——来源、消耗器、转换器和交易器。我们以图表的形式阐释了经济走势形状的概念，并展示了不同的机制结构如何产生不同的走势形状。负反馈引起均衡，而正反馈引起玩家间的军备竞赛。在某些情况下，正反馈会造成下行螺旋现象，使玩家的经济发展越来越艰难。基于对阵双方之间关系的反馈系统可能使局面陷入胶着状态，也可能使领先一方继续保持领先地位。

游戏设计师可以通过各种各样的方式来利用内部经济机制为游戏增添趣味性，使游戏的进程更充实，玩家可选择的策略更丰富。在多人游戏中，玩家可能打得难解难分，也可能差距明显，内部经济机制能够影响这些玩家之间的竞争态势。本章最后以《模拟城市》作为示例，阐述了如何构建出允许玩家自行建设经济的游戏。

练习

1. 选择一个已发行的游戏，分析这个游戏中有哪些资源，其经济机制起到了哪些作用。（这个游戏也可由教师指定。）

2. 本章阐述了一些重要特性：具有周期均衡特征的负反馈、下行螺旋、短期收益和长期投资之间的平衡、基于玩家间分数差距的反馈、皮筋约束。举出一个拥有上述特性之一的游戏（本章提到过的游戏除外），分析这种特性在该游戏中涉及哪些资源，并说明游戏机制是如何产生出这种特性的。

3. 举出一个可能出现死锁局面的游戏（塞尔达系列除外），并阐述此游戏是否提供了打破死锁局面的方法。

第5章

Machinations

在上一章中，我们阐述了游戏的内部经济作为游戏机制的一个重要组成部分是如何运作的，并通过图形视觉化地说明了经济结构的特性及其产生的效果。在本章中，我们将会介绍 Machinations 这种视觉语言，并阐述如何用它将游戏机制图形化、规范化地表现出来。Machinations 框架由 Joris Dormans 设计开发，可用于帮助设计师和学习游戏设计的学生构建、记录、模拟和测试游戏的内部经济。这个框架的核心是 Machinations 示意图，它可以将游戏内部经济可视化地呈现出来。Machinations 示意图的一大优点是它拥有定义明确的语法，使你能清晰连贯地将你的设计记录下来，并方便地与其他人进行交流。

本书中会不断用到 Machinations 示意图，因此学会如何阅读这种图是十分重要的。本章会带领你了解 Machinations 示意图的大部分构成元件。但需要注意，Machinations 框架内容丰富，很难一次性消化吸收，而且它包含的各个概念之间是相互关联的，最好将它们作为一个整体来理解。这意味着 Machinations 框架并没有一个自然合理的学习顺序，我们只能尽量按照逻辑顺序逐个介绍 Machinations 示意图的各个元件。正因如此，你可能需要经常对之前所学的知识进行回顾。

然而，Machinations 并不仅仅是一种用于创建示意图的视觉语言。Dormans 已经开发出了一个在线工具，用于绘制示意图并实时模拟其运行效果。利用它，你可以轻松地创建并保存 Machinations 示意图，还能分析你设计的内部经济的运转情况。你可以在 www. jorisdormans.nl/machinations 这个网址中找到此工具。

附录 C（可在 www.peachpit.com/gamemechanics 下载）包含了 Machinations 工具的使用教程。如果你想快速了解 Machinations 示意图最重要的一些构成元件的话，可以直接阅读附录 A。

5.1　Machinations 框架

游戏机制及其结构特征在大多数游戏中都不是直接可见的。某些机制可能对玩家来说较为明了，但还有大量机制隐藏在代码中，我们需要找到一种描述并讨论它们的方法。

游戏机制可以用一些模型来表达，例如程序代码、有限状态机的状态图、Petri 网等。但遗憾的是，它们都比较复杂，对设计师来说难以使用。而且，如果游戏的抽象度很高，并且其中的反馈循环等结构特性十分明显，也很难通过上述模型表达出来。Machinations 示意图的设计目标，就是提供一种方便易用的表达方式，既能表现游戏机制，又能很好地保留游戏机制的结构特性和动态行为特征。

　　驱动 Machinations 框架的理论依据是：游戏可玩性最终是由游戏系统中有形、无形和抽象资源的流动所决定的。Machinations 示意图能够表现这些流动情况，并且使你能观察和研究那些可能存在于游戏系统中的反馈结构。这些反馈结构决定了游戏经济的许多动态特性。设计师可以通过 Machinations 示意图来观测那些一般情况下不可见的游戏系统。**图 5.1** 对 Machinations 框架及其最重要的一些组成元素进行了概述。

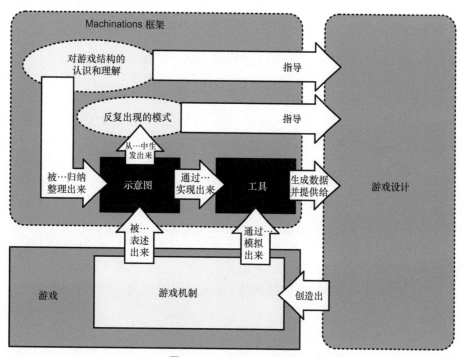

图 5.1　Machinations 框架

5.1.1　Machinations 工具

　　你可以用纸笔或电脑上的绘图软件来绘制 Machinations 示意图。得益于其精确的语法，不管媒介如何，Machinations 都可以清晰地描述出内部经济中的不同元素如何相互作用。此外这种语法也足够规范，可以在计算机上解释并执行。实际上，我们可以把它看作一种用于表现游戏机制的视觉化编程语言。

　　数字版本的 Machinations 示意图可以以动态和交互的形式将游戏机制表现出来。遗憾的是，印刷在本书纸页上的静态图形无法体现出这一点。不过，你可以用 Dormans 开发的免费在线程序"Machinations 工具"来绘制 Machinations 示意图，并实时模拟其运行效果，还能与之互动。在 Machinations 网站上，你还能找到许多在本章和后面章节中将会出现的实例的交互版本。此外，数字版本的 Machinations 示意图在一定程度上是有可玩性的。用它创建的某些交互实例运行起来就像玩真正的游戏一样，玩家能从中感受到娱乐性和挑战性。

注意：你可以在 www.jorisdormans.nl/machinations 这个网址中找到 Machinations 工具以及其他许多与之相关的资源。

5.1.2　Machinations 工具如何运作

如果 Machinations 示意图是静态的，像印刷在本书中的这样，那么它就只能表现出一种资源布局方案。不过，如果使用 Machinations 工具，你就能载入示意图的数字版本来观察此示意图是如何随时间产生变化的。

Machinations 工具的界面与 Microsoft Visio 这类面向对象的 2D 绘图软件类似，有一个中央工作区，以及一个侧边工具栏。你可以在工作区里创建示意图，也可载入已有的示意图文件。

在你对工具下达运行命令后，它就开始执行示意图中设定好的事件，其间会经历若干个**时间步长**（time step）或**迭代**（iteration）（在本书中，这两个术语是可以互换的）。运行开始后，工具会改变示意图的状态。当一次迭代完成后，就在示意图处于新状态的情况下执行下一次迭代，依此反复进行，直到你发出停止命令（你也可以人为在示意图中设置条件，使程序一旦触发这些条件就自动停止迭代，就像篮球比赛中时间耗尽的情况一样）。你可以通过设置**间隔值**（interval）来控制每个时间步长的长度，如果你希望程序运行得慢一些，可以把这个间隔值调高。

注意：要了解 Machinations 工具的使用方法，可查阅附录 A 中的教程。

5.1.3　Machinations 的表现范畴和细节程度

在前面的章节中，我们阐述了抽象（abstraction）这个概念。所谓抽象，就是把一个系统的细节简化或剔除掉，从而降低系统的复杂性，使系统更容易学习和调整的过程。例如，在《模拟城市》的早期版本出现时，计算机的 CPU 运算能力还不够强大，无法将公路上的每辆汽车一一表现出来。为了解决这个问题，游戏只计算每条公路上大致的交通流量，并根据计算结果显示一个相应的动画来表现车流密度的大小。

　　Machinations 示意图可以使你随心所欲地调整抽象程度。你既可以用它对整个游戏机制加以抽象，也可以只抽象某一部分。有了 Machinations 示意图，你就可以在不同的细节程度上设计和测试游戏机制。如何使用 Machinations 示意图，取决于你所追求的目标。例如，如果要模拟一个多人游戏的机制，常常只需从单个玩家的角度进行模拟即可。只要在绘制出单人机制示意图后将它复制多份再组合起来，就能轻松地表现出多人游戏的情况了。

　　在一些情况下，只详细模拟一名玩家的相关机制，而对涉及其他玩家的机制只进行较简单的模拟，是一种有效的方法。或者，你也可以省略掉游戏的某些方面，例如玩家的交替行动。当抽象程度较高时，即时制和回合制产生的效果通常差别不大。

　　我们在设计本书中的例子时，尽量使它们的细节程度较低、抽象程度较高，以保证示意图不至于太过复杂，使你能比较容易地观察内部经济的结构特性，从而理解这些结构是如何产生突现型玩法的。正因如此，Machinations 示意图的天生表现范畴是有限的，它较适合表现单一玩家的情况，并以这个玩家的视角来表现游戏系统。尽管你仍然可以用它构建出多人游戏机制或回合制，但 Machinations 框架在设计时并未特意对多人游戏提供支持。例如，与 Machinations 示意图进行交互的主要输入设备是鼠标。Machinations 工具既不支持多名玩家使用多个设备同时进行输入，也无法强制规定某回合只能由特定玩家进行操作，其他玩家不得干涉。这个工具的作用是模拟游戏机制，而不是构建实际可玩的游戏。

　　最后我们需要强调一点：尽管我们已经用 Machinations 示意图模拟出了许多实际游戏的机制，但正如前面所说，我们在本书中有意对这些示例进行了简化。Machinations 框架和 Machinations 示意图只是一种辅助工具，它们可以帮助设计师理解游戏，但并不能取代对游戏本身的研究。

5.2　Machinations 示意图的基本元件

　　Machinations 框架是设计用来模拟游戏内部经济中各部分之间的动态关系、相互作用和信息传递的。我们在上一章中谈到过，游戏的经济系统是由资源的流动所支配的。为了模拟游戏的内部经济，Machinations 示意图使用了各种各样的**节点**（node）来推送、牵引、积聚和分配资源。**资源通路**（resource connection）决定了资源如何在各元件之间进行流动，**状态通路**（state connection）则决定了资源的当前分配情况如何对示意图中的其他元件产生影响。这些元件共同构成了 Machinations 示意图的本质和核心。下面我们就对这些基本元件一一进行阐述。

5.2.1　池和资源

　　Machinations 示意图中最基本的节点类型是**池**（pool）。池是积聚资源的地方，我们用

空心圆来表示池，并用堆叠起来的有色小圆表示存储在池内的资源，如**图 5.2** 所示。如果
池内的资源数目较多，无法全部显示为小圆，则会以数字形式显示出来。

图 5.2　池和资源

　　池可以用来代表实体。例如，如果你设计了一种叫作金钱（money）的资源和一个叫
作玩家银行账户（the player's bank account）的实体，就可以用一个池来代表这个银行账
户。但要注意的是，池只能存储整数，无法存储小数形式的数值。这意味着此银行账户只
支持整元整元地存入。如果你需要存入更精确的金额，就必须将金钱单位转换为角或分。

　　Machinations 用不同的颜色来区分不同类型的资源。我们可以在一个池中存入多种资
源，从而用这个池来表示复合实体。然而，当你对 Machinations 框架还不够熟悉时，最好
不要这样做。如果要存储一个玩家的生命值、能量值、弹药量等资源，与其把这些五颜六
色的资源全部塞入同一个池中，不如为每种资源分配一个专用池更为简单。

　　　　小提示：你可以手动设置池中可容纳的小圆数量值，使资源数一旦超过这
　　　　个值，就自动转换为数字显示。具体方法是先选中一个池，然后在侧边栏中的
　　　　Display Limit 一栏里输入希望的数值。默认值是 25，如果你输入 0，则此池会
　　　　始终以数字形式显示资源数量，但如果池是空的，则不会显示任何信息。你可
　　　　以为每个池分别设定不同的值。

5.2.2　资源通路

　　资源个体可以沿着**资源通路**（resource connection）从一个节点移动到另一个节点。我
们用连接在节点之间的实线箭头来代表这种通路，如**图 5.3** 所示。

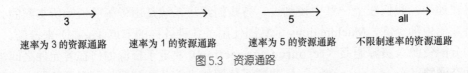

图 5.3　资源通路

　　资源通路可以以不同的**速率**（rate）转移资源。这个速率以标签的形式显示在通路旁
边，它标明了在单个时间步长中，沿这条通路进行转移的资源数目。如果一条通路没有标
签，则它的速率默认为 1。如果你不想限制每次转移的数目，希望在一个时间步长内就转
移走所有资源，则需要将标签设置为 all。

　　为帮助你观察内部经济如何运作，Machinations 工具以动画的形式表现出了资源沿通

路流动的过程。当你运行程序后，就能看到代表资源的小圆圈沿着通路线条接二连三地从一个节点移动到另一个节点。

输入端、输出端、源头和目标

导向某节点的通路称为此节点的**输入端**（input），而离开某节点的通路称为此节点的**输出端**（output）。与之类似，通路开始之处的节点称为此通路的**源头**（origin），结束之处的节点称为此通路的**目标**（target）。如图 **5.4** 所示。

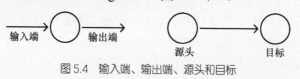

图 5.4　输入端、输出端、源头和目标

注意：记住，池只是节点的其中一种。除此之外还有几种节点，它们各自有专门的用途。我们会在稍后的"高级节点类型"一节中对其进行阐述。

随机流动速率

我们之前已经阐述过，游戏经常会使用随机数生成器来产生不确定性。在 Machinations 示意图中，你可以通过在 Label 一栏中输入数字来指定资源流动速率。如果你想让资源的流动产生一些变化性，但又不想明确指定变化的细节，就可以在此栏中输入 D 以产生随机流动速率。设置成功后，在相应资源通路的箭头下方会出现一个骰子符号（⊞）。（如果你不在 D 后面加入其他参数，Machinations 工具就会使用侧边栏中 Dice 一栏的默认值来决定速率的变化范围。）

桌上角色扮演游戏经常使用骰子作为生成随机数的工具。在这些游戏中，D6 代表掷出一枚六面骰所产生的随机数。D6+3 表示在上述结果上 +3 后所得到的数字。而 2D6 则代表掷出两枚六面骰后相加得到的范围在 2 ～ 12 之间的数字。以此类推，2D4+D8+D12 表示掷出两枚四面骰、一枚八面骰和一枚十二面骰后将结果相加得到的数字。Machinations 工具也可使用同样的规则来生成随机数。但与那些用纸笔玩的桌上角色扮演游戏不同的是，它可以不受限制地自由指定骰子种类，无论是五面、七面还是三十五面都没问题。

此外，你还可以用百分数来产生随机值。如果在某条资源通路的 Label 一栏中输入 25%，就表示在每个时间步长中，一个资源沿着此通路进行流动的概率是 25%。将此值设置为高于 100% 也是可以的。例如，输入 250% 就表示在一个时间步长中，一定会有两个资源发生流动，而第三个资源发生流动的概率是 50%。

图 **5.5** 展示了随机流动速率的不同标记方法。

图 5.5   随机流动速率的不同标记方法

 小提示：要在 Machinations 工具中指定某条资源通路的资源流动速率，只需选中该资源通路，在侧边栏的 Label 一栏中输入所需数值或 all 即可。

 小提示：如果你不想让 Machinations 工具显示资源沿通路移动的动画，可以使用 Quick Run 模式，你可以在侧边栏的 Run 选项卡中找到它。在该模式下，程序运行速度会更快。

5.2.3   激活模式

在每次迭代中，节点可能会沿着相连的资源通路推送或牵引资源（关于推送和牵引的概念，我们会在下一节中进行说明），我们将这种行为称为**启动**（fire）。一个节点在何种条件下才会启动，取决于它的**激活模式**（activation mode）。Machinations 示意图规定了四种激活模式，每个节点都处于其中一种模式。

■ 模式一：**自动激活**（automatic）。此模式下的节点在每次迭代中都会自动启动，且所有节点的启动是同时进行的。

■ 模式二：**交互激活**（interactive）。此模式下的节点可用于代表一种玩家行动。它会对玩家的行动做出反应，即它可以与玩家产生交互。在 Machinations 工具中，要启动一个交互式节点，需要对其进行点击。

■ 模式三：**前导激活**（starting action）。此模式下的节点会在第一次迭代开始前启动，且仅启动这一次。在 Machinations 工具中，用户点击 Run 按钮后，前导式节点会立即启动。

■ 模式四：**被动激活**（passive）。此模式下的节点只能通过其他元件生成的触发器来启动（关于触发器，我们会在后面进行说明）。

为了便于区分，我们用不同的符号标记这四种模式下的节点。自动节点用星号（*）表示，交互式节点用双轮廓线表示，前导式节点用字母 s 表示，被动节点则不加特定标记。如**图 5.6** 所示。

图 5.6   节点的四种激活模式

5.2.4 资源的推送和牵引

当一个池启动时，它会尝试从所有与之相连的输入端牵引（pull）资源。牵引资源的数目取决于每条输入端的资源流动速率，即显示在箭头横线下方的数字。除此之外，我们也可以把池设置为**推送（push）模式**。处于推送模式的池在启动后，会沿着它的输出端通路把资源推送出去。与牵引模式类似，推送资源的数目取决于输出端通路设置的资源流动速率。处于推送模式的池会显示一个 p 记号，如**图 5.7** 所示。如果一个池只有输出端，则它一定处于推送模式，这种情况下不显示 p 记号。

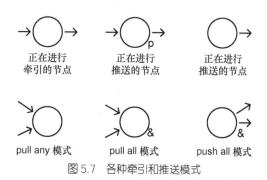

图 5.7 各种牵引和推送模式

如果一个池试图牵引的资源多于其输入端所能提供的资源，则有以下两种解决方案，你可以选择其中之一。

- 在默认的 **pull any** 模式下，节点会尽可能牵引最多的资源，其上限等于其输入端通路设置的资源流动速率。当可供牵引的资源数目不足时，则节点会牵引全部剩余资源。
- 另一种方案是把节点设置为 **pull all** 模式。在这种模式下，如果剩余资源数目不足，则节点不会牵引任何资源。处于这种模式的节点会显示一个 & 记号，如图 5.7 所示。

当节点处于推送模式下时，上述规则同样适用。在默认的 **push any** 模式下，节点会尽可能推送最多的资源，推送上限等于其输出端通路设置的速率，当可供推送的资源数目不足时，则将剩余资源全部推送出去。而在 **push all** 模式下，只有当节点存有的资源能够满足输出端的需求时，才会进行推送。这意味着处于这种模式下的节点可能会同时显示 p 记号和 & 记号。

图 5.8 说明了资源无法满足需求的两种情形。节点 A 的双轮廓线表明它是交互式节点，需要由用户激活。在启动后，它会尝试通过上方的输入端牵引 3 个资源，同时通过下方的输入端牵引 2 个资源。然而，上方输入端所连接的池中资源数目不足。此时如果用户点击节点 A，它会从两个池中牵引走所有的剩余资源。

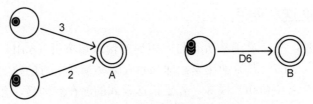

图 5.8 资源无法满足需求的两个例子

当我们点击节点 B 时，它会随机决定牵引资源的数目，最少 1 个，最多 6 个。如果它得到的随机结果是 4、5 或 6，则它会从左边的池中牵引走所有 3 个资源。

实例：沙漏模型

我们可以使用池和资源通路构建出一个简单的沙漏模型，如**图 5.9** 所示。两个池由一条资源通路相连接，上端的 A 池处于被动激活模式，初始含有五个资源，下端的 B 池处于自动激活模式，初始不含任何资源。每经过一次迭代，B 就会从 A 牵引一个资源。当所有资源都从 A 转移到 B 后，这个示意图的状态就稳定下来，不再发生变化了。

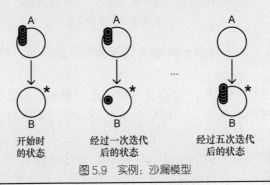

图 5.9 实例：沙漏模型

5.2.5 时间模式

游戏对时间的处理方式是各种各样的。桌上游戏通常采用回合制，而在许多电子游戏中，即使玩家不进行任何行动，时间也会不断流逝。为了模拟不同类型游戏的情况，Machinations 示意图提供了三种时间模式（time mode），用户可从中选择其一。

■ 在**同步时间模式**（synchronous time mode）下，所有自动节点会每隔一段固定时间就定期启动，用户可为整个系统设置这个时间间隔值。在下一个时间步长开始时，用户点击过的所有交互式节点会和自动节点同时启动。在这个模式下，一个时间步长中的所有活动都是同时发生的。用户可以在一个时间步长中激活数个不同的交互式节点，但每个交互式节点在每个时间步长中只能被激活一次。

- 在**异步时间模式**（asynchronous time mode）下，各自动节点依然是根据用户设置的间隔值而定期启动。然而，用户可在这个时间间隔内的任意时刻对各交互式节点进行激活，并且其激活结果会立即出现，不会等到下一个时间步长。在这个模式下，一个交互式节点在同一个时间步长中可多次激活。它也是 Machinations 工具默认设置的模式。

- 在**回合制模式**（turn-based mode）下，每个新时间步长不会在一段固定间隔时间后自动出现，而是只有在玩家执行完规定次数的行动后才会出现。这种机制是通过行动点数（action points）的概念来实现的，系统中的每个交互式节点都对应一个行动点数。在每一回合中，玩家手中有一定数量的行动点数可供支配，每点击一个交互式节点都会消耗掉相应数量的点数。当玩家手中的行动点数全部用完后，所有自动节点会自行启动，系统进入下一回合。

小提示：在 Machinations 工具中，当没有任何元件被选中时，侧边栏会出现 Time Mode 下拉菜单，你可以在其中选择时间模式。在同步模式和异步模式下，你可以在 Interval 一栏中设置间隔值。这个值以秒为单位，支持小数设置。如果输入 2.5，就表示每个时间步长会持续 2.5 秒。

小提示：如果你在 Machinations 工具中将时间模式设置为回合制，Interval 一栏就会变成 Actions/Turn，你可以在这一栏中指定每回合中用户所能使用的行动点数数值。如果要指定某一个交互式节点点击后所消耗的行动点数，只需选中这个节点，并在侧边栏的 Actions 一栏中输入所需值即可。你也可以将此值设为 0。如果你想创造出一个使玩家可以无限次行动，直到他自行宣告行动结束为止的游戏，就可以只为一个名为"回合结束"的交互式节点（该节点除了用于结束回合以外没有其他任何用途）指定行动点数，而让其他所有交互式节点都不消耗任何行动点数。

牵引冲突问题的解决方法

有时会发生两个池同时试图从一个源头牵引资源的情况。如果此时可供牵引的资源不足，就会出现冲突问题。如**图 5.10** 所示，在每个时间步长内，B 会自动从 A 牵引一个资源，C 和 D 则会试图从 B 牵引一个资源。这意味着经过一个时间步长后，B 拥有一个资源，而 C 和 D 都会尝试牵引这个资源。这个问题的处理方法取决于时间模式。在同步时间模式下，C 和 D 都无法得到这个资源，必须等到两次迭代以后，B 拥有了两个资源，C 和 D 才能各自从 B 牵引一个资源。在此示意图运行期间，每隔两个时间步长，C 和 D 会同时进行一次牵引。在此图中，A 初始拥有九个资源。经过九个时间步长后，C 和 D 会各自拥有四个资源，剩下一个资源留在 B。此时示意图就进入稳定状态，不再发生改变了。

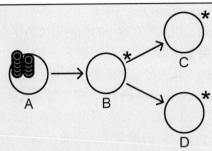

图 5.10 在 Machinations 示意图中，资源牵引冲突问题的解决方法取决于时间模式

在异步时间模式或回合制模式下，C 和 D 中哪个会优先牵引资源在一开始是随机决定的，之后这个优先级会随着时间步长的转换在两者之间交替。这意味着 C 和 D 会轮流从 B 牵引一个资源，最终 C 会获得四个资源，而 D 会获得五个，或者相反。

5.2.6 状态变化

Machinations 示意图的状态（state）是指资源在各节点之间的实时分布状况。当资源从一处移动到另一处时，示意图的状态就发生了变化。在 Machinations 框架中，你可以利用这种状态的变化来修改一条资源通路的资源流动速率。此外，你还可以用这种机制来启动节点，或将节点置于激活状态或停用状态。

为了实现这种机制，Machinations 提供了另一类通路，称为**状态通路**（state connection）。状态通路规定了当一个节点的当前状态（即它所包含的资源数目）发生改变时，会对示意图中的其他事物产生什么样的影响。状态通路用虚线箭头表示，它从一个起控制作用的节点（称为**源头**）引出，并连接到一个目标，这个目标可能是一个节点或资源通路，偶尔也可能是另一条状态通路。状态通路旁边的标签指明了此通路会如何对目标产生影响。根据状态通路所连接的元件类型以及通路标签的不同，我们把状态通路划分为四种类型，它们是**标签修改器**（label modifier）、**节点修改器**（node modifier）、**触发器**（trigger）和**激活器**（activator）。下面我们会逐一介绍它们。

标签修改器

记住，资源通路的标签决定了在一个给定的时间步长内会有多少个资源沿着通路进行移动。**标签修改器**（label modifier）将一个作为源头的节点和一个作为目标的资源通路（甚至有可能是另一条状态通路）的标签（L）连接起来。一条状态通路**自身**的标签（M）标示出了源节点的状态变化（ΔS）会如何使目标标签在当前时间步长中的值（L_t）产生改变。这个改变后的新值会在下一个时间步长中呈现出来（L_{t+1}）。注意：源节点的改变量会与标签修改器**自身**的标签数值相乘。例如，如果我们把标签修改器设置为"+3"，而此时源节点拥有的资源增加了 2 个，那么在下一个时间步长中，目标标签的数字就会增加 6 点

（因为每当源节点发生一次变化，程序就会执行一次+3运算，最终将这个运算执行了两次）。然而，如果将标签修改器设置为"+3"，而此时源节点减少了2个资源，则目标标签的数字会减少6点。综上所述，单个标签修改器指向的目标标签的新值（L_{t+1}）遵循以下计算公式。

$$L_{t+1} = L_t + M \times \Delta S$$

如果该标签是多个标签修改器的目标，那么要计算这个标签的新值，就必须将所有修改器所导致的变化效果进行相加。

$$L_{t+1} = L_t + \Sigma (M \times \Delta S)$$

一个标签修改器自身的标签总是以正负号开头。例如在**图5.11**中，A池每增加一个资源，就会使B池流动到C池的资源增加两个。因此，当B第一次被激活时，会有一个资源流动到A，并有三个资源流动到C。而第二次被激活时，流动到A的资源仍然是一个，而流动到C的资源变为五个。

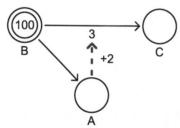

图 5.11　一个标签修改器会对两个池之间的资源流动速率产生影响。在一个给定的时间步长内，从B流入C的资源数目等于A中的资源数目乘以2再加上3

　　小提示：你在使用 Machinations 工具时，有时可能会发现一个令人迷惑的现象：某个标签修改器自身的标签明明是正数，但它却会导致目标标签的数字减少。其实只要这样想就能明白：一个正数标签会使其指向的目标标签依据源节点而发生变化，当源节点的资源增加时，目标标签的数字就随之增加，源节点资源减少时，目标标签的数字就随之减少；而负数标签则会导致其目标标签朝着与源节点相反的方向发生变化，源节点资源增加时，目标标签的数字会减少，反之亦然。

　　注意：这里我们第一次在 Machinations 示意图中用到颜色。在此处，颜色只起到让示意图在视觉上更加清晰的作用。然而，Machinations 示意图中的颜色还有其他作用：它可以作为一种编码方式。这也是 Machinations 工具的一个独特功能。我们会在第 6 章中详细阐述这种颜色编码功能。

标签修改器经常用于表现游戏中各种各样的行为特性。例如，在《地产大亨》中，我们可以用一个池来代表玩家拥有的地产，地产越多，玩家从其他玩家那里收取租金的机会就越大。这种特性可以通过**图 5.12** 所示的方式表现出来。注意在这张图里，标签修改器

第5章

的标签值没有明确标明数字，其意图只是说明施加在随机流动速率上的是正比效果。还需注意，《地产大亨》的其他许多机制在这张图里都省略掉了，例如图中没有表现出玩家该如何获取地产。你可以在第 6 章和第 8 章中找到更加完整的《地产大亨》机制示意图。

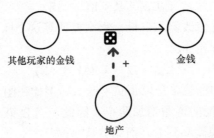

图 5.12　在《地产大亨》中，玩家地产的状态会影响到你从其他玩家那里收取金钱的效果

 注意：图 5.12 并不能实际在 Machinations 工具中实现出来，这张图只是用来解释原理的。

节点修改器

节点修改器（node modifiers）连接着两个节点，其作用是使其中一个节点（源节点）状态的变化对另一个节点（目标节点）中的资源数目产生影响，这个影响取决于节点修改器的标签值（M）。当源节点发生变化时，它对目标节点造成的影响会在下一个时间步长中体现出来。一个目标节点可以受到多个源节点影响，其遵循的公式与标签修改器的公式几乎相同。

$$N_{t+1} = N_t + \Sigma\ (M \times \Delta S)$$

 注意：如果节点修改器指向的目标是一个池，那么这个修改器就可以生成或消除资源。这对于诸如"危险度"之类的抽象资源来说完全没问题，但最好避免用它来影响有形和无形资源，例如"钥匙"或"生命值"等。如果你想要生成和消除这类资源，应该使用"来源"和"消耗器"这两种节点。我们会在本章后面的部分中对这两种节点进行说明。

节点修改器可造成资源短缺现象

使用标签值为负的节点修改器可以使节点中的资源数目变为负数（使用标签值为正的节点修改器，并让该修改器源节点中的资源减少，也可以达到同样的目的），这就是资源短缺现象。如果一个节点资源短缺，其他节点就无法从它这里牵引资源，并且流入该节点的资源也会首先被用于弥补这个短缺。

图 5.13 中的 C 节点受到两个修改器的影响。C 中的资源数目等于 A 中资源数目的三

倍减去 B 中资源数目的两倍。

节点修改器的标签可以是分数形式，例如"+1/3"或"−2/4"。在这种情况下，目标节点资源数目的变化规律遵循以下规则：用源节点中的资源数目除以分母的值，再向下取整，得到一个数字。当这个数字发生改变时，目标节点的资源数目才会发生改变，其变化量等于分子的值。例如，当源节点的资源从 7 个增加到 8 个时，如果节点修改器的标签是"−2/4"，那么目标节点的资源就会减少 2 个，而如果节点修改器的标签是"+1/3"，则此时目标节点的资源数目不会发生变动。

这些理论听起来似乎很复杂，但是在实际游戏中，我们可以找到一些简单的节点修改器应用例子。在桌上游戏《卡坦岛》（The Settlers of Catan）中，玩家拥有的每座村庄计 1 分，每座城市计 2 分。村庄的数目是一个源节点，而城市的数目是另一个源节点。这两个节点都影响着同一个目标节点，即玩家的总分。

触发器

触发器（triggers）这种状态通路可以连接两个节点，也可以连接一个源节点和一条资源通路的标签。触发器的标签是一个星号（*），你可以通过这个特征辨认出它们。触发器不像标签修改器和节点修改器那样会改变数值。要激活一个触发器，需要使它的源节点的所有输入条件都得到**满足**，即源节点从每个输入端得到的资源数目都与这些输入端标示的流动速率一致。当一个触发器被激活后，它会随之启动其目标。当目标是资源通路时，这条资源通路会按照其设定的流动速率开始牵引资源。如果一个触发器的源节点没有任何输入端，则这个触发器会随着源节点的启动而启动（源节点的启动方式不限，无论是自动启动，还是受玩家控制启动，抑或被另一个触发器启动都没问题）。

在游戏中，触发器通常用来对资源的再分配作出反应。例如，在《地产大亨》中，玩家可以将金钱转移到银行中，从而触发地产从银行转移到玩家手中的过程，如**图 5.14**所示。

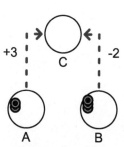

图 5.13 节点修改器对池中的资源数目产生影响

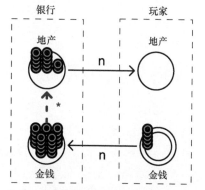

图 5.14 《地产大亨》中的一个触发器，它使玩家可以花费金钱获得地产

注意：触发器通常用于启动一些被动节点，这些节点在被触发器启动之前不会发挥任何作用。利用这种特性，你可以对某个被动节点进行设置，令它只在游戏进入特定局面后才启动。

激活器

激活器（activators）是用来连接两个节点的。一个激活器可以激活或抑制其目标节点，这种激活或抑制行为基于源节点的状态和一个特定条件。通过设置激活器的标签，用户可以指定这个条件。此条件可以写成算术表达式，例如 "==0"、"<3"、">=4" 或 "!=2" 等，也可以写成数值范围的形式，例如 "3-6"。如果源节点的状态满足此条件，目标节点就会被激活（可以启动）。如果不满足此条件，目标节点就会被抑制（无法启动）。

激活器可用于模拟各式各样的游戏机制。例如，在桌上游戏《Caylus》中，玩家需要将工人（一种资源）分配到棋盘上的各个特定建筑中去，以使他们进行与当前建筑相关的生产活动。例如，玩家可以将一个工人分配到金矿中进行采矿活动，如**图 5.15**所示。然而，正如图中的触发器所显示的那样，在《Caylus》中，玩家每次采集到黄金资源后，在金矿工作的工人就会回到玩家的工人池中。

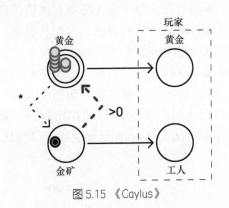

图 5.15 《Caylus》

5.3 高级节点类型

Machinations 示意图中并不是只有池这一种节点。在本节中，我们会阐述另外六种节点，你可以在示意图中使用这些节点。这其中包括与我们在上一章中提到过的四种经济功能（来源、消耗器、转换器和交易器）相对应的特殊节点。然而你会发现，通过巧妙地将池、资源通路、状态通路等元件组合构建起来，是可以重现出某些节点的功能的。Dormans 之所以设计出这些特殊节点是为了提高 Machinations 示意图的可读性，如果 Machinations 示意图只有池这一种节点，整张图就很容易变得杂乱不堪。

5.3.1 门

与池这种节点不同，**门**（gate）并不积聚资源，而是会立即将资源再分配出去。门用一个菱形符号表示，它常常有多个输出端，如**图 5.16** 所示。这些输出端的标签并非表示资源流动速率，而是表示概率或条件。表示概率的输出端称为**概率型输出端**（probable output），而表示条件的输出端称为**条件型输出端**（conditional output）。一个门的所有输出端必须是同一类型，如果某一输出端是概率型，则其他输出端也必须是概率型。条件型亦然。

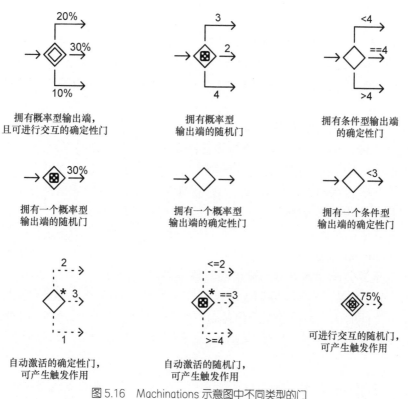

图 5.16 Machinations 示意图中不同类型的门

概率可以写成百分数（例如"20%"），也可以写成权重的形式（用单个数字表示，例如 1 或 3）。在写成百分数的情况下，一个流入门中的资源从某个输出端流出的概率，等于这个输出端所标示的百分数。这些百分数的总和不应超过 100%。而如果其总和小于100%，则可能出现资源不会从任何输出端流出的情况，此时这个资源会被消除。在写成权重的情况下，资源从某一输出端流出的概率，等于这个输出端的权重除以此门所有输出端权重之和后得到的结果。也就是说，如果一个门有两个输出端，其中一个的权重为 1，另一个为 3，则一个资源沿着前一个输出端流出的概率是 1/4，而沿着后一个输出端流出的概率是 3/4。

如果一个门的输出端是概率型，我们就可以用这个门代表机会和风险。例如，在《Risk》中，玩家要想获得领地，就必须将军队置于危险境地之中。这种风险可以简单地用一个有着数个概率型输出端的门来表示（其中每个输出端代表一种成功或失败概率）。

如果一个输出端的标签写成条件形式（例如">3"、"==0"或"3-5"），这个输出端就是条件型。在这种情况下，每当一个资源进入门中时，系统就会检查所有条件，只要某个输出端的条件得到满足，就将一个资源送入这个输出端。如果同时有多个条件得到满足，资源就会被复制多份，如果没有任何条件得到满足，则资源会被消除。

和池类似，门也有四种激活模式：被动激活、交互激活、自动激活和前导激活。交互式门的特征是双轮廓线，自动门的特征是星号，而系统开始运行前就进行一次性激活的前导式门则用字母 s 表示。如果一个门没有任何输入端，则它每次启动时都会产生触发作用，我们可以利用门的这种特性来使其自动产生触发作用，或是让它对玩家的行动作出反应而产生触发作用。

门可以以两种模式分配资源：确定性分配模式和随机分配模式。当输出端为概率型时，**确定性门**（deterministic gate）会按照输出端标示的百分比或权重来均匀地分配资源。当输出端为条件型时，确定性门就会对每个时间步长中通过门的资源数目进行统计，并将这个统计数字与输出端的条件作对比，判断条件是否得到满足。（把具有条件型输出端的确定性门看作一个用于计数的门，会比较容易理解。）确定性门的符号是一个空心菱形，除此之外并无其他特殊标记。

随机门（random gate）则具有不确定性。它会生成一个随机值，并根据这个值来决定将流入门中的资源分配到何处。当输出端是概率型时，它会生成一个适宜的数值（0% 到 100% 之间，或者生成一个低于各输出端权重总和的值）。当输出端是条件型时，门则会生成一个 1 至 6 之间的值，并检验这个值是否符合条件，这与掷一枚标准六面骰类似（后面我们会介绍如何修改这个值，以使其适用于其他随机分配状况）。随机门用一个骰子符号来表示。

小提示：在 Machinations 工具中，你可以通过点击侧边栏中 Type 一栏的图标来设定门的种类。默认的种类是确定性门，它对应一个空心菱形图标。点击骰子图标则可将其种类转换为随机门。

有的门只有一个输出端，这种门的行为规则同拥有多输出端的门没什么区别。以**图 5.16** 中间一行为例，左边的门会随机让全部资源的 30% 通过；中间的门会立即把资源传入输出端，而不管输出端设置的流动速率是多少；右边的门则只允许前两个资源通过。

门并不存储资源，因此从门引出的标签修改器、节点修改器和激活器无法起到任何作用。从门引出的所有状态通路都是触发器，这些触发器既可以是条件型，也可以是概率型。在这种情况下，门可以用于控制资源的流动，如**图 5.17** 所示。

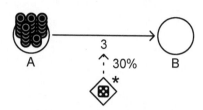

图 5.17　一个自动激活的随机门，它控制着两个被动池之间的资源流动。在此例中，每个时间步长内会有 30% 的概率发生三个资源从 A 流到 B 的情况

5.3.2　来源

来源是一种可以创造出资源的节点，它用一个正三角形表示，如**图 5.18** 所示。在 Machinations 示意图中，任何节点都可以处于自动激活、交互激活、被动激活或前导激活这四种模式的其中一种。在《星球大战：铁翼同盟》（Star Wars: X-Wing Alliance）中，玩家的太空战机可以持续恢复自身护甲，这就属于一种自动来源。而在《Risk》中，玩家建立军队的行为则属于交互式来源，这种来源产生了军队这种资源。在《地产大亨》中，玩家走过"Go"格子的行为则是金钱的一种被动来源 ❶，这种来源由"走过 Go 格子"这个游戏事件触发。资源的生成速率是来源的一种基本属性，这个速率取决于此来源的输出端的资源流动速率。

图 5.18　无限来源和有限来源

在很多情况下，来源实际上相当于一个没有输入端的池，而且这个池拥有的资源非常充足（甚至是无限的）。不过，如果你想要创造出一个有限来源（见 4.1.3 节），最好还是使用池这种形式。这样做的话，你需要在池内放置适当数量的资源。

5.3.3　消耗器

消耗器是一种消耗资源的节点，一个资源进入消耗器后就会永久消失。Machinations 框架用一个倒三角形代表消耗器，如**图 5.19** 所示。消耗器消耗资源的速率取决于其输入

❶　在《地产大亨》中，玩家经过标有"Go"的格子后，会领取到固定数目的金钱奖励。——译者注

端资源通路的资源流动速率。某些消耗器的速率是恒定的，而另一些消耗器的速率（即消耗资源的间隔时间）则是随机的。如果你希望消除掉其输入端源头的所有资源，就需要将资源通路的标签设置为 all。（抽水马桶就是一个好例子：当马桶冲水时，水箱中所有的水都会被排出，无论这些水有多少。）理论上来说，你可以用一个没有输出端的池来代替消耗器，但是，流入消耗器的资源实际上是消失了，这些消失的资源不会再对游戏形成任何影响。为了体现出这一特性，我们最好还是使用消耗器这种节点。

图 5.19　消耗器

消耗器可用于将资源永久性地从经济机制中去除。物理系统中的物件磨损效果，以及射击游戏中使用武器开火造成的弹药消耗，都是这种消耗性机制的实际例子。

5.3.4　转换器

转换器能够将一种资源转换成另一种资源。它的符号是一个向右的三角形，并有一条竖线贯穿其中，如**图 5.20** 所示。转换器可以用来模拟工厂等设施将原材料转换成最终产品的机制，例如，风车磨坊可以将小麦加工成面粉。转换器实际上相当于一个消耗器和一个来源的组合，其中来源被消耗器所触发，系统每消耗一个资源就生成另一个资源。和来源以及消耗器的原理一样，对转换器的输入端和输出端进行设置，就可以自由指定资源的生产和消耗速率。例如，我们可以用转换器来代表一个锯木厂，这个锯木厂可以将 1 棵树转换为 50 块木板。

由于转换器可以用消耗器和来源的形式表现出来，我们可以利用这种形式构建出一种特殊的转换器，用于产出有限数量的资源，我们可以把它称为**有限转换器**（limited converter）。有限转换器由一个消耗器和一个有限来源构成。**图 5.21** 给出了有限转换器的两种实现方案，这两种方案是等价的，你可以采用其中任意一种。

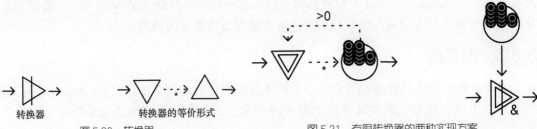

图 5.20　转换器

图 5.21　有限转换器的两种实现方案

5.3.5 交易器

交易器是一种用于改变资源所有权的节点。两个玩家可以用交易器来交换资源。Machinations 示意图用两个分别指向左方和右方的三角形加上一条竖线来表示交易器，如**图 5.22** 所示。如果你希望将一定数量的资源**兑换**（不是转换）为一定数量的另一种资源，就可以使用交易器。你可以用交易器完美地模拟出任何类似于购物的行为：卖家收取金钱，买家按商定好的交换比例（即价格）获得商品。如果卖家和买家任意一方缺少必要的资源，交易就无法进行。《辐射 3》（Fallout 3）就是一个好例子——在这个游戏中，商人的货物是有限的。交易机制可以用两个门和一个连接它们的触发器构建出来，这个触发器确保了当一方收到某种资源后，就送出另一种资源作为交换。

图 5.22　交易器

 注意：图 5.22 是一个在示意图中运用颜色编码功能的例子，图中用不同颜色来区分不同种类的资源。我们假设图中的红色代表金钱，蓝色代表商品。当用户点击那个表示交易器的交互式图标后，三个金钱资源就与两个商品资源进行了交换。我们会在第 6 章中详细解释颜色编码功能。

转换器 vs 交易器

从玩家的角度看来，转换器和交易器的功能几乎一样：将一定数量的资源交付给它们后，就能得到一定数量的另一种资源作为回报。然而，从设计师的角度来看，这两者绝不相同。只要看看它们在 Machinations 示意图中的等价结构，两者之间的差别就一目了然了。转换器由一个消耗器和一个来源组成，当转换器被激活时，一些资源被消耗掉，另一些资源产生出来，因此游戏中的资源总量可能会发生变化。而当交易器被激活时，它只会促成资源的交换，游戏中的资源总量始终保持不变。

5.3.6 结束条件

要结束一个游戏，就需要使某些条件得到满足。这个条件可能是玩家达成了某个目标，也可能是时间耗尽，或是某个玩家消灭了其他所有对手。Machinations 示意图用**结束条件**（end condition）这个元件来指定游戏结束时的状态。每进入一个时间步长，Machinations 工具就会检查示意图中的结束条件是否得到满足，如果满足，就立即停止运行。结束条件是一个中间带有实心方块的正方形节点（和大多数音频／视频播放器上"停止"按钮的图标相同）。结束条件必须由一个激活器激活，我们用这个激活器来指定游戏结束时的状态。**图 5.23** 列出了两个例子，左图中的系统会在 25 个资源自动消耗殆尽后停止，而在右图中，当你种出的苹果和橘子**都**多于三个后，就能获得胜利。

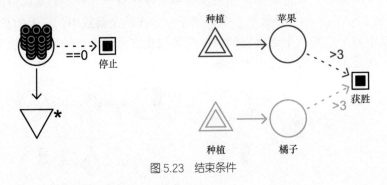

图 5.23　结束条件

5.4　模拟《吃豆人》

下面我们来展示一下如何用 Machinations 示意图来模拟一个简单游戏的机制。我们使用的案例是经典街机游戏《吃豆人》（Pac-Man），我们将会把模拟这个游戏的过程分解成六步，并在 Machinations 示意图中逐个实现它们。首先，我们会找出游戏中最重要的资源。然后，我们会逐项模拟游戏的各个机制。为了便于区分，我们会为每种主要机制指定一种颜色。最后，我们会把这些机制结合起来，构成《吃豆人》游戏的完整机制示意图。

必须强调的是，我们在这里只是实现了一个近似的模拟，并没有原封不动地将《吃豆人》重现出来。例如，我们在模拟时将鬼怪离开房间的频率设置为固定的，每五个时间步长就有一个鬼怪离开房间。但在实际游戏中，判断鬼怪离开房间时机的算法比这复杂，虽然我们也可以将这种算法模拟出来，但这会导致示意图过于繁复。毕竟在这个案例中，我们的目的是教你如何使用 Machinations 框架，而不是分毫不差地把实际游戏复制一遍。

5.4.1　游戏中的资源

我们将使用以下几种资源来模拟《吃豆人》的机制。

- **豆子**（dots）。游戏的迷宫中散布着许多豆子，玩家必须控制吃豆人把它们全部吃掉才能过关。这里的豆子是一种有形资源，玩家必须全部消灭掉它们才能获胜。

豆子的数量是固定的，不会随着游戏的进行而产生，除非玩家进入下一关。

- **大力丸**（power pills）。每个关卡中都有四个大力丸，吃豆人吞下它们后，就能获得吃掉鬼怪的能力。大力丸是一种稀少的有形资源，玩家必须合理加以利用。跟豆子一样，大力丸在游戏中也无法产生，而只能被消耗掉。
- **水果**（fruits）。迷宫中有时候会出现水果，吃豆人吃下水果可以获得额外分数。
- **鬼怪**（ghosts）。游戏中有四个鬼怪，它们会满迷宫追逐玩家控制的吃豆人。鬼怪可能所处的位置有两个：一个是迷宫中央的"鬼怪房间"（Ghost House），另一个是迷宫中。当一个鬼怪离开房间进入迷宫后，它就开始追逐玩家。鬼怪也是一种有形资源。（注意：资源并不总是有利于玩家的东西！）
- **生命**（lives）。游戏开始时，吃豆人拥有三条命。这个游戏中的生命是无形资源，一旦玩家损失掉所有生命，游戏就会结束。
- **危险度**。为了模拟出鬼怪追逐玩家所产生的结果，我们定义了一种叫做**危险度**（threat）的抽象资源。当危险度越过某个界限时，就表示吃豆人被鬼怪抓住，并损失一条生命。注意，我们并没有模拟迷宫本身的形状（Machinations 没法做到这一点），而只是模拟游戏可能处于的状态，以及资源的流动情况。
- **分数**（points）。吃豆人每吃下一个豆子、水果或鬼怪，就会将它们消耗掉，并获得一定分数。这个游戏的目标就是尽可能多地获取分数。分数是一种无形资源。

以上就是《吃豆人》游戏经济中所有较为明显的资源。为了模拟游戏机制，我们首先将围绕着这些资源构建出一系列系统。注意，**危险度**这种资源是我们为便于模拟游戏机制而创造出来的。我们对这种资源的模拟方式是主观性的，这并不是游戏原本的构建方式。

5.4.2 豆子

我们首先模拟一种简单机制：吃豆人吃下豆子，并将它转化为分数。这种机制可以用两个池和一个转换器表示出来，如图 **5.24** 所示。我们用一个含有 50 个资源的池代表迷宫中的豆子，再用一个初始为空的池来储存分数。此外，我们设置了一个结束条件，规定当玩家吃掉所有豆子后就算过关。图中代表吃豆子这个行为的转换器是交互式的，每点击它一次，就表示吃掉一个豆子。但需注意，这个转换器的输入端的资源流动速率是存在随机性的，每次点击后，资源并不一定会发生流动。在游戏中，剩余的豆子越多，吃到豆子就越容易。一开始，吃到豆子的几率是 100%，但每经过一个迭代（即吃掉一个豆子），这个几率就下降1%。这反映出了玩家在迷宫中边移动边吃掉一个个豆子时所遭受到的挑战。

注意：在实际的《吃豆人》游戏中，每关有 240 颗豆子。我们之所以简化到 50 个，是为了缩短游戏的长度。

图 5.24　吃豆子来获得分数的过程

在实际游戏中，当吃豆人沿着一条未曾探索过的道路前进时，它吃到豆子的概率是100%；而当它在一条走过的道路上前进时，它吃到豆子的概率是 0%。为了近似地表现出这种机制，我们规定，吃豆子（Eat Dot）转换器每被点击一次，成功吃到下一个豆子的概率就降低一些。我们在模拟方案中将豆子被吃掉的概率初始设置为 100%，并为它设置了一个标签修改器，这个修改器连接着豆子（Dots）池，使该池产生的变化能通过标签修改器影响到这个概率。如果豆子（Dots）池中的豆子数量在进入下一个时间步长时发生了改变，这个变化就会与状态通路的标签值相乘，最后导致资源通路标签百分数发生变化。当一个豆子被吃掉时（例如豆子数量从 50 个下降到 49 个），豆子（Dots）池的资源就减少了 1 个，将这种变化与"+1%"相乘，就得到"−1%"，从而降低了下一个时间步长中成功吃到豆子的概率。

小提示：在上述例子中，成功吃到豆子的概率是逐渐降低的，而控制这个概率的状态通路的标签却为"+1%"，你是否仍在对此感到不解？记住，状态通路的功能是传达其源节点的变化（将变化量与标签值相乘）。在这个例子中，变化量始终是负值，因此状态通路传递的也是负值。

如何近似地表现出你想构建的机制是用 Machinations 模拟游戏时最棘手的问题之一，为此你必须仔细思考你所作出的决定的意义。我们在上面的案例中选择了一个我们认为比较合适的数值，但实际上选择其他值也是可以的。例如，我们可以把成功吃到豆子概率的变化率从 1% 改为 0.25%，以表示此时玩游戏的是一个高手玩家，这个玩家在大部分时间里都能吃到豆子，在回头路上花费的时间很少。

在某些方面，模拟一个新游戏比模拟一个已有的游戏更加容易。当你用 Machinations 设计一个新游戏时，你可以自由构建任何你想要的东西。这个工具最强大的地方就在于你可以不受限制地试验和调整细节，无论多仔细都没问题。

5.4.3　水果机制

水果机制（**图 5.25**）与豆子机制类似，但也有一些不同：水果偶尔才会出现，而且如果一段时间内没被吃掉，就会自动消失。我们将一个来源和一个消耗器与代表水果的池相连，以模拟这种机制。图中的分数表示每经过 20 次迭代，来源就产生一个水果，且每经过 5 次迭代，池中的水果就会被消耗掉一个。这意味着水果每 20 次迭代会出现一次，并在 5 次迭代后消失。此外，我们设置了**吃水果**（Eat Fruit）这个交互式节点以表示吃下水果的行为，并将这个节点的成功概率设置为 50%，以近似地表示出玩家边在迷宫中穿梭，边寻找机会吃掉水果的困难程度。不过，一个水果可以为玩家增加 5 分，而一个豆子只有 1 分。

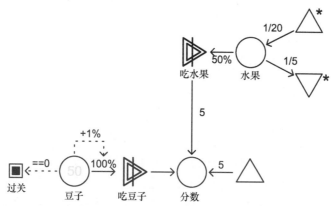

图 5.25　将水果机制（用紫色表示）加入示意图中后的结果

> **注意**：在实际游戏中，每一关里水果只会出现两次，并且随着关数的上升，水果提供的分数也会增多。在这里，我们并不模拟多个关卡的情况，因此我们将吃水果的过程调整得更短、更频繁，以便观察它的运作机制。

5.4.4　鬼怪产生危险度

关卡开始时，四个鬼怪位于鬼怪房间内，之后它们会以固定的频率进入迷宫中。每经过五次迭代，就有一个鬼怪进入迷宫。每个位于迷宫中的鬼怪都会产生 1 点危险度，我们用黑色的资源来代表这个危险度，此资源由一个自动来源生成。**图 5.26** 描述了这种机制，在图中，迷宫（Maze）池每经历五次迭代会牵引一个鬼怪，每个进入迷宫的鬼怪会增加上述来源输出端的标签值。玩家可以点击躲避（Evade）这个交互式随机门来降低危险度，点击以后，它有 50% 概率会触发消耗器，从而消耗掉 9 点危险度（如果未能触发消耗器，则**躲避**门不再进行其他任何动作，不过玩家可以反复点击尝试）。我们设定这个概率值时是比较随意的，主要目的是说明玩家不一定总能成功从鬼怪手中逃脱。如果你希望修改这张图，以用它表现一个高手玩家的行为的话，可以把这个概率值调高。

> **注意**：在实际游戏中，判断鬼怪何时离开房间的算法十分复杂。为便于教学，我们对其进行了简化。此外，鬼怪拥有简单的 AI，可自行决定移动路线，这一点在示意图中也没有得到体现，因为图中并未模拟迷宫的布局结构。

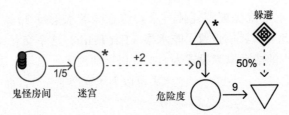

图 5.26　鬼怪会产生危险度，但玩家可以进行躲避

5.4.5　被鬼怪抓住并损失生命

当**危险度**池中的资源数目超过 100 时，就表示吃豆人被鬼怪抓住，此时玩家会失去一条生命，如**图 5.27** 所示。与此同时，鬼怪们会回到鬼怪房间，此时玩家如果还有剩余的生命的话，可以重新开始游戏。我们用一个自动触发器（图中的黑色虚线）来表示这个过程，当代表危险度的资源数目超过 100 时，这个触发器就被激活。触发器指向一个**重置**（Reset）门，这个门又引出三个触发器（图中的绿色虚线），分别指向一个消耗器（用于消耗一条生命）、一条资源通路（用于将迷宫中的鬼怪送回房间）和另一个消耗器（用于将危险度清零）。

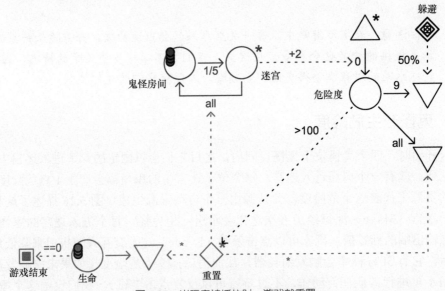

图 5.27　当玩家被抓住时，游戏就重置

　小提示：注意图中连接到重置门的那条状态通路的标签。这个标签写作"＞100"，表示此状态通路是一个激活器。激活器连接着两个节点，当标签条件得到满足后，源节点就激活目标节点，在本例中，激活条件是危险度池中的资源数目超过 100。

5.4.6 大力丸

我们最后要加到示意图中的是玩家吞下大力丸后就能吃掉鬼怪的机制。我们在**图 5.28**中加入了这种机制（用淡蓝色表示），这张图完整地展现了游戏的机制全貌。大力丸的数量是有限的，玩家可以点击吃大力丸（Eat Power Pill）这个转换器来使用大力丸，从而将大力丸转换为无敌时间这种资源。无敌时间是一种抽象资源，会不断自动消耗。当玩家处于无敌状态下时，鬼怪不再产生危险度，并且连接到危险度池的消耗器会被激活。同时，玩家获得一种新能力——可以反过来吃掉鬼怪。鬼怪被吃掉后，就会被送回鬼怪房间，同时玩家获得五点额外分数。

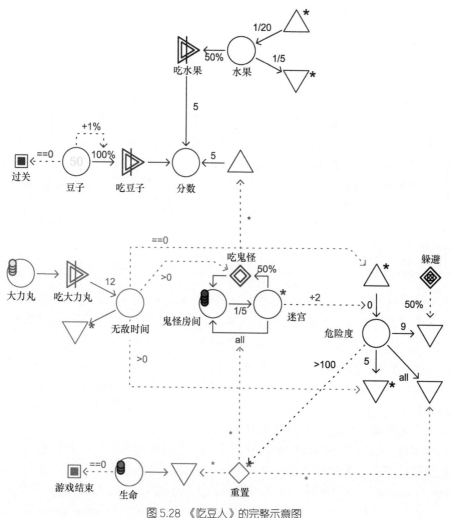

图 5.28 《吃豆人》的完整示意图

注意：因为无法模拟迷宫的布局结构，所以我们定义了危险度这个概念，并硬性规定危险度达到 100 后玩家就会被鬼怪抓住。不过，与实际游戏一样，我们可以通过躲避鬼怪（点击躲避门）来降低危险度。

5.4.7　完整的机制示意图

图 **5.28** 近似地模拟出了《吃豆人》的机制，而且具有一定的可玩性。如前面所说过的那样，我们省略掉了游戏中原有的一些机制，此外还对游戏的其他一些细节进行了变动。被省略掉的这些东西是可以用 Machinations 表现出来的，但你并不能通过它们学到新东西，相对地，你却可以通过我们已模拟出的这些简单机制学习到许多重要知识，其中之一就是玩家必须在吃豆子、躲避鬼怪、吃水果这几项任务之间找到一个合理的平衡点。其中，吃水果这项任务与游戏其他部分的关联性较低。水果能增加玩家的分数，但除此之外就没有其他作用了。这使新手玩家可以安心地放弃水果，将注意力放在吃豆子和躲避鬼怪上。而大力丸则是一种重要资源，必须精打细算地使用。

如果这个《吃豆人》机制示意图不是画在纸上，而是在 Machinations 工具中构建出来的话，我们就可以通过实际运行它而体会到这个游戏的一些策略性：当你吃下大力丸后，你可以选择猎食鬼怪以获取分数，也可以选择利用这个无敌时间去吃掉剩余的豆子，以更快地过关。

注意：在实际游戏中，大力丸的持续时间和吃掉一个鬼怪后获得的分数都会随着关卡的推移而发生改变，这里我们并未模拟多个关卡的情况，因此我们简化了这些要素。

本章总结

在本章中，我们阐述了 Machinations 框架的部分特性。Machinations 示意图由一些节点构成，这些节点可以对资源产生各种各样的影响。最基本的节点类型是池，用于存储资源。连接节点的实线箭头叫作资源通路，它可以决定资源何时何地进行流动，以及流动的数量。而状态通路可以改变资源通路的表现、影响池中资源的数量，还可以触发（或抑制）事件。

Machinations 中有一些特殊节点，它们可以执行游戏内部经济中的一些常见功能。来源可以生成新资源，消耗器可以消除资源，转换器可以将一种资源转换成另一种。门不仅能在以上节点之间分配资源，还能产生触发作用。

在本章末尾，我们用 Machinations 模拟出了《吃豆人》的机制。我们通过一步步往系统里添加机制的方法，循序渐进地向读者展示出了这个游戏的运作原理。如我们展示出的那样，Machinations 可以模拟出各种各样游戏的机制和经济，甚至包括动作游戏。

在下一章中，我们会介绍更多的特殊节点，并阐述如何用 Machinations 构建反馈机制和随机要素。我们还会用大量的实例来论述如何用 Machinations 来分析和构建各种不同类型游戏的机制。

练习

我们设计下面这些练习的目的是检验你对 Machinations 框架的熟悉程度，以及你对这个工具运行原理的理解程度。为了使图示清晰明了，我们不使用堆叠起来的小圆来表示池中的资源数目，而全部改以数字形式显示。

1. 观察下面八张示意图。在每张图中，点击一次 A 池后，A 池中会有多少资源？

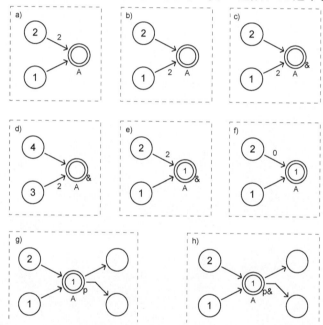

2. 在下面六张示意图中，要将所有资源转移到 A 池，每张图中最少需点击多少次？

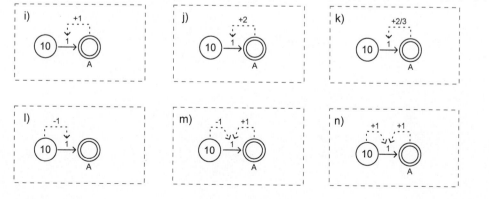

3. 在下面六张示意图中，要将所有资源转移到 A 池，每张图中最少需点击多少次？

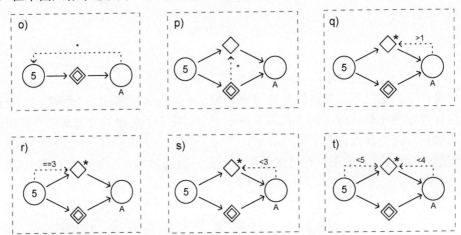

4. 在下面六张示意图中，要获得游戏胜利，每张图中最少需点击多少次？注意：部分示意图含有的交互式元件不止一个。

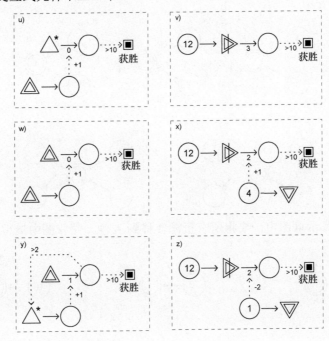

常见机制

在上一章中，我们介绍了 Machinations 框架，并阐述了如何用 Machinations 示意图构建游戏的内部经济。本章中，我们会介绍 Machinations 框架的一些高级功能，利用这些功能你可以模拟和构建出更加复杂的游戏经济。我们还会论述如何运用 Machinations 示意图来分析研究反馈结构。如我们在第 3 章中阐述的那样，在创造突现型特性时，反馈机制起着重要作用。我们在本章中会对反馈结构的七个重要属性进行概述。最后，我们会阐述如何使用随机因素来为你设计的游戏内部经济增添不可预测性和变化性。由于有这些特性，Machinations 示意图（无论是静态版本还是数字版本）可成为设计师的一种必不可少的工具，并帮助设计师理解那些驱动游戏可玩性的游戏机制在本质上是如何动态地运作的。

6.1 Machinations 的更多概念

首先，我们来介绍一些 Machinations 示意图数字版本中的附加功能，这些功能在第 5 章中并未提到。本节中，我们会详细阐述它们。

6.1.1 寄存器

有时你会希望让玩家来输入数值，再在 Machinations 示意图中用这些数值进行简单运算。尽管你可以将池、交互式来源、交互式消耗器和状态通路组合起来实现这一点，但这会导致示意图变得难以阅读。为了让这件事更简单，数字版本的 Machinations 示意图专门提供了一种节点：寄存器。寄存器用一个实心正方形表示，里面显示的数字是它的当前值。

在许多方面，寄存器的运作方式都类似于一个总是显示着数值的池。寄存器可以是被动的或交互式的。被动寄存器的值由输入端的状态通路决定。当示意图未运行时，这个值尚未确定，因此显示为 x。而交互式寄存器拥有一个初始值，你可在编辑示意图时设置这个值。此外，交互式寄存器还带有两个按钮，供用户在示意图运行时修改它的值。交互式寄存器等同于一个连接着交互式来源和交互式消耗器的池，如图 6.1 所示。

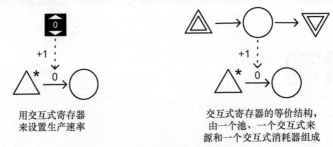

图 6.1 交互式寄存器及其等价结构

寄存器并不像池一样能够积聚资源，所以不要将资源通路连接到寄存器上。但你可以将节点修改器这种状态通路连接到寄存器上，就像将状态通路连接到池上那样。

被动寄存器允许你执行更加复杂的计算工作。每个作为输入端连接到寄存器的状态通路都会自动分配到一个字母编号。你可以为寄存器创建一个公式，并将这些字母代入公式以计算寄存器的值，如图 6.2 所示。此外，如果将被动寄存器的标签设置为 max 和 min，就可以使它取输入端的最大值或最小值。

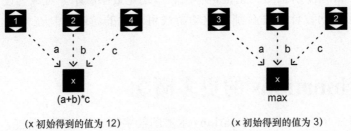

图 6.2 用被动寄存器进行计算

6.1.2 间隔

有时你可能希望 Machinations 示意图中节点被激活的频率低一些，而不是每个时间步长都被激活一次。你可以通过为流动速率设置一个对应的间隔来达到这个目的。要设置间隔，只需在流动速率后加上一条斜线（/）。例如，一个输出端速率为 "1/5" 的来源会每 5 个时间步长生成 1 个资源（见图 6.3 中的三个例子）。虽然将它设为 0.2 也能达到类似的效果，但间隔这种形式可赋予你更高的控制权，并允许你一次生成多个资源。例如将生产速率写为 5/10，就代表每 10 个时间步长会有 5 个资源**一次性**产生。

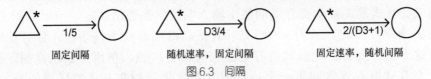

图 6.3 间隔

你可以将间隔对应的这个速率设置为随机的。例如将生产速率设置为 D6/3，就意味着每三个时间步长会有一到六个资源产生。间隔本身同样可以是随机的。将生产速率设置为 1/(D4+2)，就代表每三到六个时间步长会有一个资源产生。随机间隔是维持玩家对游戏注意力的一个好方法（参见小专栏"游戏中的随机间隔"）。你甚至可以把生产速率设为 D6/D6，以表示每一到六个时间步长会有一到六个资源产生。

游戏中的随机间隔

John Hopson 在《Behavioral Game Design》一文中阐述了一个行为心理学实验，这个实验表明，偶然性以及玩家得到行动奖励的间隔时间都可影响玩家的行为。如果玩家能够每隔一段固定时间就获得奖励的话，他的注意力和积极性也会每隔这段时间就达到顶点。如果这种间隔的时间长度是随机的，玩家就会在大部分时间中都保持积极性，因为他们觉得有可能自己做出的下一个动作就会得到回报。这种技巧十分有效，但要谨慎运用。

间隔值可被动态修改。在标签修改器的值后面加上单位 i（例如"+1i"或"−3i"），就可以改变目标间隔的值。例如在图 6.4 中，当资源流入 B 池时，来源 A 输出端的间隔值也随之增加。

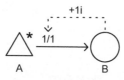

图 6.4 动态间隔值

6.1.3 倍增数

在使用随机流动速率时，经常需要用一个数值来表现多次机会，例如表现出某个来源在一个时间步长中有两次机会产生资源的情况。要实现这种机制，你可以构建两条输出端，并为每条输出端的流动速率都设置一个概率值，如图 6.5 中左图所示。但如果遇到这些概率值全都相同的情况，则使用倍增数（multiplier）更加便利。要创建一个倍增数，只需在流动速率的前面加上"n*"，例如"3*50%"、"2*10%"或"3*D3"，如图 6.5 中右图所示。以上两种结构是等价的，但右图更加明快清晰。不过，如果你需要用到不同的概率值，就只能采取左图那种方法了。

与间隔一样，倍增数的值也能被动态修改。在标签修改器的值后面加上单位 m（例如"+2m"或"-1m"），就能改变其目标倍增数的值。例如在图 6.6 中，消耗器 A 输入端的倍增数受寄存器 B 的控制。如果你在 Machinations 工具中运行这个示意图，并点击 A（这个消耗器是交互式的），A 就会试图消除池中的两个资源，每个资源消除成功的概率是

50%。如果你改变寄存器 B 的值，就能增加或减少 A 试图消除的资源数目。

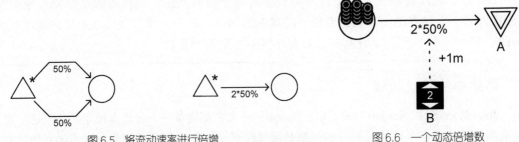

图 6.5　将流动速率进行倍增　　　　　　　　　　图 6.6　一个动态倍增数

像其他任何标签修改器一样，带 m 的标签修改器也会传递源节点的**变化**。尽管在图 6.6 中，寄存器 B 的值和资源通路上倍增数的值相同，但它们也可以是不同的值。如果将此标签修改器的值改为 "+2m"，B 的变化就会双倍地传递出去。

6.1.4　延迟器和队列

在许多游戏中，资源的生产、消费和交易等活动都需要花费一定时间。完成一个活动所需的时间可能对游戏的平衡至关重要。在 Machinations 示意图中，可以用延迟器这种特殊节点来推迟资源的流动。我们用一个围绕着沙漏的小圆圈来表示延迟器，如图 6.7 所示。

延迟器输出端的标签标示了每个资源会延迟多少个时间步长才被转移出去。（注意，大多数资源通路的标签值代表的是资源流动速率，而这里是一个例外。）这个延迟时间是动态的，其他元件可通过标签修改器改变它。你也可以随机指定这个延迟时间，方法是将标签值设为 "D"，使其显示为一个骰子符号。一个延迟器可以同时处理多个资源，这意味着无论当前有多少个资源正处于延迟期间，所有新流入延迟器的资源都会被延迟指定数量的时间步长 ❶。

我们也可以将延迟器转化为队列。队列与延迟器符号的区别在于，队列符号有两个沙漏，而延迟器只有一个。队列一次只能处理一个资源。在图 6.8 中，这意味着每五个时间步长只有一个资源能够通过。

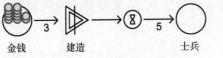

图 6.7　生产士兵需要花费时间和资源

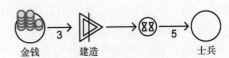

图 6.8　建造士兵的命令需排队等待处理，每次只有一个命令能得到执行

---

❶　这句话的意思是，所有进入延迟器中的资源都会严格按照设定的延迟时间送出，无需排队等待处理，因此不会出现因积压大量资源而导致后来的资源被延迟很久（超过了设定的延迟时间）才送出的情况。可与下文提到的队列概念作对比。——译者注

延迟器和队列可以使用状态通路传达出它们正在处理的资源数目信息（包括在队列中等待处理的资源数目）。如果你需要实现定时效果，这种特性就能派上用场了。图 6.9 就是一例。在这张图中，激活延迟器 A 可以使来源 B 持续激活 10 个时间步长。只要池 C 中有资源，你就可以激活 A。在 5.4.6 小节中，我们对《吃豆人》中的大力丸机制进行过分析，现在我们可以根据这张图的结构来改进和完善大力丸机制。

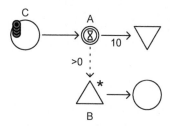

图 6.9　延迟器可用于实现定时效果

6.1.5　反向触发器

在某些游戏中，当玩家拥有的资源无法满足一个自动或随机触发的元件的需求时，就会造成一些不妙的结果。例如，在《文明》中，当玩家没钱支付城市设施的维护费时，游戏就会自动卖掉一些设施。为了模拟这类机制，Machinations 示意图加入了反向触发器的概念。反向触发器是一个标有感叹号（！）的状态通路。如果它的源节点试图牵引资源，但可供牵引的资源数量无法满足源节点输入端通路的要求时，反向触发器就会启动其目标节点。图 6.10 展示了如何用一个反向触发器来模拟《文明》中自动卖掉城市设施的机制。

反向触发器还可用于触发结束条件，使游戏停止。例如，在图 6.11 中，如果玩家在生命值全部耗尽后继续受到伤害的话，游戏就会结束。（在这张图中，造成伤害的方法是让用户点击伤害（damage）这个交互式消耗器。但显然在大多数游戏中，伤害是由游戏的其他机制产生的触发器所造成的。）

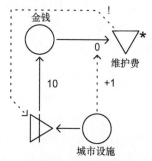

图 6.10　在《文明》中，当玩家没钱支付维护费时，游戏自动卖掉城市设施的机制

图 6.11　如果玩家在生命值耗尽后继续受到伤害，游戏就会结束

6.1.6　颜色编码功能

Machinations 示意图中包含了一个颜色编码功能，在资源进行流动时，这种机制可以帮助你区分不同种类的资源。在数字版本的 Machinations 工具中，只需勾选侧边栏中的 Color-Coded 选项，就可以激活这个功能。

在一个激活了颜色编码功能的 Machinations 示意图中，资源及通路的颜色是有意义的。如果某条资源通路的颜色与它的来源颜色不同，则它只会牵引与之同色的那部分资源。同样，如果某条状态通路的颜色与它的来源颜色不同，则它只会对与之同色的那部分资源作出反应，而忽略掉所有其他颜色的资源。颜色编码功能使你能够在同一个池中存储各种各样的资源，这在模拟某些游戏时是非常有用的。在本章后面的部分中，我们会阐述如何运用颜色编码功能有效地模拟出策略游戏中不同类型的单位。

在一个激活了颜色编码功能的示意图中，如果某个来源或转换器的颜色与其输出端的颜色不同，那么这个来源或转换器就可以产生出多种颜色的资源。你可以将门的多个输出端设置成不同颜色，从而对不同颜色的资源进行分类筛选。

图 6.12 是颜色编码功能的一个应用实例。在这张图中，来源 A 每次被激活时，都会生成随机数目的橙色和蓝色资源，这两种颜色的资源都会汇聚到 B 池中。而 B 池中的橙色资源数目增加后，又会使来源 A 生成的蓝色资源数目增加，反之亦然。此外，只有当 B 池中至少积累了 20 个橙色资源和 20 个蓝色资源后，用户才能激活消耗器 C。

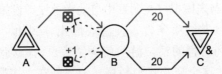

图 6.12　一个使用了颜色编码功能的 Machinations 示意图

　　小提示：在 Machinations 工具中，即使不勾选 Color-Coded 选项，你也一样能为图中的元件设定不同颜色，以使图形在视觉上更加清晰。但在这种情况下，程序在运行时不会对不同颜色加以区分，而会把它们全部视为同一种颜色。

在一个使用了颜色编码功能的示意图中，当资源通过一个门时，它们的颜色可以受这个门的控制而发生**改变**。如果这个门有多条不同颜色的输出端，则它会试图将资源按颜色分类：红色资源送往红色输出端，蓝色资源送往蓝色输出端等。然而，如果进入门的资源颜色与任一输出端的颜色都不同，则门会依据情况决定将此资源分配给哪一条输出端（这取决于门的类型。随机门会依据随机值进行分配，而确定性门会依据输出端的权重进行分配），并将此资源的颜色改变为相应输出端的颜色。图 6.13 就是一例。在这张图中，系统会随机生成红色和蓝色资源，且两种资源的平均比例会维持在 7:2。

颜色编码功能也能用在延迟器和队列上。如果延迟器和队列有多个不同颜色的输出端，每种颜色的输出端就可以使对应颜色的资源按照该输出端标注的时间步长发生延迟。例如，图 6.14 展示了一个玩家生产骑士和士兵的机制，其中红色资源代表骑士，蓝色资源代表士兵。可以看到，生产骑士需花费更多的黄金，所需时间也更长。

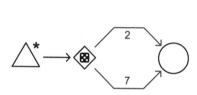

图 6.13　随机生成不同颜色的资源

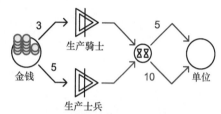

图 6.14　利用颜色编码功能，只需用一个队列就能模拟出不同单位的生产过程

6.2　游戏中的反馈结构

在一个游戏中，内部经济结构至关重要，它对这个游戏的动态特性和可玩性起着重要影响。而在内部经济结构中，反馈循环有着特殊地位。反馈机制应用于游戏中的一个经典例子是《地产大亨》，在这个游戏中，花费金钱购买地产可获得回报，因为地产会带来更多收入。这种反馈循环可以很容易地从图 6.15 所示的《地产大亨》示意图中看出，在这张图中，资源通路和状态通路将存储着金钱资源和地产资源的池连接在一起，这些通路构成了闭合的环路，从而形成循环。

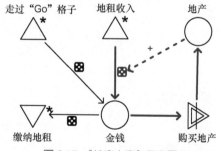

图 6.15　《地产大亨》示意图

6.2.1　闭合环路形成反馈机制

Machinations 示意图中的反馈循环是由通路构成的闭合环路产生。记住，当状态变化

引起的效应最终反过来作用于状态变化的源头时，就形成了反馈。而一个由通路构成的闭合环路就能够产生这种效果。

如果一个闭合环路仅由资源通路构成（如图 6.16 所示），它就无法表现出较为复杂的行为。在这种情况下，各个池之间相互牵引资源，从而构成一个简单的周期系统，但除此之外就不会有什么有趣的事情发生了。

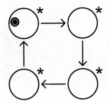

图 6.16　仅由资源通路构成的反馈机制。资源只是一圈又一圈地不断循环流动

那些最有趣的反馈循环都包含一个混合了资源通路和状态通路的闭合环路。这个循环应当含有至少一个标签修改器或激活器。例如，图 6.17 所示的机制用一个激活器将池中资源的数目维持在 20 个左右。这个结构体现了寒冷天气里房屋供暖系统的工作原理：当室温降到 20 度以下时，系统就打开加热装置，以一个恒定功率输出热量，提高室温。图中右侧的图表展现了室温随时间的变化情况。

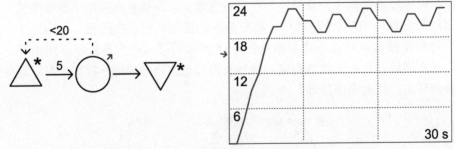

图 6.17　应用了激活器的供暖反馈机制

Machinations 示意图中的图表

利用数字版本的 Machinations 工具来生成图表，使这个图表反映出某个池中资源数目随时间变化的情况是十分容易的。图 6.17 的图表就是用 Machinations 工具生成出来的。添加图表的方法与添加其他元件相同。要分析某个池中的资源数目变化情况，只需用一条状态通路将这个池与图表相连即可。在选中状态下，这条状态通路以正常方式显示，而在未选中状态下，则精简显示为两个小箭头，以避免造成视觉上的混淆。

你也可以利用标签修改器构建出一个类似的系统，如图 6.18 所示。在这张图中，加热装置的输出功率会依据实际室温自动调节，所形成的温度曲线变化较微小。这个系统使加热装置产生的热量能够发生变化，而不是像图 6.17 那样固定不变。

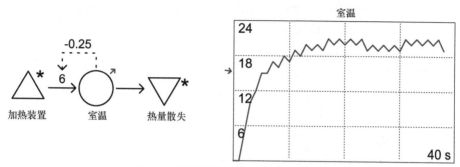

图 6.18　应用了标签修改器的供暖反馈机制

6.2.2　通过影响输出端来形成反馈

要构建出反馈循环，还可以让通路形成的环路影响某个元件的输出端。我们以一个空调系统作为例子，如图 6.19 所示。在这个系统中，温度越高，降温的速度越快。

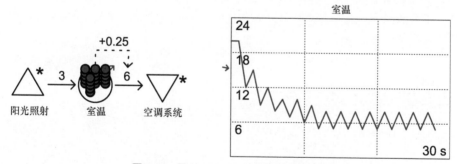

图 6.19　用 Machinations 表现的空调系统

只要某个改变能影响到节点输出端，那么这个改变就能闭合一个反馈循环。在这种情况下，输出端可以直接受到一个标签修改器的影响，也可以间接受到一个触发器或激活器的影响（这个触发器或激活器应影响一个作为资源目的地的元件，且此元件应能够牵引资源，如消耗器、转换器或门。如图 6.20 所示）。

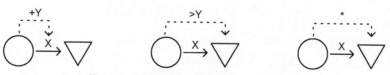

图 6.20　通过影响输出端来闭合一个反馈循环

6.2.3 正反馈篮球赛与负反馈篮球赛

在第 4 章中，为了说明正反馈和负反馈在游戏中的作用，我们简要介绍了 Marc LeBlanc 提出的正反馈篮球赛和负反馈篮球赛理论。本节中，我们会更加深入地探讨此理论，并说明如何在 Machinations 中将它构建出来。

正反馈篮球赛的规则基本和普通球赛相同，除了一条附加规则——分差每拉大 N 分，领先的球队就能在场上加派一名球员。图 6.21 模拟出了这种正反馈篮球赛，它用一种非常简单的结构来模拟篮球赛本身：在每个时间步长内，两支球队里的任一球员都有一定机会得分。两队最初各有五名球员上场，因此我们用一个初始生产速率为 5 的来源来代表双方的得分机会（为简单起见，我们将每次投篮得到的分数设定为一分，而不是两分，此外也不考虑罚球和三分球的情况）。之后，我们设置了一个与来源相连的门，这个门输出端上的百分数表明了在球员发起的所有进攻中，实际**成功得分**的次数所占的百分比。如你所见，蓝队的实力比红队强得多，蓝队得分的概率有 40%，而红队只有 20%。我们用一个名为分差（difference）的池记录两队的分数差距。每当蓝队进球，分差池中就加上一分，而当红队进球，则减去一分。分差每拉大五分，领先的一方就可以加派一名球员上场——领先五分，可加派一名球员，领先十分，可加派两名球员，依此类推。右侧的图表展现了双方分数和分差随着时间推移所形成的走势。可以看到，强队的得分随着分差的拉大而螺旋上升，这使他们场上的球员越来越多。

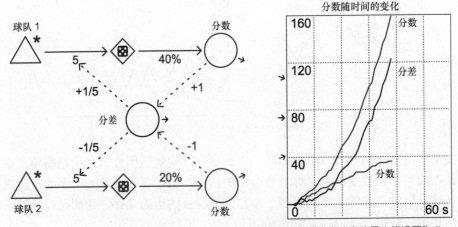

图 6.21　正反馈篮球赛。我们需要在 Machinations 工具中将来源生产速率的最小值设置为 5，以防止出现某支队伍的场上人数少于 5 人的情况

负反馈篮球赛的附加规则则正好相反，分差每拉大 N 分，落后的一方（而非领先的一方）就能在场上加派一名球员。这种机制同样能轻松地用 Machinations 示意图表现出来，只要把某些状态通路的正负号交换一下就行了。这个系统的分数走势图比正反馈篮球赛要

难以预测一些。如果不看图 6.22，你是否能想象出两队分数和分差的走势？

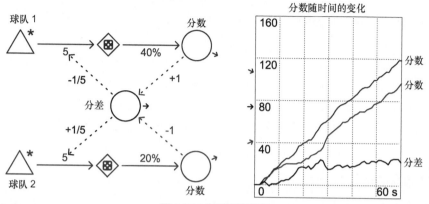

图 6.22　负反馈篮球赛

当我们第一次看到图 6.22 所示的图形时，着实吃了一惊。当负反馈使弱队的分数赶上强队时，我们本期待着弱队接下来实现反超，但这种情况并未发生，负反馈只是使两队的分差稳定了下来。当分差拉大到某一程度时，两队之间实力的差距被弱队在人数上的优势所弥补。此后，分差就稳定下来，不再大幅度改变了。

当两队实力不分伯仲时，则会出现另一种有趣的反馈效应。在这种情况下，两队的得分效率几乎相同。然而，一旦其中一队抓住机会实现领先，正反馈就开始发挥作用，使该队能够一而再地往场上加派球员，结果就产生了图 6.23 所示的走势。

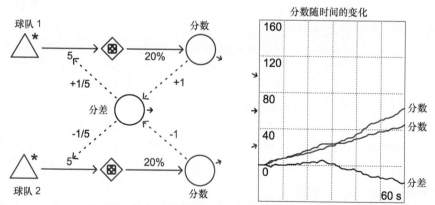

图 6.23　在两支实力相同的球队之间进行的正反馈篮球赛。注意那条表示分差的曲线在约 30 个时间步长后产生的明显倾斜变化

6.2.4　多个反馈循环的情况

在 3.2.4 小节中，我们介绍了 Jochen Fromm 对突现型系统的分类方法。根据 Fromm

的理论，相对于只有一个反馈循环的系统，具有多个反馈循环的系统能够展现出更多的突现特性，这种观点对于游戏同样适用。大多数游戏都需要多个反馈循环，以提供有趣的突现特性。桌上游戏《Risk》就是一个绝佳范例，在《Risk》中至少有四个反馈循环在相互作用。

　　小提示：同《地产大亨》一样，《Risk》也是一个经典的桌上游戏。这两个游戏都很好地诠释了机制设计的某些规则和原理。如果你对《Risk》不太了解的话，可以在 www.hasbro.com/common/instruct/risk.pdf 下载一份游戏规则。此外，维基百科的《Risk》条目中也有大量对该游戏的分析。

反馈循环的理想数量

　　具有多个反馈循环的游戏展现出的突现特性比只有一个（甚至完全没有）反馈循环的游戏更多，这一点已经十分清楚了。然而，要确定游戏中反馈循环的理想数量十分困难。我们发现对于大多数类型的游戏来说，将大型反馈循环的数量控制在二到四个是比较合适的。你也可以根据你期望的游戏复杂程度尝试加入更多的反馈循环，但必须小心谨慎，不要将游戏弄得太难理解。记住，你作为设计师，当然对自己的游戏中反馈循环如何运转了若指掌，但玩你游戏的人就不是这样了。

　　另外，将大型反馈循环和小型反馈循环区分开来也很重要。有时候，一个反馈循环只在局部起作用，几乎不会影响其他机制，这就是一个小型反馈循环。而大型反馈循环则与之相反，它涉及多个重要的游戏机制，对游戏可玩性的影响要巨大得多。你或许可以在不把规则搞得太复杂的情况下成功设置四个以上的小型反馈循环，但如果设置四个以上的大型反馈循环，就会使游戏难于学习和掌握。

　　《Risk》中的核心反馈循环包含了军队（armies）和领土（territories）两种资源，玩家拥有的领土越多，能够建造的军队也越多。图6.24描述出了这个核心反馈循环。图中，玩家可以点击进攻（Attack）这个交互式门，从而消耗军队获得领土。成功通过门的那部分军队进入了转换器，由转换器将它们转换为领土。图中的标签修改器影响着生产（build）这个交互式来源。"+1/3"这个标签表明玩家每获得三块领土，来源的输出值就加1。

　　玩家每攻占一块领土，就能获得一张卡片。你还可以收集卡片组成牌组，以换取更多军队。《Risk》中的第二种反馈循环就由这种战斗获胜后得到的卡片所构成，如图6.25所示。玩家每回合只能获得一张卡片，因此卡片资源在系统中流动时，需首先通过一个起到限制作用的门。集齐一套由三张卡片组成的牌组，就可以换取新的军队，这通过兑换卡片（Trade Cards）这个交互式转换器实现。该转换器将三张卡片转换为随机数量的军队。

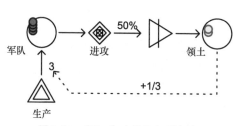

图 6.24 《Risk》中的核心反馈循环，
包含了军队和领土这两种资源

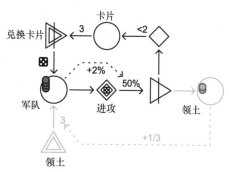

图 6.25 《Risk》中的第二种反馈循环，包含了
卡片和军队这两种资源

 注意： 在实际游戏中，并非任意三张卡片的组合都能换取军队，且组合不同，换取的军队数量也不相同。我们通过将卡片和军队的兑换率设置为随机值的方法简化了此项规则。在图 6.25 中，兑换卡片这个转换器输出端上的骰子符号标示出了这一点。

当某位玩家占领了整个大洲后，第三个反馈循环就被激活，它会每回合奖励给玩家一批额外军队，如图 6.26 所示。在《Risk》中，每个大洲都由一组指定的领土构成，并且在游戏棋盘上标示了出来。不过，我们的示意图无法表现出这种程度的细节，因此我们用一个节点修改器将两个池相连，以表现这种结构。在图 6.26 所示的情况下，五块领土合一个大洲，占领一个大洲后，就能激活奖励来源。

最后是第四种反馈循环。如果某玩家因为其他玩家的行动而丧失了领土，这种反馈循环就会激活。具体谁会攻打谁则取决于很多因素，包括进攻者的地理位置、战术策略及个人偏好等。

有时玩家需要掠夺其他较弱的玩家，以获得领土或卡片；有时也需要反抗更强的玩家，以阻止他们获得游戏胜利。玩家拥有的大洲数目对达到这些目的有着重大影响。由于大洲能提供额外的军队奖励，玩家通常都会积极进攻，防止其他玩家占领整个大洲，如图 6.27 所示。这里的重点是，在《Risk》中，总有其他玩家给你造成某种形式的阻碍，当你不断征服一个又一个大洲时，阻碍产生的影响也随之增大。这种阻碍是负反馈机制的一个优秀

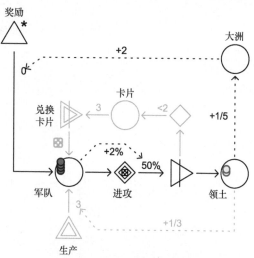

图 6.26 《Risk》中的第三种反馈循环：
征服大洲以获得军队奖励

范例。几乎在所有的允许玩家之间相互作对的多人游戏中，你都能找到这种阻碍机制，如果游戏允许玩家串通起来对付领先者的话就更是如此。

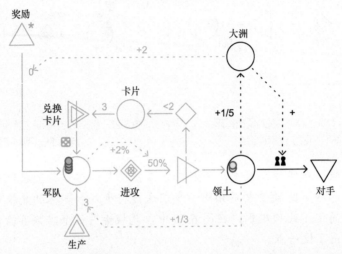

图 6.27 《Risk》中的第四种反馈循环：占领大洲会激起其他玩家对你发动进攻

 注意：在图中，我们用一个"多玩家－动态"标签（两个小人组成的图标）来标示出领土被其他玩家掠夺的情况，这个标签影响着资源向对手消耗器的流动。要了解更多相关信息，以及其他类型的非确定性行为，请参考表 6.2。

图 6.28 是《Risk》的完整示意图。此图并没有精确地模拟出整个游戏，而是和第 5 章中《吃豆人》的例子一样，只是一个大致的模拟。具体情况可参考小专栏"细节程度"。

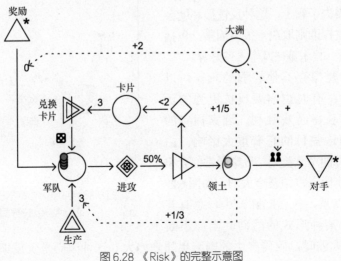

图 6.28 《Risk》的完整示意图

细节程度

你可能已经注意到，在图 6.28 中，我们对于各个细节进行了不同程度的处理。图中表现出了很多游戏细节：每占领三块领土，就能多建造一支军队；而每占领一个大洲，就能每回合额外得到两支军队等。同时，我们也省略了一些细节：卡片能够换取的军队数目以及敌对势力夺取的领土数量都只使用了随机机制来表现（见图中的骰子符号和多玩家动态符号）。此外，施加在对手消耗器的消耗率上的正值也没有精确指定。在 Machinations 示意图为纯静态的情况下，这并不成问题。在这种情况下，我们关注的只是游戏机制的结构本身，而非确切的细节。对于图中所示的结构来说，唯一值得你关注的重点是，占领整个大洲会招致对手发动更加猛烈的攻势，仅此而已。在许多情况下，省略一些细节能使结构更易理解。不过如果要在 Machinations 工具中实际运行这个结构，你可能还是需要加回这些细节。

6.2.5　反馈的面貌

我们在上面提到的《Risk》中的前三种反馈循环都是正反馈：领土或卡片越多，军队越多，而更多的军力又会带来更多的领土和卡片。然而，这些反馈循环并不相同，它们有着不同的面貌（profile）。占领领土从而建造更多军队这个反馈过程比较简单直接，且比较缓慢，而且如何合理运用军队也至关重要。新领土带给玩家的 1 点军队建造能力常常不足以弥补玩家在占领过程中所损失的军力，这就引发了一种常见战术：连续多个回合不断屯兵。卡片带来的反馈比领土反馈慢得多，玩家每回合只能得到一张卡片，而他至少得收集三张才能组成牌组。但卡片反馈的效果也强力得多，依据牌组的不同，玩家获得的军队数可能多达四支到十支。而占领整个大洲带来的反馈不仅快速，而且也很强力，因为它每回合都会奖励给玩家额外军队。这个反馈带来的效果如此强力和显著，以至于试图建立这个反馈时一般都会招致其他玩家的猛烈干扰。

上面所述的都是这些反馈循环的重要特性，这些反馈循环在很大程度上影响着游戏的动态性。如果玩家还差一张卡片就能组成强力牌组，而在下一次战斗中很有可能会获得这张卡片的话，那么玩家就会更乐意冒这个险进行战斗。这虽未增加玩家在战斗中获胜的概率，但提高了玩家取胜后得到的奖励。同样，如果将一个占领整个大洲的机会摆在玩家面前，就足以吸引玩家冒险一搏，即使这个风险高于合理范围。在《Risk》中，玩家面对的风险和奖励经常发生变化，这使得理解这些动态特性并解读游戏局势成为了玩这个游戏的关键技巧。上面三种正反馈循环在游戏中扮演着重要角色，但简单将它们归类为正反馈，并没有准确地反映出这些机制之间的微妙差别。了解上述每一种循环机制运转的快慢以及效果的强弱是十分重要的。

6.2.6　反馈的七个属性

表 6.1 列出了七个属性，它们与下文中将要阐述的可确定性属性一起构成了一个反馈循环的详细面貌。乍看之下，某些属性似乎是重复的，但实际上并非如此。人们很容易将正反馈与建设性反馈混为一谈，或者将负反馈与破坏性反馈混为一谈。然而，破坏性正反馈确实是存在的。例如在国际象棋中，失去棋子会导致玩家失去更多棋子的概率上升，从而更容易输掉游戏。类似地，在《文明》中，大城市会引发贪污腐败现象，使城市的发展速度减慢，这则是一个施加在建设性效果上的负反馈。

表 6.1　　　　　　　　　　　　　　　　反馈的七个属性

属　　性	值	描　　述
类型	正	放大差距，降低游戏的稳定性
	负	抑制差距，提高游戏的稳定性，维持游戏的平衡
效果	建设性	起到帮助玩家获胜的效果
	破坏性	起到推动玩家失败的效果
所需投资	高	必须投资较多资源才能激发反馈
	低	投资较少资源就能激发反馈
回报	高	净收益较高
	低	净收益较低
	不足	收益不足以弥补投资（净收益为负）
速度	即时	反馈立即生效
	快速	反馈在少许时间后产生效果
	缓慢	反馈经过很长一段时间后才产生效果
范围	窄	反馈直接对若干个步骤和阶段起到影响
	广	反馈间接对很多个步骤和阶段起到影响
持久性	无	反馈仅起效一次
	短期	反馈只在一段较短的时期内起到效果
	长期	反馈能够长期起到效果
	永久	反馈的效果是永久的

我们可以用反馈循环的强度来非正式地衡量该反馈循环对游戏的影响。反馈的强度并不只取决于某一个属性，而是由多个属性相互作用所形成的。例如，一个永久性的、回报

较低的反馈可以对游戏产生很强的影响。

　　对一个游戏的反馈循环属性的改变可以对该游戏产生戏剧性的影响。一个间接而缓慢，但持续较短、回报较多的反馈能够产生很强的失稳效果。因此，如果反馈被胡乱地应用，或者反馈的效果十分强力但却缓慢而间接，那么即使是负反馈也会导致系统失稳。这意味着当游戏进行到随后的某一阶段时，游戏中将会发生某些大事，这些大事很难预测或防范。

　　在一个多人游戏中，由直接交互（例如在《Risk》中，玩家可以将某个特定对手指定为攻击目标）所产生的反馈的面貌可能会随着玩家们采取的战术策略而发生改变。直接交互所产生的反馈常常是破坏性负反馈：玩家会对抗领先者，有时甚至会联合起来对付领先者。同时，如果有人开始狩猎弱小玩家，这种反馈也可以转变为破坏性正反馈。

　　我们可以在 Machinations 示意图中辨别反馈的属性，但需要注意，有些属性辨认起来很容易，而另一些辨认起来则较难。一般来说，我们可以运用下面几条指导规则。

- 要确定某个反馈循环的**效果**（effect），可以观察它是如何与结束条件元件相连接的。如果这个反馈机制直接和一个胜利条件相连，则它很可能是建设性的；如果它直接和一个失败条件相连，则它很可能是破坏性的。
- 要确定某个反馈循环的**所需投资**（investment），可以观察这个反馈机制在激活时需消耗多少资源。此外，需要玩家激活多个元件的反馈机制所需投资一般也较高，因为这意味着激活这个机制通常需要更多的时间或回合数。
- 要确定某个反馈循环的**回报**（return），可以观察这个反馈机制产生出了多少资源。在确定回报时，必须与所需投资进行比对，这样才能获得全面的认识。
- 反馈循环的**速度**（speed）取决于激活这个反馈循环所需的行动次数和元件的数目。含有延迟器和队列的反馈循环明显比不包含这些元件的反馈循环缓慢。只含有自动节点的反馈循环通常比包含多个交互式节点的反馈循环速度更快。同样地，以状态通路为主要组成部分的反馈循环一般比以资源通路为主要组成部分的反馈循环速度更快。
- 根据一个反馈循环所含的元件数目，可以很容易地确定这个反馈循环的**范围**（range）。组成元件越多，反馈循环的范围就越广。
- 大部分反馈循环都是游戏经济的基础构件，因此它们的**持久性**（durability）都是长期或永久的。如果想要识别出一个持久性较短的反馈循环，就要看这个循环是否有任何部分依赖于有限资源。这种资源的特征是无法恢复，或者需经历很长的时间间隔才能恢复。
- 反馈循环的**类型**（type）也许是确定起来最棘手的一个属性。要想通过简单地观察 Machinations 示意图来确定反馈循环的类型并不容易。一个影响产品流动机制的正标签修改器可产生正反馈，但如果这个正标签修改器影响的产品流向的是消耗器或转换器，则它多半会产生负反馈。而当反馈循环包含了激活器时，它的类型就更难确定了。要确定一个反馈机制的类型，你必须仔细考虑反馈机制的整体以及它的所有细节。

6.2.7　反馈机制的可确定性

在许多游戏中，反馈循环的强度受多个因素的影响，如随机性、玩家的技巧水平、其他玩家采取的行动等。Machinations 示意图为这些因素指定了不同符号，并用这些符号来表示非确定性机制。表 6.2 列出了这些符号，每一个都代表一种非确定性行为。你可以在示意图中把这些图标加到通路和门上，作为一种注解。单个反馈循环可以受到多个不同种类的非确定性资源通路或门的影响。例如在《Risk》中，卡片的反馈作用（见图 6.25）受到一个随机门和一个随机流动通路的影响，这导致该反馈的不可预测性增加。此外，领土的丧失也与一个多人机制有关，即其他玩家发动的攻击。

表 6.2		可确定性的种类
种　　类	图标	描　　述
确定性	无	在一个给定的游戏状态下，这种机制的运行效果总是相同的
随机性	🎲	该机制依赖于随机因素。这种随机性可影响一个反馈循环的速度和 / 或回报，也可影响反馈发生的可能性。它也可能带来一个稀有的回报。玩家很难评估随机性反馈的价值和效果。此外，随机因素还会增加死锁的概率
多玩家—动态	👥	这种机制的类型、强度和 / 或它的游戏效果受到玩家之间的直接互动作用的影响
策略	♀	这种机制的类型、强度和 / 或它的游戏效果受到玩家之间的战术互动或策略互动的影响
玩家技巧	♟	这种机制的类型、强度和 / 或它的游戏效果受到玩家在游戏中执行动作时人为表现出的技巧水平的影响

在进行一项特定任务时，玩家的技巧水平也可成为反馈属性的一项决定性要素，这一点在很多电子游戏中都得到了体现。例如在《俄罗斯方块》中，方块堆得越高，游戏就越困难，而玩家消除方块的速度是取决于玩家的技巧水平的。图 6.29 通过一个控制转换器的交互式门表现出了这种机制。在一局游戏中，技术好的玩家可以比技术差的玩家存活更长的时间。在这里，玩家技巧属于游戏战术层面上的因素。在包含了偶然因素和战略因素，或在只包含了确定性反馈的游戏中，一套完整的策略技巧对游戏结果来说至关重要。此外，《俄罗斯方块》中的这个反馈循环还受到随机性的影响，落下方块的形状是由游戏随机指定的。在《俄罗斯方块》中，虽然总体上来说玩家的技巧更为重要，但有时好运气也是不可或缺的。

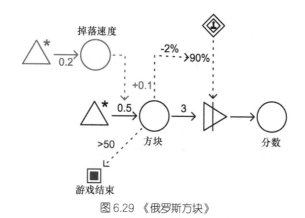

图 6.29 《俄罗斯方块》

在 Machinations 工具中使用非确定性符号

你可以在数字版本的 Machinations 示意图中使用符号来表示相应的非确定性行为。如果要使用骰子符号，就将通路的标签设置为 D（代表 dice）；要使用多玩家符号，就将标签设为 M（代表 multiplayer）；要使用玩家技巧符号；就设为 S（代表 skill）；要使用策略符号，就设为 ST（代表 strategy）。

因为 Machinations 工具实际上无法模拟出玩家技巧或其他玩家的行为所产生的效果，所以上述符号在运行时产生的效果其实都是一样的，它们都产生一个 1 到 6 的随机值。你也可以通过改变示意图的设置来自定义这个值。尽管它们的运行效果相同，但 Joris Dormans 还是设计出了这些不同的符号，以使图形更易于阅读。例如，当你看到游戏摇杆符号时，就知道这个符号代表一种受玩家技巧水平影响的效果。

6.3 随机 vs. 突现

要对一个具有很多随机因素的游戏进行预测，即使不是不可能，也是很困难的。在这种随机因素过多的游戏中，玩家经常会感到他们的行动对游戏影响甚微。具有突现型玩法的游戏的一个强大之处是游戏中的大多数动态特性是来源于游戏系统的复杂性，而不是取决于掷了多少次骰子。

我们坚信，一个设计优秀的游戏在使用纯偶然性要素时应当非常节制。一个游戏即使只有少量的确定性反馈循环，也能展现出令人惊叹的动态特性。如果你使用突现（而不是随机）来构建一个能产生不确定结果的动态玩法的话，就意味着玩家所做的所有决定都能够对游戏产生影响，这有助于使玩家集中注意力并沉浸在游戏中。

随机性的出现频率和影响力

当你运用随机性时，你应当留意一下它的出现频率和影响力会对游戏产生什么样的作用。随机性的影响力常常和生成的随机值的范围和分布相关。例如，在某些桌上游戏中，玩家决定移动步数的方法是掷一个骰子，而在另一些游戏中是掷两个。在一个骰子的情况下，玩家可移动的步数范围是 1 至 6。在两个骰子的情况下，玩家可以移动得更远，步数范围是 2 至 12，但此时的概率分布并不是均等的，玩家最有可能掷出的是 7，这个数字的出现概率比其他任何数字都要高。

在设计突现型游戏时，采用出现频率较高，但对游戏的影响力较低的随机机制几乎总是最好的选择。提高一个随机机制的出现频率通常是降低它的影响力的一个好方法，从长远来看，你可以认为这些影响是会逐渐被中和、抹平的。

在两种情况下，为游戏加入随机性是一个非常有用的设计策略。一种情况是需要迫使玩家随机应变，另一种情况是需要对统治性策略加以制约。

6.3.1 利用随机性迫使玩家随机应变

许多游戏会利用随机性创造出一种迫使玩家审时度势、随机应变的状况。例如在《文明》和《模拟城市》中，随机生成的地图使玩家每次开始新游戏时，都会遭遇到一系列崭新且独特的挑战。在《万智牌》这个集换式卡牌游戏中，每个玩家要从自己拥有的卡牌中挑出 40 张左右组成套牌，但每次开始新游戏时，玩家都需要洗牌。因此，玩家虽然能决定自己的套牌构成，但他却必须按照洗牌后的随机顺序进行游戏。要总结《万智牌》技巧的话，其一是规划并构建出自己的套牌，其二则是在游戏中随机应变、把握转瞬而逝的机会。

在一个竞争环境既有随机性，又足够公平的游戏中，玩家的随机应变能力非常重要。如果一个游戏产生的随机事件对所有玩家的影响都是同等的，那么玩家对这些事件处理得是好是坏，关键就取决于玩家的反应能力以及事先所做的准备工作。许多现代欧式桌上游戏都喜欢以这种方式来运用随机性。

现代桌上游戏中的随机 vs. 突现

现代欧式桌上游戏的一个常见设计思路是使游戏能够产生出一些动态系统，并保证在这些系统之中，玩家的技巧和策略比运气更重要。《电力公司》（Power Grid，见图6.30）就是一个极好的例子。在这个游戏中，玩家需要购买燃料来发电、扩展供电网络，并把电力卖给那些与电网相连的城市。这个游戏中只有两个随机要素：第一，玩家的初始行动次序是随机决定的；第二，可供玩家购买的电厂是洗匀一叠电厂卡后随机决定的。这两个随机要素都在一局游戏刚开始时产生。这个游戏的机制有效地制约了上述两个随机性所带来的效果，每回合开始时，玩家的行动次序都会按照一种不利于领先者的方式重新决定（一种负反馈形式），而且在大多数情况下，只有价格较便宜的电厂才可供购买，而最昂贵的那些电厂卡都需放回到卡堆中。玩家在游戏中做任何决定都不需要掷骰子或用到其他随机因素。在购买电厂时，玩家之间需进行竞价，这是一个多玩家动态机制，而不是随机机制。其他许多广受欢迎的桌上游戏，如《Puerto Rico》、《Caylus》和《Agricola》都有类似的特点。这些游戏的机制每一个都值得我们仔细学习分析。

图 6.30 《电力公司》德国版（图片基于知识共享—署名 2.0 条款（CC BY 2.0）许可使用，由 Jason Lander 提供）

6.3.2 利用随机性制约统治性策略

统治性策略是一系列行动流程，这种行动流程在任何局面下都是玩家的最佳选择。（但它只是一个最佳选项而已，并不保证玩家能获胜。）作为设计师，我们一定要避免引入会导致统治性策略的机制。存在统治性策略的游戏玩起来毫无趣味，因为玩家最后总会一遍又一遍地重复同样的行为。如果你的游戏中出现了统治性策略，你就需要改善一下游戏平衡了（关于这点，我们会在第 8 章中进行讨论）。这有时会相当困难或费时，如果遇到了这种情况，为游戏机制加入更多的随机性是一个简单的解决方法。

作为示例，让我们来设想一个简单的资源采集游戏。这个游戏有两名玩家参加，每名玩家初始拥有一台收割机，它每回合能采集 0.1 点资源。如果要提高采集速度，玩家可以花费 3 点资源来制造额外的收割机。游戏目标是拥有 30 点资源，先达成目标者获胜。图 6.31[❶] 表现了两名玩家（分别用红色和蓝色表示）玩这个游戏时的情形。红方的策略是每采集满 3 点资源，就制造一台收割机，当额外制造了七台后才停止购买，开始积累资源。而蓝方的策略是额外制造两台收割机后就开始积累资源，其他跟红方相同。

因为这个游戏完全是确定性的，所以其结果也总是相同：红方每次都能获得胜利。双方按照各自策略开始行动后，红方会在 119 个回合后拥有 30 点资源，而蓝方在 146 个回合后才能达到这个目标。其实，如果我们在 Machinations 示意图中试验一下额外制造 0 台到 11 台收割机的所有情况，会发现制造 7 台收割机是一个统治性策略。在这种情况下，玩家采集满 30 点资源的所用时间最短，如表 6.3 所示。

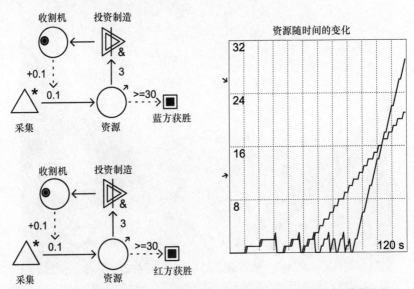

图 6.31　一个简单的资源采集游戏。这个游戏是确定性的，红方总能获得胜利

　　注意：你也许已经注意到，图中的走势与第 4 章中"长期投资 vs. 短期收益"部分的图 4.8 类似。没错，这两者反映的都是同一种现象。

---

❶　此图中两名玩家的策略差异性并没有在机制示意图中体现出来，而是在双方的人工玩家脚本中体现出来的，因此两名玩家的机制示意图看似一模一样。详情可查阅第 8 章中关于人工玩家脚本的部分，或在本书配套网站上下载示意图文件，查看其具体脚本。——译者注

表 6.3　　　　　　　　　　这个确定性的资源采集游戏中不同策略效果的对比

策略（额外制造的收割机数目）	达成目标所需回合数
0	300
1	181
2	146
3	133
4	125
5	121
6	120
7	119
8	120
9	120
10	121
11	121
12	122

我们可以用随机性来改变这种模式。如果修改一下游戏规则，规定每台收割机不是每回合采集 0.1 点资源，而是提高 10% 的采集成功率的话，结果将完全不同。图 6.32 展示了采用新规则后某局游戏的发展过程。在将这个修改后的游戏模拟运行 1000 次后，我们发现此时蓝方有大约 15% 的概率取得胜利。

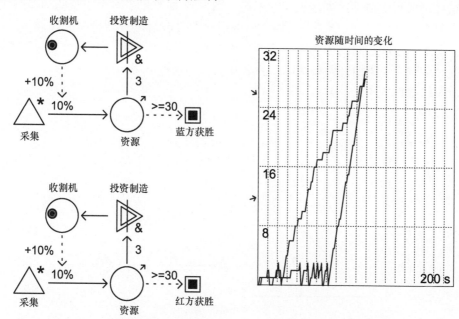

图 6.32　将这个资源采集游戏改为随机性后，蓝方有 15% 的概率获胜

6.4　机制示例

在这一节中，我们将论述各种类型的游戏中经常出现的一些机制。我们不仅会用 Machinations 示意图来说明如何模拟这些机制，也会利用示意图来详细分析这些机制本身。和之前一样，你可以在本书的配套网站上下载这些案例的数字版本文件。

你会发现，我们在分析这些示例机制时经常把不同的机制隔离开来，分别对它们进行模拟。这样做的一部分原因是，如果试图构建完整的游戏机制，示意图将会迅速膨胀到相当复杂的程度。要在单单一张示意图中说清一个游戏的全部机制是很困难的，况且书中的示意图只能以静态形式印刷出来，这就更增加了困难程度。在很多情况下，要理解最重要的那部分机制的话，没必要遍览所有的游戏机制。毕竟，游戏通常都是由多个动态部件组成，要理解游戏整体的动态特性的话，彻底理解每个组成部分是最首要和最重要的步骤。即使当这个游戏的整体明显大于部分之和时（比如大多数突现型游戏）也是如此。

6.4.1　动作游戏中的增益道具和可收集道具

动作游戏的可玩性主要来源于有趣的物理机制以及良好的玩家互动行为。很多动作游戏的关卡都是线性的，玩家只需完成一系列任务，每个任务都有一定概率失败。玩家的目标是在耗尽所有生命之前到达关卡的末尾。图 6.33 描绘出了一个小型的动作游戏关卡，这个关卡包含 A、B、C 三个任务，每个任务用一个带有玩家技巧符号的门表示，这个门会生成一个 1 到 100 之间的随机值。在池与池之间流动的资源代表玩家。如果玩家在执行某项任务时失败，他将面临两种情况：要么死亡（如任务 A 和任务 C 所示），要么被送回本关中前面的地点（如任务 B 所示）。

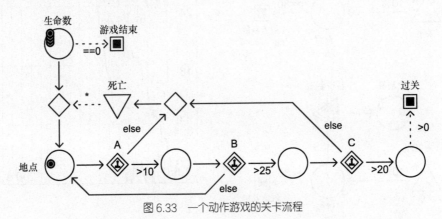

图 6.33　一个动作游戏的关卡流程

　　不过，大部分动作游戏中除了包含一系列任务以外，还含有其他一些可供玩家去做的事。这些游戏的内部经济经常是围绕着增益道具和可收集道具来运作的。例如在《超级马里奥兄弟》中，玩家可以收集金币来获得分数和额外生命，还可以吃掉增益道具来获得特殊能力，不过，其中一些能力的持续时间是有限的。在 Machinations 示意图中，增益道具和可收集道具可用一些能在特定地点获取的资源来表示。图 6.34 说明了如何用不同颜色的资源来表示不同的增益道具或可收集道具，从而模拟出这种道具获取机制。在这张图中，玩家必须到达一个特定地点，才能获得相应的增益道具。这张图还说明了可以如何利用增益道具和可收集道具来给玩家提供策略上的选择性。在这张图所示的情况下，玩家只要沿着地点 I- 地点 II- 地点 V 这条路线前进，就能轻松且快速地过关。然而，玩家如果选择了更危险的 III 和 IV 路线，就能获得一个红色资源和两个黄色资源作为额外奖励。

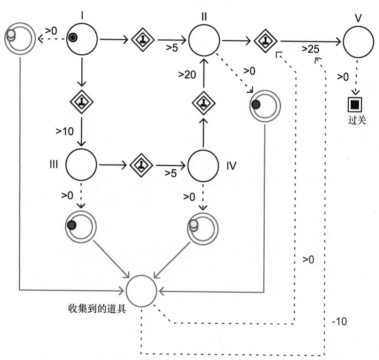

图 6.34　玩家在一个动作游戏中四处收集增益道具的过程（此图省略了生命数的概念）

　　有时候，增益道具是游戏发展下去的必需物品。玩家要在这种情况下过关的话，就需要找到正确的增益道具。除此之外，游戏中可能还存在一些非必需的，但也非常有用的增益道具。在这种情况下，玩家必须决定要冒多大的风险去收集这个道具，还需要权衡这个道具带来的好处是否足以弥补风险。例如在图 6.34 中，蓝色的增益道具是完成最终任务来过关的必需物品，而红色的增益道具则能稍稍降低这个任务的难度。

小提示：在图 6.34 中，蓝色的增益道具及其相关机制构成了一个锁－钥匙机制。锁－钥匙机制是渐进型游戏用来控制玩家过关流程的最重要机制，这种机制基本不涉及反馈循环，也几乎不表现出突现特性。我们会在第 11 章中详细阐述锁－钥匙机制。

持续时间有限的增益道具

　　增益道具效果的持续时间常常是有限的。图 6.35 说明了如何用延迟器来构建一个临时增益道具，用于帮助玩家完成任务。这个道具在被消耗掉之后会自动重生。

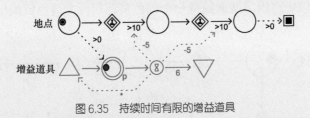

图 6.35　持续时间有限的增益道具

　　可收集道具同样能为玩家提供策略上的选择性。例如，如果玩家必须冒着损失生命的危险来收集金币，但又必须收集金币才能增加生命的话，玩家付出的努力、面临的风险和收集到的金币数量之间的平衡就至关重要。在这种情况下，如果玩家收集的金币还差一点就能满足加命要求的话，多冒一些风险来收集金币就成为了一种合理的策略。图 6.36 展示出了这种机制。注意，图中的结构形成了一个反馈循环。这个例子中的反馈是正反馈，但玩家的技巧水平决定了玩家在进行投资后是否能得到足以平衡所冒风险的回报。

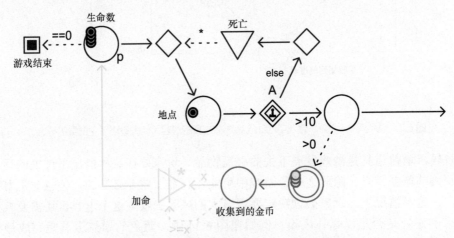

图 6.36　收集金币来增加生命的机制中的反馈

6.4.2 竞速游戏与皮筋约束机制

在分析竞速游戏时，我们可以把游戏目标理解成让玩家"生产"路程，这样就简单地把游戏转换成了经济概念。第一个积累了足够路程的玩家就获得游戏胜利。图 6.37 展现出了这种机制。根据实际情况的不同，这种生产机制可能受到偶然性、玩家技巧、玩家策略、座驾性能等单一要素的影响，或者受到它们的共同影响。《赛鹅图》(Game of Goose)❶ 就是一个完全由偶然性来决定游戏结果的竞速游戏。而街机上的大部分竞速类电子游戏则主要由玩家的技术来决定比赛结果。此外，在一些有代表性的竞速游戏中，对座驾进行调整也属于一种长期性策略。

图 6.37 所示的这种简单的竞速机制有一个很大缺点：如果玩家的技术或策略是决定性因素的话，游戏的结果就几乎不会改变。让我们来看一下图 6.38 所示的机制，在这张图中有两名玩家在进行比赛，双方的技术用他们"生产"出路程的概率来表示。右边的图表显示出比赛中的一段典型过程，并标示出了所有可能结果的分布情况，显然，获胜的几乎总是蓝方。

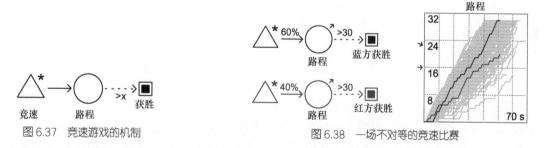

图 6.37 竞速游戏的机制　　　图 6.38 一场不对等的竞速比赛

很多竞速游戏会使用一种叫作皮筋约束（rubber banding）的技巧来制约这种情形。皮筋约束是一种基于玩家间距离的建设性负反馈机制，它能保证玩家之间不至于拉开太大距离。我们已经在 LeBranc 提出的负反馈篮球赛中见识过了类似的机制。在那个案例中，我们已经指出，像这样使用负反馈虽然可以缩小玩家之间的差距，但并不能真正提高弱者的获胜概率。话虽如此，我们仍可以对皮筋约束机制进行一些调整，从而改变这种状况。如果我们把负反馈的效果调整得更强、更持久的话，它所造成的结果就能发生变化。图 6.39 显示出了这种调整后的皮筋约束机制。图中蓝色玩家的实力水准为 60%，而红色玩家为 40%，因此蓝方获取距离的速度比红方要快。右边寄存器的作用是计算双方的距离差，并判断哪一方处于领先地位，从而向落后一方的加速（Boost）来源发出讯号，产生加速效果。加速效果持续 20 个时间步长，每次加速能提高玩家 5% 的实力。右侧的图表显示出

❶ 《赛鹅图》是一个出现于 16 世纪欧洲的桌上游戏，玩家通过掷骰子来决定前进步数，先抵达终点者获胜。——译者注

了这种机制作用下的一段典型比赛过程。可以看到，红蓝双方在比赛时会交替领先。

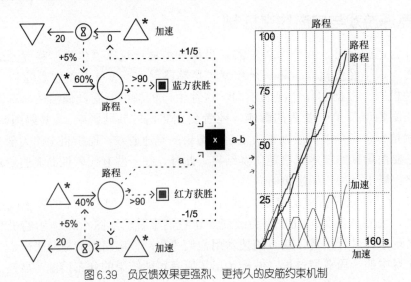

图 6.39　负反馈效果更强烈、更持久的皮筋约束机制

注意：为了让效果较为明显，这里我们有意采用了皮筋约束的一种极端形式。而在实际游戏设计中，我们对加速效果的调整应当更加慎重和细致。

6.4.3　RPG 元素

很多游戏允许玩家自建角色或队伍，并自定义其人物属性。涉及这些功能的机制常常被称为游戏的 RPG 元素（RPG elements）。在这种经济机制中，玩家角色的技能和其他属性是重要的资源，会影响到角色完成特定任务的能力。这种 RPG 经济机制中最重要的结构是一个正反馈循环：玩家扮演的角色必须成功完成任务，才能提升人物能力，而能力的提升又反过来增加了玩家角色成功完成更多任务的概率。

在经典的角色扮演游戏中，经验值和角色等级在经济机制中是分别独立的资源。图 6.40 展现了这些机制在一个典型的奇幻角色扮演游戏中的一种构建方法。在这个例子中，玩家可以执行三种不同的行动：战斗、施法和潜行。成功完成这些动作后，玩家会获得经验值。累积 10 点经验值后，玩家就能升级。此时经验值被转换成了更高一级的玩家等级，以及两点能力点数，玩家可以用这些点数来提高人物的能力值。（在有些游戏中，经验值并不会被消耗掉，而是在越过某个设定好的阈限后触发能力点数的产生。要模拟这种情况，你可以设置一个能够产生能力点数的来源，并用一个激活器来启动它。）为了增添趣味性，图中还包含了一个会偶尔提升任务难度的结构。通过运用颜色编码功能，我们可以给不同任务施加不同的难度递增效果。在桌上角色扮演游戏中，通常会有一位扮演地下城主的玩家负责为其他玩家分配合适的任务。在电子游戏中，这个分配任务的角色则由游戏系统担当。

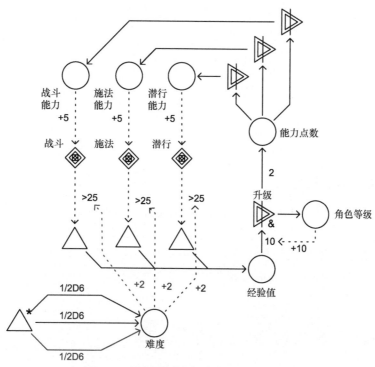

图 6.40 具有经验值和等级要素的 RPG 经济

在图 6.40 中，正反馈循环的效果在一定程度上被一个负反馈循环削弱了。这个负反馈循环表现为玩家每升一级，到达下一级所需的经验值也随之增多。这种内部经济设计在角色扮演游戏中十分常见。这种结构会导致很强的单一化趋势：随着升级所需的经验值越来越多，玩家会倾向于选择去做那些拿手的任务，因为这样更容易获得经验值。要制约这种情况，可以设置一个负反馈循环，使某项能力每提升一次，对任务的助益程度就减小一点，或者让该能力每次提升都需要花费比上一次更多的升级点数（如图 6.41 所示）以作为升级代价递增机制的代替或补充。

有些 RPG 经济机制的运作方式则有所不同。在这些经济机制中，玩家完成一个行动后，无论成功或失败都能获得经验值。例如在《上古卷轴》系列游戏中，执行一个动作常常能提升玩家角色的能力，即使这个动作失败了也同样如此。此游戏中的负反馈机制表现为玩家每提升一级能力，都需要比上一次升级时执行更多次动作。图 6.42 说明了这种机制。

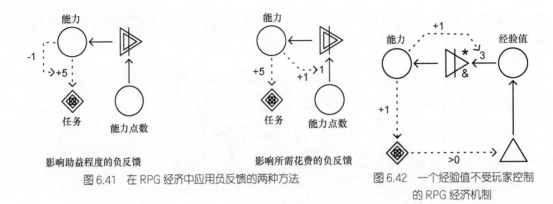

影响助益程度的负反馈 影响所需花费的负反馈

图 6.41 在 RPG 经济中应用负反馈的两种方法

图 6.42 一个经验值不受玩家控制
的 RPG 经济机制

6.4.4 FPS 经济机制

大部分第一人称射击（FPS，first-person shooter）游戏的核心经济机制都存在这样一种现象：玩家越好战（因此弹药消耗得也越多），死亡的概率也越大。为了弥补这种情况，可以让敌人被杀死后有一定概率掉落弹药或补血包。我们将在下面分两步（见图 6.43 和图 6.44）说明如何在 Machinations 示意图中模拟这种机制。

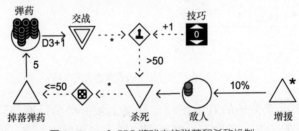

图 6.43 一个 FPS 游戏中的弹药和杀敌机制

第一步，我们用一个装有资源的池表示库存的弹药。当玩家选择与敌人交战时，他会消耗 2 到 4 点弹药，并有一定概率干掉敌人。我们把一个表示玩家技巧的门安置在交战（Engage）和杀死（kill）这两个消耗器之间，从而模拟这种机制。在此例中，这个门每次启动时会生成一个 1 到 100 之间的随机值。如果此值大于 50，则杀死消耗器被激活，并移除一个表示敌人的资源。我们可以用图中标有"技巧"的寄存器来增加或减少这个概率，从而模拟出玩家的技巧水平。此外，一旦某个敌人被杀死，就会触发一个类似的结构，此结构有 50% 的概率触发掉落弹药（Drop Ammo）这个来源，从而往弹药（Ammo）池中补充 5 点弹药资源。我们还设置了一个增援来源，使游戏中不时会出现新敌人，从而增加了趣味性。

图 6.44 在上图的基础上增加了玩家生命值的概念。在此图中，如果玩家在交战过程中表现不佳（如表示技巧的门生成的值小于 75），就会激活一个削减玩家生命值的消耗器。

此外，敌人被杀死后除了像上图一样掉落弹药外，还会有 20% 的概率掉落补血包，补血包可恢复玩家的生命值。

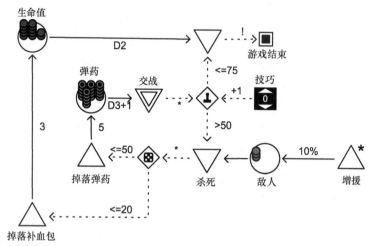

图 6.44 加入生命值概念后的 FPS 游戏经济机制。其中的随机门和表示玩家技巧的门会生成 1 到 100 的随机值

通过对图 6.44 所示机制的分析，我们发现这种基本的 FPS 游戏经济机制中存在着两个相互关联的正反馈循环。然而，每个反馈循环能否带来有效的回报，则取决于玩家的技巧水平。技巧高超的玩家消耗的弹药和损失的生命值都较少，还可以通过战斗赚取弹药。而对于一个技巧拙劣的玩家来说，避开战斗也许才是较好的选择。显然，玩家杀死敌人所需的弹药数量和敌人死亡后掉落弹药或补血包的概率对于这个平衡来说至关重要。

你可以继续增加更多的反馈循环，从而提高这个基本经济机制的复杂程度。例如，我们可以设计这样一种反馈：敌人数量越多，玩家杀敌就越困难，或者在战斗时更容易掉血。这就是一个破坏性正反馈（一个下行螺旋）。我们也可以让玩家的弹药量与成功杀敌的概率形成反比，从而构成一个建设性负反馈。这样，在战斗中弹药告急的玩家就会有如神助地表现得更好，而那些弹药充足的玩家则正好相反。这有助于降低弹药量的大幅波动给战斗带来的影响。

6.4.5 RTS 采集机制

在一个即时战略（RTS，real-time strategy）游戏中，玩家通常需要生产工人来采集资源。图 6.45 展现了这种机制的一个简单版本，其中只包含一种资源：黄金。在这张图所示的机制中，黄金是一种有限资源。图中没有使用来源，而是用一个名为金矿（Mine）的池来提供黄金，这个池初始包含了 100 个单位黄金资源。注意，我们把这个池设置成了自动模式，以使黄金能被推送到玩家的仓库（即图中的黄金（Gold）池）中。资源的流动速率取决于玩家拥有的工人数量。生产一个工人需花费 2 单位黄金资源。注意，图中用于生产工人的转换器带有 & 符号，这表示它处于"pull all"模式下：只有当黄金池中有至少 2 单位黄金时，它才会牵引黄金资源。

　　在大部分即时战略游戏中，可供采集的资源都不止一种，这使得玩家必须为工人分配不同的采集任务。图 6.46 在前一张图的基础上进行了扩展，引入了第二种资源：木材。这张图中有两个代表工作地点的池，玩家可以通过点击池来将工人分配到相应的工作地点。每个地点的工人能够采集一种相应的资源。在本例中，木材也是一种有限资源，它由森林（Forest）池提供。在一开始，木材的采集速率稍高于黄金。然而，随着森林资源不断减少，其采集速率也逐渐降低，因为工人运输木材时不得不走更长的路（《魔兽争霸》中就有这种情况）。为模拟出这种情况，我们为木材的采集速率施加了一个微小的负反馈，使这个采集速率受到森林中木材资源剩余数量的影响。

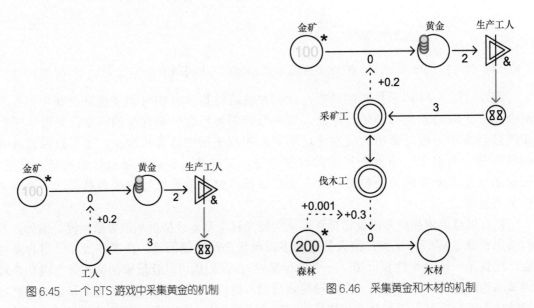

图 6.45　一个 RTS 游戏中采集黄金的机制　　　　图 6.46　采集黄金和木材的机制

6.4.6　RTS 建造机制

　　在即时战略游戏中，所有的资源采集活动只有一个目的：用资源来建造基地和军事单位。图 6.47 说明了资源可如何用于建造各种建筑及单位。图中使用了颜色编码功能，每种单位都有特定颜色：士兵是蓝色，弓箭手是紫色。建筑物也同样如此：兵营是蓝色，工厂是紫色，塔是红色。图中用不同颜色的激活器建立起了不同事物对建筑的依赖关系。例如，你需要建造一个兵营才能开始生产单位，而要造弓箭手和塔的话，则必须建造一座工厂。

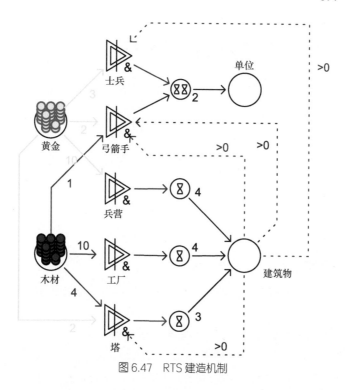

图 6.47 RTS 建造机制

6.4.7 RTS 战斗机制

模拟单位之间战斗机制的一个有效方法是让每个单位在每一时间步长中都有一定机会消灭对方的一个单位，这用倍增数来实现最为合适。图 6.48 阐明了这种机制。在这张图中有两支势力（红方和蓝方），它们拥有相同的战斗单位。蓝方的池中有 20 个单位，而红方有 30 个单位。在每个时间步长中，每个单位都有 50% 概率消灭对方的一个单位。这种机制是由图中的状态通路（标有 "+1m" 的虚线）实现的，这条状态通路控制的倍增数表明了其中一方试图消灭的敌方单位数目。初始情况下，蓝方有 20 个单位，此时红方的池和消耗器之间的资源通路显示为 20*50%，表示这 20 个蓝方单位中每一个单位都有 50% 概率消灭（即消耗掉）一个红方单位。同样，30 个红方单位也各有 50% 概率消灭一个蓝方单位。在第一个时间步长中，程序会执行计算，让双方各有一定数量的单位被消耗掉。之后，状态通路会对资源通路的流动速率值进行更新，以反映出双方最新的单位数量。

注意：记住，状态通路始终会反映出其源节点的变化。在图 6.48 中，状态通路会降低其指向的倍增数的值，这是因为其源头（即存储单位的池）中的资源是在不断减少的。

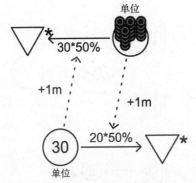

图 6.48　一个即时战略游戏中的基本战斗机制

在 Machinations 中试验各种数值

　　你应当花些时间在 Machinations 工具中利用如图 6.48 那样的简单结构进行试验，以加深对动态系统的理解。例如，如果把双方在每个时间步长内的杀敌概率降到每单位 10%，你能否预测出蓝方最终获胜的概率是增加，还是减少？如果对双方的兵力都进行削减，但使他们的实力之比保持不变，此时蓝方最终获胜的概率又会如何变化？

　　图 6.49 显示的是当双方初始都拥有 20 个单位，且每个单位消灭敌人的概率是 10% 时，系统某一次的运行记录。当我们观察这张图时，会发现战斗进行到大约一半后，双方的兵力差距逐渐拉大。现在你应该能够分析出，这种情况的发生是由于蓝方在战斗进行到这个阶段时取得了决定性优势，从而激发了正反馈效应。不过，图中反映的只是系统某一次的运行情况。正反馈也可能在一开始就立即见效，使其中一方获得压倒性的胜利，但也可能始终无法起到太大效果，导致双方全程激烈厮杀，且其中一方获胜后，其兵力也残存无几。

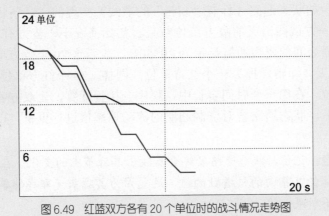

图 6.49　红蓝双方各有 20 个单位时的战斗情况走势图

我们可以用两种方法来扩展上图所示的战斗机制结构。首先，可以利用颜色编码功能引入不同种类单位的概念。例如，我们可以让不同单位激活不同的消耗器，以区分出攻击力较强的单位和攻击力较弱的单位。图 6.50 说明了这种机制，图中蓝色单位的攻击力比绿色单位更强，因为蓝色单位消灭敌人的概率较高。

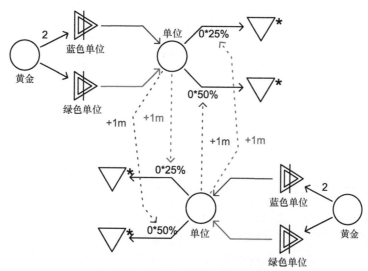

图 6.50 涉及不同种类单位的战斗机制

正交式单位分化原则

在理想情况下，一个即时战略游戏中的每一种单位都应当具有某些独一无二的特性，而不应该只是另一种单位的威力加强版（除威力之外，其他特性完全相同）。这项设计原则被称为正交式单位分化（orthogonal unit differentiation）。该理论最早由设计师 Harvey Smith 在 2003 年的游戏开发者大会上提出。在图 6.50 中，蓝色单位消灭敌人的概率高于绿色单位，但除此之外两者完全等同，这就违背了上述原则。一种（略微）好一些的设计方案是降低蓝色单位的价格，但同时规定必须首先建造一个昂贵的建筑才能招募这种单位。这就使两种单位对游戏的影响产生了分化，投资蓝色单位会令玩家承受很大的风险，但也带来了潜在的高回报，而投资绿色单位则是一种低风险低回报的策略。

此外，我们还可以引入攻防模式转换机制。如图 6.51 所示，我们设置了两个池，分别代表进攻模式和防守模式。要攻打敌人，你只需将单位从防守池转移到进攻池中。在这个例子中，我们还可以运用颜色编码功能来防止某些本该固定不动的单位（如塔和地堡）

也冲上前线，参与战斗。

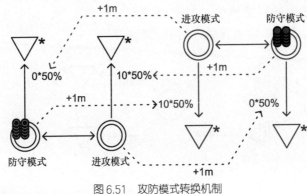

图 6.51　攻防模式转换机制

6.4.8　科技树

在即时战略游戏以及《文明》这样的模拟游戏中，经常包含了科技升级机制。玩家花费资源升级科技后，就能获得某些优势。这种结构经常被称为科技树（technology tree），它常常能为游戏经济带来一些有趣的长期投资机制。科技树往往包含多个升级步骤和分支路线，不同步骤和路线有不同的升级效果。这类科技树本身就构成了一种有趣的内部经济机制。

要模拟科技树的话，你需要用资源来代表科技的研究水平，并让这些资源解锁新游戏要素或提升已有要素。图 6.52 说明了如何在策略游戏中构建一个能够解锁新单位，并提升单位能力的科技树。在这张图中，玩家必须先研究一级骑士学科技，才能招募骑士单位。此外，骑士学每升一级，都能提升玩家骑士单位的能力，但每级的研究费也会越来越高。在这个例子中，研究骑士学需要很高的投资，但也为玩家带来了更强力的单位作为回报。

在一些游戏的科技树中，每项科技只能研究一次，但其中许多科技并不能直接研究，而是需要玩家先研究出一个或数个其他科技作为基础。图 6.53 是一个《文明》风格的科技树。需要注意的是，这张图省略了研究成功特定科技后对游戏产生的影响，但我们仍很容易设想，研究字母表或书写这类科技后，它们在游戏中产生的效果最终能反过来增加科技研究所需的资源。图中的红色通路决定了科技研究的顺序，而蓝色通路则追踪记录已研究科技的数量，并对研究费用进行相应调整。

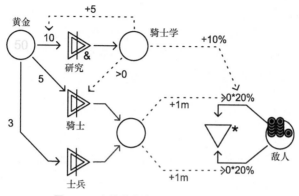

图 6.52　在策略游戏中引入科技研究机制

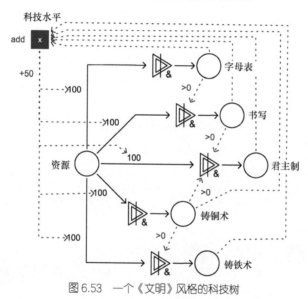

图 6.53　一个《文明》风格的科技树

本章总结

　　在本章中，我们介绍了 Machinations 工具的一些额外功能，然后进一步分析并探讨了两个重要的机制设计工具：反馈循环和随机性。我们还阐述了反馈的七个属性：类型、效果、所需投资、回报、速度、范围、持久性。每个属性都会对内部经济的运作产生独特的影响。

　　在"随机 vs 突现"一节中，我们阐述了如何运用随机性创造出迫使玩家随机应变的状况，并解释了为什么随机性有助于预防统治性策略：随机性能使游戏局面发生不可预测的变化，这样就使得游戏中不容易出现适用于所有情况的最佳策略。

　　在本章末尾，我们阐述了如何用 Machinations 示意图来模拟游戏经济机制。

Machinations 可模拟出多种传统类型游戏中的一些关键经济机制，这些游戏类型包括动作游戏、角色扮演游戏、第一人称射击游戏、即时战略游戏等。

在下一章中，我们将讨论一个重要课题：设计模式。设计模式是一些常见和通用的结构，你可以利用它们迅速地构建并测试游戏机制。

练习

1. 试着在《地产大亨》的机制中加入一个新的负反馈循环。

2. 设计一个游戏，使此游戏中的所有随机效果对全体玩家都具有同等的影响。

3. 为一个竞速游戏设计机制，使游戏在包含建设性正反馈的情况下仍然保持公平合理。

4. 选择一款已发行的游戏，在 Machinations 示意图中模拟出它的主要反馈循环。

5. 构建一个只包含一个反馈循环的游戏原型，并对其进行玩测。然后一步一步添加新的反馈循环，直到得到一个有趣味性、平衡良好，且表现出突现性的作品为止。每个反馈循环在添加时都需进行标识，以便区分。每进行一步都要对原型进行玩测。最后，统计一下你总共使用了多少个反馈循环。

6. 在下列每张图中，对交互式节点 A 进行一次点击后，位于左上角的自动来源的生产速率会变为多少？

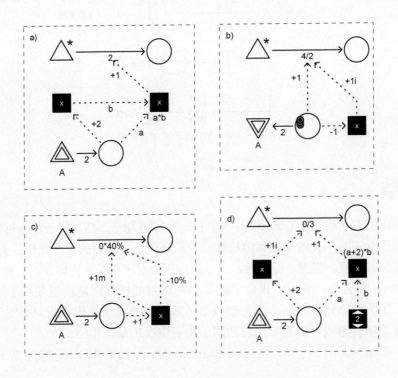

7．下面是五张回合制示意图。在每张图中，A 池需经过多少回合才能累积到 10 点资源？（如果在 Machinations 工具中创建这些示意图，你还需要设置一个交互式的结束回合（End Turn）节点以结束每一回合。我们把这项工作交给你自己完成。）

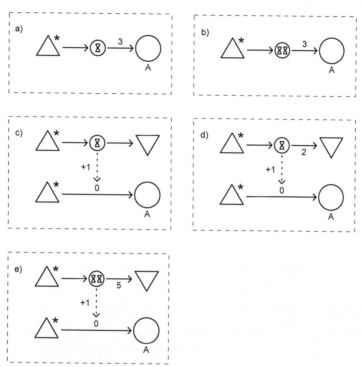

8．下面是两张使用了颜色编码功能的示意图。在每张图中，玩家最少需点击多少次才能获胜？

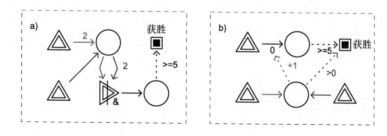

第7章

设计模式

本章中，我们将会阐述设计模式的概念，并说明如何用 Machinations 工具构建出一个有用的设计模式库。鉴于前人已经对设计模式进行了大量探索和研究，我们首先会对这个领域的理论和历史进行概述。之后，我们会说明如何使用 Machinations 示意图高效地捕捉并表达出这些模式。最后，我们会阐述如何利用这些模式成为一名更好的游戏设计师。

7.1 设计模式介绍

在前几章中，我们已经列出了各种各样游戏的机制示意图。你可能已经注意到，其中一些示意图看起来出奇地相似。例如，图 7.1 是《地产大亨》中的一个反馈循环结构，而图 7.2 是我们在第 6 章中阐述过的资源采集游戏的单玩家版本。如果忽略掉图 7.1 中的走过 GO 格子来源和缴纳地租消耗器，并把此图逆时针旋转 90 度，就会发现尽管细节有所差异，但两张图所表示的反馈循环实质相同：它们都拥有一个来源，这个来源都以一定的生产速率为池持续补充资源。而池中的资源会被转换成一种新资源，并反过来提升来源的生产速率。

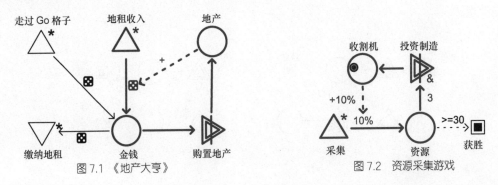

图 7.1 《地产大亨》   图 7.2 资源采集游戏

如果你仔细观察第 6 章中的其他案例，就会发现还有一些示意图的结构与之相似，例如《Risk》。这并非巧合，也并不意味着《Risk》的设计者抄袭了《地产大亨》的机制。两者结构上的相似只是说明这种结构模式适用于多个游戏而已。除上述例子外，游戏机制还有其他很多模式，你可以在各种类型的游戏中发现它们。

我们把这些在游戏机制结构中一再重现的模式称为**设计模式**（design patterns）。设计模式这个概念最早由建筑师 Christopher Alexander 在其著作《A Pattern Language》❶（1979）中提出。其他人受到此成果的启发，建立了一套适用于软件工程领域的设计模式理论，这套理论现已在该领域中成为了一种广受欢迎的工具。设计模式在建筑领域和软件工程领域中的这种应用方式，对于本书所探讨的游戏领域同样适用。

7.1.1 设计模式简史

Alexander 和他的同伴最初创立设计模式理论时，目的是为找到某种能够客观衡量建筑品质的标准。他们发现了一些有助于建筑师设计出优良建筑的模式，并把这些模式记录了下来。Alexander 本人论述道："存在着一个极为重要的特质，它是人、城市、建筑或荒野的生命与精神的根本准则。这种特质客观明确，但却无法命名。"❷（Alexander 1979, p. ix）

好的设计

如果人们喜欢某个东西，就会说它"好"。"好"通常被看作一种个人化的、主观性的价值判断标准。同一个游戏可能被某个人赞为"好"，但对另一个人却毫无吸引力。然而，在游戏、电影、书籍或建筑领域中，都有很多评论家认为某个作品客观上确实比其他作品更优秀。这些评论家相信，自己的评价标准并非单纯的个人品味（如果某个评论家不是这样相信的，那他该考虑换个职业）。从事艺术和设计（也包括游戏）行业的人都是以"作品的品质至少在部分方面可以客观衡量"这个前提开展工作的。他们对于作品品质的评价和观点或许不会被大众普遍接受，但至少不是单纯的个人品味。学习游戏的设计模式可以帮助你认识到好的游戏具备哪些特性。

Alexander 描述出了一个完整的建筑设计模式库，他把这个库称为模式语言（pattern language）。每个模式都代表一种解决方案，可用于解决某个常见的设计问题。设计者在描述这些解决方案时尽可能使用了一般化的方式，以使这些方案适用于不同环境。这些模式的描述都遵循同样的格式，此外每个模式还与模式语言中其他更大或更小的模式有所关联，小型模式是对大型模式的完善和补充。Alexander 的成果中包含 100 多种模式，涵盖了建筑学的多个领域，大到城市规划，小到个体建筑设计。

Erich Gamma、Richard Helm、Ralph Johnson 和 John Vlissides 四人（即软件工程界中知名的"四人帮"❸）在他们的那部影响深远的著作《Design Patterns:

---

❶ 中译本《建筑模式语言》，知识产权出版社出版。——译者注
❷ 该句出自 Alexander 的著作《The Timeless Way of Building》，中译本《建筑的永恒之道》，知识产权出版社出版。此处译文引自该译本。——译者注
❸ "四人帮"原文为 Gang of Four，在软件工程行业内常被简称为 GoF。——译者注

Elements of Reusable Object-Oriented Software》❶（1995）中，将上述理论推广到了软件设计之中。在软件工程领域中，面向对象编程的原则替代了 Alexander 理论中的那种未被命名的品质标准。"四人帮"确立的软件设计模式为程序员提供了一种通用语汇，用于描述软件中那些人所皆知，但却未被命名的面向对象特性。这使得软件开发者更容易协同工作，而且也能写出更好的代码。"四人帮"还将他们提出的模式语言整理成了一套模式集，其中的模式都相互关联，从而为常见的设计问题提供了通用解决方案。这套模式集最初包含了约 20 个模式，在这些年的发展中，一些新模式加入其中，也有一些旧模式被从中移除。如今，这套软件设计的核心模式集仍维持在一个较小的规模上。

7.1.2　游戏中的设计语汇库

　　本书作者并不是第一个从 Alexander 的理论中得到启发，并将设计模式理论应用于游戏设计领域的人。很多设计师和研究者已经注意到，游戏设计领域还没有一个得到广泛认可的、可供设计师分享经验、交流想法的设计语汇库❷。在 1999 年为 Gamasutra 网站撰写的文章《Formal Abstract Design Tools》中，设计师 Doug Church 构建了一个通用的游戏设计语汇库框架。按照 Church 的论述，"规范"（formal）代表此语汇库必须严谨准确，而"抽象"（abstract）表示此语汇库不可局限于单个游戏中的某些特定细节，而必须推广为更具通用性的原则。Church 认为语汇库应当是一套工具的集合，不同工具适用于不同任务，且并非所有工具都能同时适用于同一个游戏。

设计模式 vs 设计语汇库

　　设计模式和设计语汇库这两个概念有时可以互换。这两种方法是相似的，但并不完全相同。两者都试图捕捉游戏的本质特性，并将其客观呈现出来。但设计模式的目的是帮助人们创造出"好"游戏（以及程序代码和建筑），而设计语汇库性质更加中立，且规范化程度更低（尤其是以学术观点看待它时）。这两种方法还有其他一些不同，但就本书而言，我们之所以选择设计模式这种方法，是因为它对设计师来说更为实用。我们并不仅仅把设计模式看作人们在游戏中发现的一些有趣现象，而更多地将它们看作提高游戏品质的方法和工具。然而也有人提出，模式语言在形式上过于规范，因而会产生较大的限制性。关于这一点，我们会在稍后的小专栏"对规范化方法的两种批评意见"中进行阐述。

　　Church 在论述这种"规范和抽象的设计工具"理论时，举例说明了其中三个工具，

---

❶　中译本《设计模式：可复用面向对象软件的基础》，机械工业出版社出版。——译者注
❷　原文为 design vocabulary，可理解为一些通用的设计方法或准则的集合库。——译者注

以作为其论证的出发点。

- **意图**（intention）。玩家应当有能力自行构建出一套可行的计划，用来应对当前的游戏局势，并由此反映出他们对游戏中各种玩法选择的理解。
- **可感知的结果**（perceivable consequence）。游戏世界需要对玩家的行为作出清晰的回应，玩家的行为所引起的后果应该是清晰明确的。
- **故事**（story）。游戏中可加入一条叙事线索（设计师驱动型或玩家驱动型都可以），以将各个事件串连在一起，并引领玩家逐渐完成游戏。

Gamasutra 网站在 1999 至 2002 年间开设了一个论坛，人们可以在里面讨论并扩展 Church 提出的框架。很快，设计工具（design tool）这个术语就被设计词典（design lexicon）一词迅速取代，这表明这种"规范和抽象的设计工具"作为一种分析方法似乎比作为一种设计方法更成功。Bernd Kreimeier 在他的报告中称"至少出现了 25 个新术语，这些术语基本上都是由不同的讨论者提出"（2003）。虽然这项"建立一套规范和抽象的设计工具库"计划已经被人们放弃，虽然 Church 提出的框架从未得到应用，但 Church 的这篇文章通常被认为是游戏设计领域中对建立一套语汇库的最早探索和努力之一。

一些在线设计语汇库

你可以在网上找到一些设计语汇库。尽管其中一些似乎已快被放弃了，但它们对于游戏设计师仍然是十分有用的资源。

- 400 计划（The 400 Project）。此计划由设计师 Hal Barwood 和 Noah Falstein 发起，旨在发现并描述出有助于设计出更好游戏的 400 条规则。此计划目前列出了 112 条规则，但最后一条的添加已经是 2006 年的事了。它的网址是 www.theinspiracy.com/ 400_project.htm。
- 游戏本体论计划（The Game Ontology Project）。此计划致力于对游戏设计中的各种零散知识进行归纳整理，形成一个大型的本体论体系。它主要是一个分析工具，其目的更多是在于指导设计师理解游戏，而非创造游戏。尽管如此，它仍包含了一些有价值的设计知识。它的网址是 www.gameontology.com。
- 游戏创新数据库（The Game Innovation Database）。此计划专注于探寻游戏设计中创新之处的最初来源。它与典型的设计语汇库略有不同，因为它是以历史的视角来分析常见的游戏设计结构的。它的网址是 www.gameinnovation.org。

7.1.3　游戏中的设计模式

与人们在建立设计语汇库上进行的工作相比，建立一种设计模式语言的努力一直不多。Bernd Kreimeier 在他于 Gamasutra 网站上发表的文章《The Case for Game Design Patterns》（2002）中提出了一个设计模式的框架，但却并未实际将其构建出来。Staffan Björk 和 Jussi Holopainen 在他们的著作《Game Design Patterns》（2005）中描述了上百种模式，而且还在相应的配套网站上列出了更多模式。然而，作为其论证的出发点，Björk 和 Holopainen 对他们建立的这套模式语言进行了如下描述："游戏设计模式是对游戏设计中那些一再重现的、与游戏可玩性相关的部分的一系列描述，这些描述是半正式的、相互依赖的。"（p. 34）。也就是说，他们的工作成果与其说是一种模式语言，不如说是一个设计语汇库。他们并未构建出一个清晰的理论愿景，用于说明游戏的品质（quality）究竟是什么，也没说明这种品质如何产生。他们的著作是一本很有价值的设计知识资料集，但却未能告诉读者如何有效运用这些知识来创作出更好的游戏。

任何试图建立游戏设计模式的努力都应该以一个清晰的理论愿景作为出发点，首先说明是什么因素造就了一个客观上优秀的游戏，即游戏的内在品质从何而来。在这个愿景的基础上，再找出设计中的常见问题，并为这些问题提供普遍的解决方案，正如 Alexander 在建筑学领域中所做的那样。如果这样做，设计模式就能真正成为游戏设计的一个得力工具，而不仅仅是一种游戏分析手段。这也正是我们在构筑本书中的游戏设计模式时所期望达到的目标。

7.2　Machinations 设计模式语言

在前几章中，我们从内部经济的角度探讨了游戏应具备的品质。我们集中阐述了游戏经济中一些特定的结构特性（如反馈循环）是如何产生出突现型玩法的。因此在本章中我们阐述模式语言时，将游戏的内部经济结构和突现型玩法之间的关系作为论述重点的做法就显得顺理成章。此外，我们已经证明了 Machinations 示意图在描述游戏的内部经济结构时十分有用，因此本章中使用 Machinations 示意图来表述各种设计模式也是合情合理。

7.2.1　模式描述信息

你可以在附录 B 中找到本书中阐述的所有设计模式的完整版描述信息。这些描述信息都严格遵循一定的格式规范。如果你对软件工程领域中的设计模式有所了解的话，可能会觉得这些格式似曾相识。这并不奇怪，因为它们是从"四人帮"的《Design Patterns》一书中借鉴过来的。

每个模式的描述信息都包含以下条目。

- **名称**（name）。每个模式都有一个描述名称。如果某个模式有多个可选名称，则其他名称会罗列在别名（Also Known As）一栏下面。

- **意图**（intent）。意图简要阐述了这个模式能做什么事情。
- **动机**（motivation）。此条目更为详尽地阐述了模式的用途，并给出了该模式的一些用例情景。
- **适用性**（applicability）。此条目说明了当前模式最适合在何种情况下使用，并阐述了该模式可用于解决哪些问题。
- **结构**（structure）。使用 Machinations 示意图来对模式进行图形化的描述。
- **参与者**（participants）。此条目对模式中可识别的部分进行了描述和命名，包括构成元素、机制和复合结构等。这些命名名称会在该模式的描述信息中一直沿用。
- **协作**（collaborations）。此条目说明了各参与者之间最重要的一些结构关系。
- **效果**（consequences）。此条目说明了将当前模式应用到设计中后可能产生什么样的影响。这些影响包括潜在的风险，以及可能需要玩家作出的权衡。
- **实现**（implementation）。大多数模式都可以用很多种方式来实现。此条目描述了实现模式的多种可选方式，包括随机因素会对此模式的实现产生什么样的影响。
- **实例**（examples）。此条目列举出了当前模式的至少两个在已发行游戏中的应用实例。
- **相关模式**（related patterns）。大多数模式都与另一个模式相关联。某些模式之间可能会相互对抗，而另一些模式之间则可能相辅相成。此条目描述了模式之间的这种关系。

我们已经整理归纳出了一些设计模式，下面会对它们进行介绍。这些模式都附带示意图，并经过了分类。不过，这里我们只进行概要叙述。你可以在附录 B 中找到每个设计模式的完整描述信息以及运用这些模式的游戏实例。

 注意：在用示意图描述这些模式时，为了让示意图尽量具有通用性，我们没有指定确切的数值。对于资源通路，我们简单地用一个 n 来标记，而对于状态通路，我们用＋号和一号来标记。如果要在 Machinations 工具中运行这些示意图，你需要自行指定具体的数值。

7.2.2　类型：引擎

引擎（engine）能够产生资源，这些资源可能是游戏中其他某些机制所必需的。
静态引擎
静态引擎（static engine）随时间推移而产生出平稳流动的资源，供玩家在玩游戏时消费或采集。

如果你想限制玩家的行动，但又不想把设计搞得太复杂，就可以使用静态引擎。静态引擎可迫使玩家考虑如何运用所得资源，并且不要求玩家太过关注长远规划。

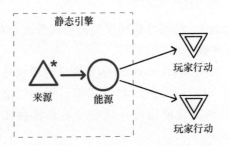

动态引擎

如果一个来源产生资源的速率是可调整的，它就是一个动态引擎（dynamic engine）。玩家可以花费资源来提高生产速率。如果你想要构建出一个机制，促使玩家对长期投资和短期收益进行权衡和取舍，就可以使用动态引擎。相较于静态引擎，动态引擎使玩家对生产速率拥有更高的控制力。

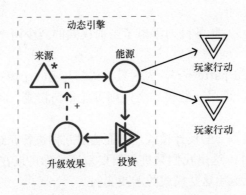

转换引擎

将两个转换器组成一个循环结构，就能产生出富余资源，这些资源可以被游戏的其他部分所利用。这就是一个转换引擎（converter engine）。该模式适用于下列情形：

- 你希望创建出一个更加复杂的机制，使其为玩家提供比静态引擎和动态引擎更多的资源。（在我们给出的示例中，转换引擎包含了两个交互式元件，而动态引擎只包含一个。）这同时会增加游戏难度，因为反馈循环的强度和所需投资都更难以估计了。
- 你需要通过多种途径、利用多种机制来对驱动这个引擎（因而也就驱动了流入游戏的资源的流动情况）的反馈循环的面貌进行调节。

 注意：记住，反馈循环的面貌是指该循环各个属性的集合，如效果、所需投资、速度等。我们在表 6.1 中对其进行过阐述。

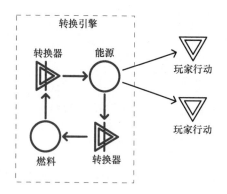

引擎构建

在引擎构建（engine building）模式下，游戏可玩性很大程度上在于让玩家自行建设并调整一个引擎，使资源稳定流动。该模式适用于下列情形。

- 你想要创造一个以建设活动为重点的游戏。
- 你想要创造一个着重于长期策略和规划的游戏。

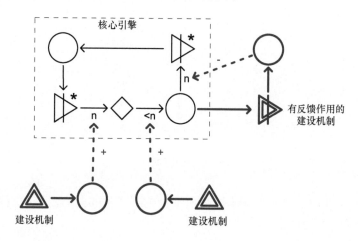

7.2.3　类型：阻碍力

阻碍力（friction）这种模式会消耗游戏经济中的资源，或者降低资源生产率，抑或两者皆有。你可以用这种模式来表示损耗或效率低下的情形。

静态阻碍力

在静态阻碍力（static friction）模式下，消耗器会自动消耗玩家生产出来的资源。该模式适用于下列情形：

- 你想要建立一个机制用来制约生产活动，但又想让这个机制最终能被玩家克服。
- 你想要放大玩家对一个动态引擎的升级效果进行投资所带来的长期利益。

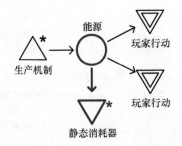

动态阻碍力

在动态阻碍力（dynamic friction）模式下，一个消耗器会自动消耗玩家生产出来的资源，其消耗速率受游戏中其他要素的状态的影响。该模式适用于下列情形。

- 游戏的资源生产速率过快，你想对其进行平衡。
- 你想构建一个机制，用于制约生产活动，并可依据玩家的进度或实力自行调节其制约强度。
- 你想要减弱动态引擎产生的长期策略所带来的效力，从而加强短期策略的重要性。

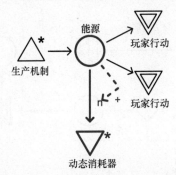

阻碍机制

阻碍机制（Stopping Mechanism）会使某个机制产生的效力在该机制每次激活时发生递减。该模式适用于下列情形。

- 你想要防止玩家滥用某些特定行为。
- 你想要对统治性策略进行制约。
- 你想要减弱某个正反馈机制的效力。

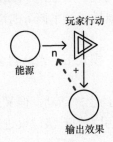

小提示：在正统经济学中，阻碍机制被称为收益递减法则（law of diminishing returns）。例如，如果对一块土地持续施肥，当超过一定量之后，作物产量就不再增加，反而会下降，因为过多的肥料产生了毒性。

耗损

耗损（attrition）模式指的是玩家主动性地窃取或摧毁其他玩家拥有的资源，这些资源是玩家在游戏中进行其他活动的必备物资。该模式适用于下列情形。

- 你想让多个玩家互相进行直接的策略性交互行为。
- 游戏系统本质上由玩家的策略偏好和 / 或心血来潮的行为所控制，你想为这个系统引入反馈机制。

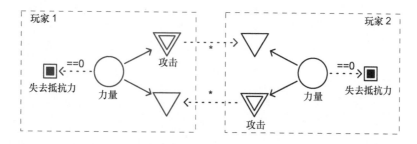

7.2.4　类型：渐增

渐增（escalation）类模式迫使玩家面对越来越难的挑战。

渐增型挑战

在渐增型挑战（escalating challenge）模式下，玩家每朝着目标前进一步，都会导致下一步进展的难度增加。该模式适用于下列情形。

- 你想要以玩家的技巧水平（通常是物理技巧）为基准构建出一个快节奏的游戏。在这个游戏中，随着玩家逐渐接近目标，游戏难度也逐渐增加，从而对玩家完成任务的能力加以抑制。
- 你想要创造出能（部分）取代预先设计好的关卡进程的突现型机制。

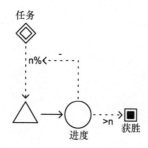

渐增型复杂度

在渐增型复杂度（escalating complexity）模式下，玩家需要与逐步增长的复杂度作斗争，努力控制游戏局面，否则复杂度就会随着正反馈逐步增强而越来越高，最终导致玩家告负。该模式适用于下列情形。

- 你希望创造出一个压力较大、基于玩家技巧的游戏。
- 你想要创造出能（部分）取代预先设计好的关卡进程的突现型机制。

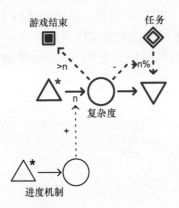

军备竞赛

在军备竞赛（arms race）模式下，玩家可以花费资源来提高他们的进攻和防守能力，以对抗其他玩家。该模式适用于下列情形。

- 你想要在一个应用了耗损模式的游戏中加入更多的策略选择。
- 你想要延长游戏时间。

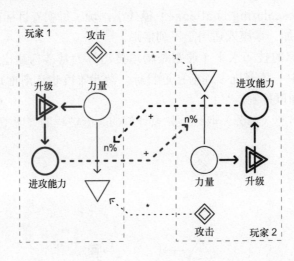

7.2.5 其他模式

在我们建立的模式库中，还有一些模式无法被明确归类，下面我们将它们统一列出。

玩法风格强化

玩法风格强化（playing style reinforcement）模式通过在玩家行动上施加缓慢的、建设性的正反馈作用，使游戏逐渐适应于玩家偏好的玩法风格。该模式适用于下列情形。

- 你希望玩家在游戏中进行长期投资，并希望此投资行为贯穿于游戏的多个时期。
- 你想要鼓励玩家进行建设建造、预先制定计划、发明个人战术等活动。
- 你希望让玩家成长为某个特定角色，或形成某种特定的玩法策略。

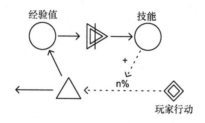

多反馈

在多反馈（multiple feedback）模式下，一个单一的可玩性机制可激活多个反馈机制，这些反馈机制的面貌各不相同。该模式适用于下列情形。

- 你想要提高游戏难度。
- 你想要对玩家判断当前游戏状态的能力进行奖励。

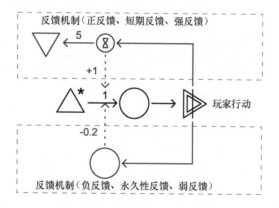

交易

交易（trade）模式使玩家之间能进行交易活动，从而引入多玩家动态机制和建设性负反馈机制。该模式适用于下列情形。

- 你希望在游戏中引入多玩家动态机制。
- 你希望在游戏中引入建设性负反馈机制。

- 你希望引入一种社交机制，鼓励玩家通过贸易（而不是战斗）来与其他人进行互动。

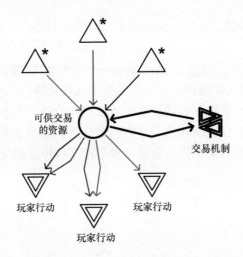

劳力分配

在劳力分配（worker placement）模式下，玩家掌控着一批有限资源，他必须用这些资源来激活或改善游戏中的各个不同机制。该模式适用于下列情形。

- 你希望让持续的微观控制活动成为玩家的一项任务。
- 你想要鼓励玩家去适应不断变化的局势和环境。
- 你想要引入时机把握机制，并使其成为策略成功的关键要素。
- 你想要构建出一种细微巧妙的机制，用于产生间接冲突。

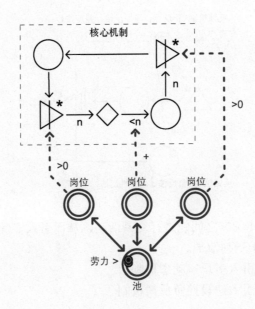

慢性循环

慢性循环（slow cycle）是一种在不同状态之间缓慢地循环切换，从而使游戏机制产生周期性变化的模式。该模式适用于下列情形。

- 你希望通过引入周期性阶段的方法使游戏产生更多变化性。
- 你希望抗衡某种策略的统治性影响力。
- 你想要迫使玩家周期性地调整策略，以适应不断变化的形势。
- 你希望玩家需经过长期的学习才能熟练驾驭游戏。（玩家体验慢性循环模式的机会较少，因而研究学习它的机会也较少。）
- 你希望利用"允许玩家影响循环周期和循环振幅"这种手段为游戏引入一种精细、间接的策略性交互行为。

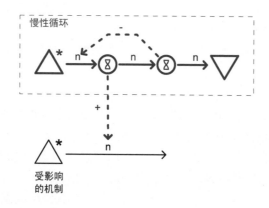

7.2.6　将设计模式进行组合

很少有游戏会只使用一个设计模式，多数情况下，你会发现一个游戏中包含了多个模式，它们以一种巧妙的结构结合在一起。例如，《俄罗斯方块》就将渐增型复杂度（随着方块不断堆积，且形成的空洞逐渐增多，游戏也越来越困难）和渐增型挑战（随着玩家消去的方块越来越多，新方块的掉落速度也逐渐变快）结合了起来。你可以从模式的描述里看出，我们模式库中的很多模式是可以互补的，但你也会发现，一些看似联系不大的模式组合起来也可能产生有趣的效果。

有些模式的组合效果非常好，乃至形成了一个完善的游戏类型。例如，大多数即时战略游戏的核心就是由动态引擎和耗损这两种模式组合构成的。玩家需要在动态引擎模式下建设基地以生产资源，用于支持耗损模式下的战斗活动。更大型的即时战略游戏还会在此基础上加入军备竞赛或引擎构建模式（后者较为少见），从而为玩家提供更多的策略选择，并创造出所需时间更长的玩法。大多数角色扮演游戏则是将玩法风格强化（角色培养）和渐增型挑战（玩家一路上遇到的挑战越来越难）结合到了一起。

关于模式之间可如何组合，附录 B 里各模式的描述信息中给出了很多建议，但我们仍鼓励你自行探索和试验各种不同的组合方法。

7.2.7　细化作用和模式嵌套

读完本章和附录 B 中对模式的描述后，你也许会注意到其中的一些模式具有相似性。例如，动态引擎模式允许玩家改变某种资源的生产速率，而引擎构建模式产生的效果与动态引擎十分相似，只是没有规定具体的实现方式而已。你可以把动态引擎模式看作引擎构建模式的一种特定形式。如果你在设计游戏时加入了动态引擎模式，实际上就隐性地引入了某种形式的引擎构建模式。耗损和动态阻碍力模式之间也有相同的关系，耗损是在动态阻碍力基础上进行细化的结果，应用耗损模式就相当于应用了一个细节更多的动态阻碍力模式。

在设计模式理论中，模式之间的这种关系被称为**细化作用**（elaboration）。其中一个模式（如耗损）是在另一个模式（如动态阻碍力）上增加细节后的实现结果。例如，在引擎类模式中，劳力分配模式细化了引擎构建模式 ❶，引擎构建模式细化了动态引擎模式，而动态引擎模式则细化了静态引擎模式。

细化作用可成为游戏设计的一个重要工具。例如，如果一个游戏过于简单，只要把此游戏中的某个模式替换成它被细化后的模式，就可以提高游戏的复杂程度。同样，如果一个游戏过于复杂，只要把一个复杂模式替换成它所细化的模式，就可以使游戏变得更简单。归根结底，所有的引擎类模式都是对一个普通的来源节点加以细化后的结果，而所有的阻碍力类模式都是对一个普通的消耗器节点加以细化后的结果。你应当能够将你的游戏中的任意一个来源替换成引擎，或反过来将任意一个引擎替换成来源。我们在附录 B 中对模式进行描述时，在"相关模式"一项里列举出了模式之间的细化关系。

为了说明细化作用可如何作为一种设计工具来发挥作用，我们来回顾一下之前阐述过的资源采集游戏。该游戏应用了一个动态引擎，它有若干种可能的细化方式。例如，我们可以将整个模式细化为引擎构建模式，甚至劳力分配模式。如图 7.3 所示。

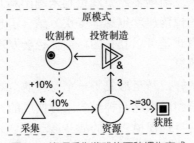

图 7.3　资源采集游戏的两种细化方式

---

❶ 书中所说的"x 细化了 y"，意为 x 在 y 的基础上增添了更多细节，因此 y 比 x 更加抽象、简单，即 y 是 x 的一种特定形式，是 x 经过简化后的形式。理解这点对理解模式之间的细化关系至关重要。——译者注

　　另一种选择是对动态引擎内部 的元素进行细化。我们之前提到过，引擎类模式是对来源加以细化后的结果。因此，我们可将任何来源都细化为一个引擎类模式。我们可以将这个资源采集游戏中的来源替换成一个转换引擎，如图 7.4 所示。再进一步分析的话，转换器这种元件本质上是由一个消耗器和被这个消耗器所触发的来源所构成，因此我们还可以继续将转换器分解成消耗器和来源，再将它们替换成阻碍力类模式或引擎类模式。

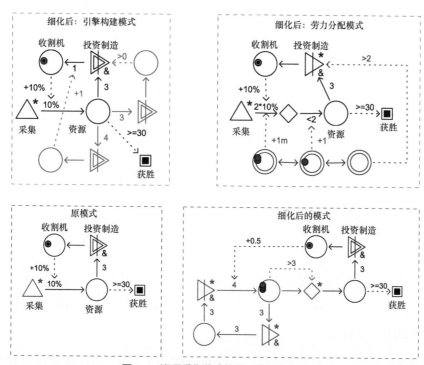

图 7.4　资源采集游戏的另一种细化方式

细化作用的反面：简化作用

　　你可以利用细化作用使游戏变得更复杂。而如果想要获得相反的效果，也是没问题的。你可以将某个模式替换成较简单的模式，从而降低游戏的复杂度，这就是简化作用。简化作用可以使游戏机制更加概括和抽象，同时仍然保留之前机制的动态特性。我们在本书的许多示意图中都运用了这种简化作用，特别是第 5 章中的《吃豆人》示意图和第 6 章中的《Risk》示意图。例如在《Risk》的示意图中，我们构建了对手这个消耗器来代替动态阻碍力模式（见图 6.27）。该游戏的多人游戏机制示意图则会使用耗损模式来起到单人机制中动态阻碍力模式的作用，此时我们可以将耗损模式替换成动态阻碍力模式，从而将其他玩家从机制中完全排除。这样，我们就能从单一玩家的角度来更加专注地构建内部经济机制。

　　细化作用并非只能用于细化设计模式，它对大多数 Machinations 示意图的元件也同样适用。例如，图 7.5 列举了几种细化转换器的方法。一个游戏机制只要或多或少具有转换器的功能（消耗某种资源以产生另一种资源），它就可以由一个转换器细化而来。细化后的转换器并不能被称为设计模式，因为它没有体现出对某个常见问题的通用解决方法。不过，你可以通过构建各种各样的此类结构来轻松便捷地试验游戏机制（前提是你理解这些结构最初源自何处）。

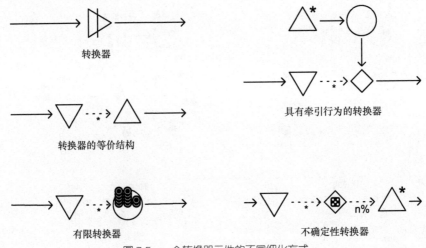

图 7.5　一个转换器元件的不同细化方式

细化作用与设计重心

　　细化作用及作为其反面的简化作用可作为一种重要工具，用于使游戏机制配合于你的设计重心——你想要实现的可玩性。如果你的游戏主要是关于战斗的，你就可以对战斗机制进行细化，并对那些玩家玩得较少（同时也关注较少）的机制进行简化。如果你发现次要可玩性机制（如建设活动或道具库管理等）的细化程度过高，就要尽可能将其替换成简化版机制，甚至替换成单个元件。有时候，将一个复杂的生产机制替换成一个流动速率随机的简单机制会更好。通过将最重要的可玩性筛选出来进行细化，并对游戏的其他方面进行简化，你就能够将设计重心集中在那些对玩家来说最重要的部分之上。

7.2.8　对模式语言进行扩展

　　本书中的模式是基于对实际游戏的大量研究，以及运用 Machinations 示意图来辅助设计游戏的经验归纳而成的。不过，我们并非主张本书中列出的模式就是完整版。尽管本书所列的模式已经覆盖了多类游戏的许多重要方面，但我们仍期望今后继续对这个模式库进行补充和完善。我们鼓励你多注意分析自己和别人的游戏，看看有没有其他有趣的模式从中生发出来。

如果你发现了一个新模式，注意要尽量使用通用的词汇来描述它。例如，你可能会在一个科幻题材的游戏中发现一个关于星际贸易的新模式，但这并不意味着你在描述这个模式及其参与者时就该照搬游戏中的名称。当描述一个新模式时，要注意遵循我们在前面"模式描述信息"一节中阐述过的格式规范及通用术语。你需要辨别出哪些参与者是最重要的，并为其命名，还需要思考这个模式的不同实现方法。而最重要的是要搞清楚这个模式能解决哪些常见的设计问题。

对规范化方法的两种批评意见

Machinations 示意图和模式语言在一定程度上规范了游戏设计活动。我们希望这两种工具能对你的设计技能起到增强和补充作用。然而在游戏行业中，并不是每个人都认同这些方法的价值。游戏设计师 Raph Koster 在 GDC 上发表过一个名为《A Grammar of Gameplay: Game Atoms-Can Games Be Diagrammed?》（2005）的演讲，在演讲中，他详尽分析了游戏机制，并提出了一种将游戏机制图解化的方法。后来，他注意到听众对此反应不一（Sheffield 2007）。我们自己也在与游戏业内不同人士讨论游戏设计方法时感受到了类似的意见分歧。有的设计师反感以这些方法论为基础来进行设计，批评说它们只是学术上的玩意儿，与实际的游戏设计关系不大。另一些人则认可这些方法的价值，并很乐意尝试运用它们来提高设计的质量。

针对这些游戏设计工具和方法论的另一种常见批评是认为它们不可能抓住游戏设计中那种创造性本质，而这种本质正是成功设计的核心。按照这种观点，没有任何规范化方法能够取代设计师本人的创造天赋（Guttenberg 2006）。这种观点的支持者担心设计师会倾向于只通过这些"规范方法"来审视游戏设计，导致这些方法和工具最终成为设计师的束缚。

设计工具值得我们投入精力去研究

到目前为止，现有的设计语汇库和框架等规范化方法的确未对游戏业起到多大帮助，我们无法否认这一点。这些规范化方法有不少，但其中很多都是由那些实战经验不足的学术界人士提出的。这些方法常常需要花费很大精力去学习，但带来的回报却并不高，这一点在那些主要用于分析游戏的工具上体现得尤其明显。规范化的游戏分析方法经常诞生在大学里，而非游戏业中。

这种批评意见是有理有据的，但它并未主张规范化的游戏设计方法毫无意义，而只是主张引入一种评价这些方法的标准，使这些方法能帮助设计师想出、理解并修改他们的设计，而非只能用于分析别人的游戏。现在，我们希望你不只是把本书中的设计模式和Machinations框架看作一种简单的分析工具，而是更进一步真正利用它们来改进你的游戏机制，并在开发早期阶段就运用它们来测试你的设计。第9章中包含了大量案例，我们会在那一章中阐述如何利用这些工具以一种超越传统头脑风暴的方法来设计游戏机制。（不过，我们仍鼓励你利用设计模式所提供的头脑风暴机会。）

任何设计工具都需要付出一定精力去掌握，但我们认为 Machinations 值得你付出这些精力。你可以使用它高效快速地测试游戏机制，从而提高设计的质量。

设计工具有助于提高创造力

上述第二种批评意见认为，没有任何一种规范化设计方法能代替设计师本人的创造天赋，此观点更加值得商榷。它的支持者对设计方法和理论全盘加以否定，这通常是受到艺术界中类似观点的影响，然而这种观点实际上是相当幼稚的。艺术作品一直以来都是创造天赋、高超的技能及艰辛工作（大量的艰辛工作）相结合的成果。艺术家的确有天赋高低之分，但如果缺失了另外两个要素，光靠天赋是很难完全弥补的。尤其是在这个行业中，每个项目的成功与否都决定了大笔投资能否得到回报，投资者不可能总是将赌注押在设计师的天赋上。

有的人觉得，艺术家就是创造的天才，他们完全凭借天赋即兴创作出一件件杰出的作品。这种看法不过是浪漫的想象而已，极少与实际情况相符。要创作一件作品，艺术家必须掌握相关的创作技巧，还需要辛勤地工作。所有的艺术都是如此，没理由认为游戏行业就不是这样。艺术家的工具和需要掌握的技巧多种多样，既有实践上的，也有理论上的。画家既需要掌握用画笔和多种颜料作画的技巧，也需要学习透视中的数学原理以及认知心理学等知识。几何透视法的发明对文艺复兴绘画产生了革命性的影响，这种透视法与其说是美学理论，不如说是科学理论。而抽象艺术从 19 世纪到 20 世纪初的发展也是一个有意识地逐步进行理性思考的过程。如果画家只以直觉和个人能力为创作源泉，上述这些重大变革一个都不会发生。

我们觉得，设计方法论的怀疑者没有看到关键之处。人们发明出规范化的设计方法，不是为了取代创造天赋，而是用来支持创造天赋。一个工具或方法无论多优秀，都永远不能代替设计师本人的洞察力，也不能取代游戏设计过程中所需的那些艰辛工作。它们至多能减轻设计师的负担，并提高设计师的专业水平。最好的工具和方法不会限制设计师的视野，而会扩展这个视野，并帮助设计师提高工作速度，创作出更好的作品。Machinations 示意图这样的工具还有利于团队合作，设计团队可以把机制用 Machinations 示意图的方式表现出来，并对其进行模拟测试。这样就不用凭空争论机制的实际运行效果究竟如何，而且还不用写任何代码。

7.3　用模式支持设计

　　模式语言是一种辅助工具，它并不强制你用某种固定方法设计游戏。设计模式是一些指导准则，帮助你探索并分析设计，而不是指示你必须做某些事才能设计出好游戏的死板规则。然而，我们仍然建议你在起步阶段遵循这些设计模式的指导，毕竟这些模式都已经过时间考验，具有完善的结构，直接运用它们可以有效地增加你的设计经验。待你具备了一些识别和应用这些模式的经验后，就可以尝试打破它们所定下的规则了。对未知领域的探索是令人兴奋的，而且也很有意义，但你最好还是先积累一些经验再踏上探索之旅。

7.3.1　改进你的设计

　　设计模式最重要的意义在于帮助你解决设计问题。例如，某一天你发现自己开发的游戏中产生出了一些失控的结果，查找原因，发现是在游戏初期某个随机产生的微小偏差偶然被一个强力的建设性正反馈放大了。这时你浏览一遍设计模式库，就会发现若干种解决方法。如果这个游戏中包含多种资源，你就可以利用交易模式引入更多负反馈。也可以使用动态阻碍力模式来制约游戏中的正反馈。

　　要想从设计模式中受益，就需要付出精力去学习模式库。了解各种模式及它们的不同使用方法，可以加深你对游戏设计中常见问题的理解，并为你提供一系列解决潜在问题的方法。这些设计模式是对一般性游戏设计知识的高度归纳和浓缩，毕竟，大部分模式都经过了长期演化才最终形成。通过运用这些模式，你就站在了前人的肩膀上，避免了漫长的自学过程。

7.3.2　利用设计模式开展头脑风暴

　　模式语言可成为很好的头脑风暴工具，也可用于进行其他各种各样的创意训练。一个简单的练习是从模式库中随意选择两三种模式，然后试着围绕它们来设计一个游戏经济机制。进行这项练习的方法有很多种，你可以随机选择一个模式，在 Machinations 工具中将它构建出来，再选择一个新模式，尝试将其加入先前构建好的示意图中。如果你愿意，可以多次重复这个过程，直到成功加入三四种模式为止。此外，你还可以尝试每做一步就构建一个纸面原型。如果你随机选到了同一个模式，不用担心，只要另寻示意图中的其他资源或其他部分来应用这个模式就好。除此之外，你还可以事先选好若干个模式，然后从一开始就结合所有这些模式来设计一个游戏经济机制。

　　你在开发游戏时也可以使用类似的方法。本书列出的设计模式中给出了许多通用术语，你可以根据它们所代表的功能，将自己游戏中的资源和这些术语一一对应。例如，在你的游戏中,用于驱动玩家核心行为的资源就相当于本书模式中的"能源"这个概念。找出这种资源有助于让你的游戏中最重要的经济结构凸显出来,提醒你应对其着重看待。你还可以任意选择一个模式,透过这个模式审视自己的游戏,并自问:当前的游戏设计中是否包含了这个模式?如果包含,那它是否起到了你期望的效果?如果不包含,那加入这个模式是否有助于改善当前设计中存在的某些问题?

此外,你也可以透过这些模式来分析和修改现有的游戏。例如,《星际争霸》中的哪些机制属于阻碍机制?如果你修改一下这个游戏的基本经济机制,将一个动态引擎替换成转换引擎,结果会怎样?其他还有哪些模式如果加入到游戏中会起到不错的效果?

以玩家为中心的设计何去何从?

在《Fundamentals of Game Design》一书中,Ernest Adams 提出了一种"以玩家为中心"的游戏设计方法。这种方法要求设计师设想一名具有代表性的玩家,并始终注意自己的设计是否符合该玩家的期待和需求。一开始,你可能会觉得这似乎与我们阐述过的反馈循环和规范化方法有所冲突,但一定不要弄错:以玩家为中心仍然是设计游戏机制时需遵循的核心原则,即使在机制最抽象的层面上也是如此。

如果你要设计一个具有高度复杂、环环相扣的系统,且随机因素极少的游戏(例如第 6 章中提到的桌上游戏《电力公司》),你就必须懂得这个道理:你的游戏只会吸引到某一类玩家,而对其他玩家来说并无吸引力。《电力公司》吸引的是那些热衷于分析此类系统,并乐于研究最佳策略的玩家,这类玩家有时被称为数学分析型战略家(mathematical strategists)。而一个流程更短、随机因素所占比例更大的游戏则会吸引更多的休闲玩家和年轻玩家。玩家选择某个游戏,看重的是它提供哪种可玩性,而可玩性是由游戏机制产生。

换句话说,虽然你可以围绕着某个机制来设计游戏,但同时绝不应忽视这个问题:"谁喜欢这个类型的游戏?"玩家仍然是设计工作的中心。

本章总结

本章介绍了设计模式的概念。设计模式是一种反复重现的结构,建筑、软件、游戏及其他领域中都有它的身影。在回顾了设计模式的历史后,我们阐述了游戏机制中的 16 种常见模式,并将这些模式划分为三大类(引擎、阻碍力、渐增),并单独列出了一些无法被明确归类的模式。在本章末尾,我们阐述了如何利用模式组合和头脑风暴等方法来训练你的游戏设计能力。你还可以用这些模式来分析你正在开发的游戏。模式的另一个好处是为你提供了一个通用语汇库,使你能方便地与其他团队成员讨论你所设计的游戏机制的属性。

在下一章中，我们将介绍 Machinations 的另一个更强大的特性：基于脚本的人工玩家。我们还会带领你深入探究《地产大亨》和《SimWar》这两款游戏，并展示如何用 Machinations 来构建、模拟和平衡它们的机制。

练习

1. 你在最近开发的游戏中用到了什么设计模式？有哪些模式本可以用到，而你没有采用？如果采用其中一个模式，是否能提高这个游戏的质量？如果是的话，怎样做？

2. 选择一个你熟悉的游戏，类型不限，但不能是纯冒险游戏（因为它没有内部经济）。你能在这个游戏中找出哪些设计模式？试着在 Machinations 工具中将这些模式构建出来。

3. 随机选择两个设计模式（可以将模式名称写在空白卡片上，洗牌后再从中抽取），并举出一个同时含有这两个模式的游戏作品，或者试着构思一个游戏概念，在这个概念中使用这两个模式。之后，为这个游戏创建一张 Machinations 示意图，并为图中的来源、消耗器、池和其他元件指定合理的标签值。

第8章

模拟并平衡游戏

测试并分析一个机制简单的游戏时，你不需要实际玩游戏就能估测出某个玩家的获胜概率。这在那些机制单纯的赌博游戏中体现得尤其明显，例如纸牌游戏 21 点或轮盘赌游戏。而对于更复杂的游戏来说（特别是那些包含了随机要素的游戏），你则不得不多次实际试玩游戏才能判断这个游戏是否平衡良好。通过前几章列出的一些例子，我们已经说明了数字版本的 Machinations 示意图可以用来测试并分析某一玩家在游戏中获胜和失败的几率。这些例子中给出的数据是基于数千次模拟玩测的结果。你可能也已猜到，这些玩测并不是由我们一次一次地手工执行的。实际上，Machinations 工具拥有一项人工玩家的功能。利用这项功能，你可以在示意图中模拟构建出一个玩家，并令其自动执行大量的测试流程，从而得到上述那种模拟玩测数据。当你需要调整你设计的游戏的平衡性时，以上方法尤其有用。本章中我们将详细阐述这些方法。

8.1 对玩测活动进行模拟

我们在第 5 章中已经学到 Machinations 示意图中的交互式节点（即具有双轮廓线的节点）只有在被玩家点击后才会运作。为了在无需人类干预的条件下大量模拟玩测活动，Machinations 工具提供了一项特殊功能：人工玩家（artificial player）。在示意图中，人工玩家用一个内含"AP"字样的小方框来表示，如图 8.1 所示。这个元件是独立放置的，不应连接到其他任何元件上。人工玩家允许你定义一段简单的脚本来控制示意图中的其他节点，从而自动模拟玩家行为。人工玩家可以代替用户来进行点击操作，也可以按你的意愿激活某个节点。（人工玩家的功能并不仅限于控制交互式节点，实际上，它可以激活任何已命名的节点。）有了人工玩家之后，你只需把运行 Machinations 示意图的任务交给它，自己坐下来观察示意图的运行情况就可以了。

 　小提示：附录 C 的教程详细说明了如何在 Machinations 工具中构建示意图。此附录需在网上下载。

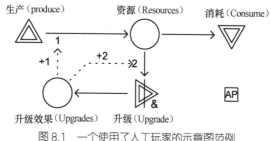

图 8.1 一个使用了人工玩家的示意图范例

8.1.1 Machinations 中的人工玩家

要在示意图中添加一个人工玩家，只需在 Machinations 的元件列表中选中它，再将其放在图中的任意位置即可。它不需要与其他元件相连，因此你可以把它放置在不碍事的位置，以免干扰到其他元件的相互连接。

你可以对人工玩家进行一系列设置来控制它的行为。与其他所有 Machinations 节点一样，你可以设定它的颜色（color）、线条粗细（thickness）和标签名称（label）。除此之外，人工玩家也同其他节点一样，具有不同的激活模式（参见 5.2.3 小节）。但它最重要的意义还是脚本功能。你可以用脚本来规定当人工玩家启动时，它将激活图中的哪些节点。执行脚本是人工玩家最主要的功能。

当你在示意图中选中一个人工玩家节点时，Machinations 工具的侧边栏就会显示出它的相关属性和一个脚本输入框。你可以在这个框中输入脚本。

一个脚本由若干行指令组成，这些指令告诉人工玩家该做什么事。指令有两种形式：直接命令和 if 语句。直接命令就是一条明确的指示，而 if 语句由 if 这个单词开头，后接一个条件（后面会详述），然后再接一条命令。当一个人工玩家启动时，它会从最顶行开始，依次检查每一行脚本。如果某一行是一条直接命令，则执行这条命令。如果某一行是一个 if 语句，则检查其条件是否为真。如为真，则执行 if 语句后接的命令。如不为真，则跳到下一行脚本。注意：**只要有任意一条命令得到执行，该脚本就停止工作，不再检查之后的部分。**当这个人工玩家下一次启动时，它又会重新回到最顶行，从头开始工作。

 注意：即使你不是程序员，也完全能够编写 Machinations 的人工玩家脚本，毕竟这种脚本并不像关卡编辑工具使用的脚本语言那样强大和复杂。

 小提示：一个脚本只要执行过一条命令，就会立刻停止，因此你在编写脚本时不能把两条直接命令放在同一行中。如果这样做，第二条命令就永远不会执行。不过 if 语句则可以连续排列，脚本会依序检查这些语句，一旦遇到某个语句条件为真，就会执行这条命令，随即停止运行。

直接命令

最基本的命令会根据其参数激活一个或多个节点。只要有一条命令得到执行，整个脚本就停止运行。所有的基本命令都是 fire（启动）这个单词的变化形式。注意：**节点名称是大小写敏感的。**

fire(node)

这条命令会根据括号中的参数来寻找标签名称与之相对应的节点，并启动此节点。例如在图 8.1 中，fire(Produce) 这条命令会激活标签名称为 Produce 的来源节点。fire() 命令也可以不加任何参数来使用。如果你不在括号里指定任何节点名，只是键入"fire()"的话，脚本就会停止，不启动任何节点。如果括号里的名称与当前示意图中的任何节点名都不匹配的话，也会出现同样的情形。

fireAll(node,node…)

fireAll() 命令与 fire() 命令的功能完全相同，但它可接受多个参数。这条命令在运行后，会同时启动其参数中指定的所有节点。

fireSequence(node,node…)

fireSequence() 命令比较特别，它会按其参数的排列顺序逐个激活对应的节点。这条命令每次运行时只激活一个节点，下一次运行时，就依序激活下一个节点。例如，脚本第一次执行 fireSequence() 命令时，会激活参数列表中的第一个节点，而第二次执行这条命令时，会激活参数列表中的第二个节点，以此类推。系统会自动追踪并判断下一次该执行哪个参数。如果这个命令的被执行次数超过了它的参数个数，就会回到第一个参数，重新开始。例如在图 8.1 中，fireSequence(Produce, Produce, Upgrade, Produce, Consume) 这条命令在被多次执行时，会按照来源－来源－转换器－来源－消耗器的顺序循环激活相应节点。

fireRandom(node,node…)

这条命令会随机选择一个参数节点来启动。如果要增加某个节点被启动的几率，可以多次输入这个节点的名称。例如，如果在图 8.1 中执行 fireRandom(Produce, Produce, Consume, Upgrade) 这条命令，则来源被激活的几率为 50%，消耗器和转换器被激活的几率各为 25%。

if 语句

人工玩家的脚本还允许你用 if 语句来为命令附加执行条件。if 语句由如下部分构成：关键字 if、括号中的条件、条件为真时执行的命令语句。

if(condition)command

if 语句中的条件部分可以根据池或寄存器来检查示意图的状态。例如在图 8.1 中使用 if(Resources>3) fire(Consume) 这行脚本，就可以使系统在 Resource 池中的资源超过 3 个时自动激活消耗器节点。

在人工玩家脚本中，else 语句没有存在的必要，因为这种脚本会一直运行，一旦遇到了一条直接命令或条件为真的 if 语句，就会在执行该命令或语句后停止。例如在图 8.1 中，下面的脚本会在 Resources 池中资源不足时激活 Produce 来源，而当池中的资源超量后，则会把资源随机送入 Consume 消耗器或 Upgrade 转换器其中之一。

```
if(Resources>4) fireRandom(Consume, Upgrade)
fire(Produce)
```

if 语句支持算术计算，也允许用逻辑运算符将多个条件连接起来。如果你已经熟知 Java 或 C 等程序语言，就能立刻上手。表 8.1 列出了 if 语句的条件部分所支持的运算符。

表 8.1 脚本条件所支持的运算符

运算符	说明	示例
==	等于	`if(Resources == 1) fire(Consume)` 当 Resources 池中的资源数量等于 1 时，启动 Consume 节点
!=	不等于	`if(Upgrades != 0) fire(Upgrade)` 当 Upgrades 池中的资源数量不为 0 时，启动 Upgrade 节点
<=, <, >=, >	关系运算符	`if(Resources <= 3) fire(Produce)` 只要 Resources 池中的资源数量小于或等于 3，就启动 Produce 节点
+, -	加法运算符	`if(Upgrades + 2 < Resources - 1) fire(Produce)` 当 Upgrades 池中资源数量加 2 得到的值小于 Resources 池中资源数量减 1 得到的值时，启动 Produce 节点
*, /, %	乘法运算符	`if(Upgrades * 2 > Resources / 3) fire(Upgrade)` 当 Upgrades 池中资源数量乘以 2 后得到的值大于 Resources 池中资源数量除以 3 后得到的值时，启动 Upgrade 节点 "%" 符号表示取模运算（即求余运算）。例如 if(Resources % 4 == 2) fire(Upgrade) 这条语句会在 "Resources" 池中的资源数量为 2、6、10 等值时启动 Upgrade 节点
&&	逻辑与	`if(Resources > 4 && Upgrades < 2) fire(Upgrade)` 当 Resources 池中的资源数量大于 4，且 Upgrades 池中的资源数量小于 2 时，启动 Upgrade 节点
||	逻辑或	`if (Resources > 6 || Upgrades > 2) fire(Consume)` 当 Resources 池中的资源数量大于 6，或 Upgrades 池中的资源数量大于 2 时，启动 Consume 节点

其他命令

除了各种 fire 形式的命令以外，人工玩家使用的脚本还支持其他一些命令。

stopDiagram(message)

此命令的功能和结束条件非常类似，它会使示意图立即停止运行。你可以编写一个文本字符串作为其参数。当示意图中的人工玩家不止一个时，你可能会想要知道到底是哪一个玩家使系统停止了运行。这可以通过为此命令编写不同的参数文本来实现。当系统在"Multiple Runs"模式下运行时（见"利用 Multiple Runs 模式采集数据"一节），Machinations 工具会弹出一个对话框，实时显示每条文本出现的次数，从而告诉你各人工玩家分别使系统停止了多少次。

endTurn()

在回合制示意图中，此命令会中止当前回合。

activate(parameter)

此命令会使正在活动的人工玩家停止运作，转而激活其参数指定的人工玩家。

deactivate()

此命令会使人工玩家停止运作。

人工玩家同样能在回合制模式下使用（参见 5.2.5 小节）。然而在这种情况下，其运行规则会略有不同。最重要的一点是，在回合制模式的示意图中，人工玩家会多出一项参数，该参数指定了它在一个回合中会启动多少次，即执行多少次行动。如果该人工玩家每回合能执行多次行动的话，这些行动会每隔 1 秒执行一次。

    注意：如果示意图使用了颜色编码功能，则也可以让其中的人工玩家遵循颜色编码规则。遵循颜色编码规则的人工玩家只能启动颜色与之相同的节点。

可在条件中使用的特殊值

脚本中的 if 语句支持以下特殊值。

- random。这个值会随机生成一个 0 到 1 之间的实数。当你需要为某个动作设定发生概率时，它非常有用。例如，if(random< 0.25) fire(A) 这行脚本会使 A 有 25% 几率被启动。在脚本条件中，random 值生成的随机数可以像普通数值一样被使用。例如，if(random* 100 > Resources) fire(Produce) 这行脚本意味着 Produce 节点被启动的几率与 Resources 池中的资源数量成反比。池中资源越多，此条件为真的几率就越小。如果池中有 100 个资源，此条件就永远无法满足，该人工玩家也就永远不会启动 Produce 节点。如果你想创建一个人工玩家，令它只在检测到资源不足时才启动 Produce 节点补充资源的话，就可以使用这个技巧。

- pregen0 至 pregen9。它们是十个特殊值，会生成 0 到 1 之间的随机值。但这个随机值只在示意图一开始运行时生成，之后的整个运行过程中该值不会再发生改变。这点与 random 值不同。

- actions。这个值等于此人工玩家已启动的次数。
- steps。这个值等于示意图运行后已执行的时间步长个数。
- actionsOfCommand。这个值等于 if 语句后接的命令已被执行的次数。
- actionsPerStep。这个值等于当前时间步长内该人工玩家已启动的次数。

8.1.2 利用 Multiple Runs 模式采集数据

有了人工玩家，你就可以让示意图自动运行并测试你设计的游戏。为了最大程度发挥出这个特性的价值，Machinations 工具提供了快速运行功能，如图 8.2 所示。要使用这个功能，只需切换到 Run 选项卡并点击 Quick Run 按钮。在此模式下，示意图的运行速度极快，但不允许玩家进行任何交互行为。在使用这个功能时，你必须确保示意图具有一个结束条件，且这个条件确实能被达到。在示意图运行期间，你可以再次点击 Quick Run 按钮（此时该按钮文字变为 Stop）来手动终止其运行。接着再点击一次该按钮，就能将示意图重置为运行前的初始状态。

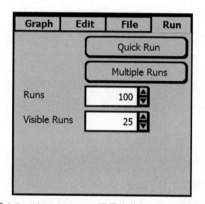

图 8.2 Machinations 工具中的 "Run" 选项卡

除此之外，Machinations 工具还提供了多次运行示意图的功能。你只需切换到 Run 选项卡并点击 Multiple Runs 按钮即可。默认的运行次数是 100，但你也可以在选项卡中自行设定这个值。在 Multiple Runs 模式下，如果示意图运行了 10000 个时间步长还未达到结束条件，系统就会自动终止其运行，以避免程序无休止地工作下去。此模式还会追踪记录每个结束条件达成的次数。如果你设计的游戏中有两名玩家，且每名玩家都有各自的胜利条件（同时也是结束条件）的话，利用此模式就能轻松分析出哪一方的胜率更高。本书的一些案例中给出的统计数据就是利用这项功能获得的。当你在这个模式下运行示意图时，系统仍会追踪记录每次运行所耗费的时间，并显示出平均时间值。如果你要对不同的人工玩家脚本进行比较，并从中找出能够最快将游戏经济引入某个状态（通常就是胜利状态！）的脚本的话，这个平均时间值就十分有用了。

最后，如果你的示意图包含图表，则每次运行得到的数据会存储在该图表中，如图 8.3 所示。这个图表默认显示的是最后 25 次运行所得的数据，但之前的数据也保留了下来。你可以点击图表下方的 "<<" 和 ">>" 符号来滚动浏览图表记录的全部数据。当前查看的运行数据会高亮显示，而其他次运行所得到的数据会显示为暗灰色。例如图 8.3 显示的就是第 97 次运行所得到的结果。要清空表中的数据，只需点击表右上角的 clear 字样即可。你还可以点击图表下方的 export 字样，将得到的数据存储为逗号分隔值格式文件 ❶ (*.csv)，供其他电子表格软件或数据统计软件使用。

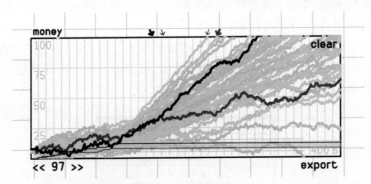

图 8.3　显示了示意图运行 100 次后所得结果的 Machinations 图表

8.1.3　设计人工玩家策略

人工玩家无法取代真正的玩家，其脚本提供的功能也不足以让你创造出聪明的 AI。人工玩家的目的在于测试相对简单的策略，让设计者观察游戏机制如何运行，而不是为了创造出一个能适应各种情况的 AI 玩家。为了最大限度地利用人工玩家和这种自动玩测活动，最好在设计人工玩家时令它们不考虑可能的后果，只遵循某一种特定策略。例如，如果你想在一个即时战略游戏中寻找单位的最佳组合方案，就可以设计一批不同的人工玩家，让它们来执行方案组合工作并相互战斗。与其他节点一样，人工玩家可以设置成被动运行，也可以设置成自动运行。这样你就可以在不同人工玩家之间快速切换，并同时测试不同的人工玩家。在运行示意图时，你可以点击某个人工玩家来切换它的自动模式和被动模式。

要把一个人工玩家调整得符合要求，常常需进行多次尝试。这是很正常的，尤其是当你自行设计人工玩家时更是如此。创建人工玩家是探索和测试你的设计的一个好方法。理

---

❶　逗号分隔值（comma-separated values）格式是一种以纯文本形式存储数据的文件格式，许多电子表格软件和数据库都支持这种格式。——译者注

想情况下，你应该为你的人工玩家寻找到多种可用的有效策略。如果你编写出的某个人工玩家总能打败其他人工玩家（或你自己）的话，你就很可能找到了一个统治性策略。在这种情况下，你需要调整机制来降低该策略的效力。

移除所有随机因素

我们在 6.3 节中已经阐述过，随机因素可能会掩盖住一个能够产生统治性策略的模式的运行效果。当我们测试游戏平衡性时，找出统治性策略非常重要。如果能将随机因素从机制中移除，这项工作就会更容易。

在 Machinations 示意图中，以百分数形式表示的随机因素可以很容易地被替换成一个表示平均值的分数。如果一个来源随机生产资源的概率是 20%，你就可以将它替换成 0.2 这个固定的生产速率值，使该来源每十个时间步长生产两个资源。随机因素的另一种表现形式是掷多个骰子后得到的范围值（例如 3D6），替换这种值要困难一些，因为其概率分布不是单一的，这种情况下我们建议使用平均数。玩家掷出任意数量的面数相同的骰子后所得平均数的计算公式如下。

$$掷骰子所得平均数 = (骰子面数 + 1) \times 骰子数量 \div 2$$

例如，当值为 3D6 时，平均数就是 (6+1) × 3 ÷ 2，即 10.5。

或者，你也可以移除人工玩家脚本中的随机因素。如果要采用这种方式的话，可以将所有的 fireRandom() 命令替换成 fireSequence() 命令，并为所有带 random 值的条件找到一个不同的替代方案。例如，if(random < 0.3) fireRandom(A, B, B, C) 这行脚本可被重写为 if(steps % 10 < 3) fireSequence(A, B, B, C)。

在移除掉各通路标签中以及人工玩家脚本中的所有随机因素后再次运行示意图，你就能每次得到相同的结果。有时，这是判断两种策略孰优孰劣的一种有效方法。

将人工玩家链接起来

在创建人工玩家时，你编写的脚本可能会渐渐变得冗长复杂。要降低脚本的复杂程度，一个方法是把同一个脚本分割开来，并分别赋予多个人工玩家。你可以让一个人工玩家启动另一个交互式人工玩家来达到这个目的。例如，你可以创建一个名为 "builder" 的人工玩家用来判断和启动最佳建设方案，再创建另一个名为 "attacker" 的人工玩家来判断和启动最佳进攻方案。然后，你还可以创建第三个人工玩家，用 fireRandom(builder, attacker) 脚本令它随机在上述两者中进行选择。

需要注意的是，人工玩家固然能使你更好地控制 Machinations 示意图的行为，但也可能误导你，使你对游戏经济的平衡度和可控性的认识出现偏差。通常，如果你在试图创建能有效控制游戏经济的人工玩家时不得不花大量时间，就表明你设计的经济有问题。我们的目的并不是要让人工玩家聪明得足以击败一个对玩家来说不公平或有其他缺陷的游戏。人工玩家的职责是揭示问题，而不是掩盖问题。要调整你的机制，而不是你的人工玩家。

8.2　模拟《地产大亨》

我们现在来分析《地产大亨》的平衡性，以此作为自动化 Machinations 示意图的第一个详细例子。我们将观察该游戏的平衡性如何受到不同机制的影响，并了解设计模式可怎样运用到游戏中起到改进游戏的作用。

图 8.4 是《地产大亨》的一个机制模型，它与我们之前阐述过的《地产大亨》模型略有不同。重要的不同之处如下。

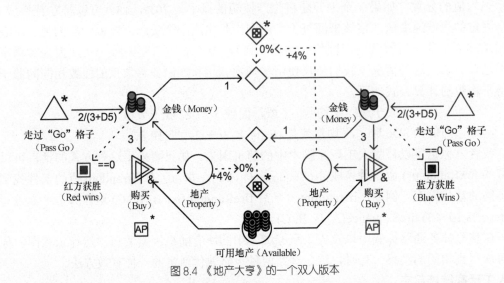

图 8.4　《地产大亨》的一个双人版本

- 这是一个双人游戏。在本书前面的部分中，我们用一个来源和一个消耗器来表示玩家收取和支付租金的行为，而在这里，我们用两个门替代了它们，这两个门的作用是在玩家之间转移金钱。在本例中，玩家拥有的每块地产在每个时间步长中都有 4% 的概率使对方玩家支付 1 单位金钱。

- 可用地产的数量是有限的。在本例中，游戏只有 20 块地产，它们初始存储在可用地产池中。一旦它们耗尽，玩家就无法购买更多地产。

我们还定义了两个人工玩家来分别控制玩家双方的行为。这两个人工玩家都只有一行简单的脚本。

```
if((random * 10 < 1) && (Money > 4 + steps * 0.04)) fire(Buy)
```

这行脚本的效果是让每个人工玩家在每个时间步长中有 10% 概率购买一块地产（但只有在金钱足够的情况下才会购买）。起初，玩家要购买地产，其池中的金钱必须多于 4 单位，但这个值会随着游戏进行而逐渐增加（这就是 steps 值出现在条件中的原因）。这个条件可以确保人工玩家不会过快耗尽所持金钱，导致早早告负。我们加上这个条件，以使人工玩家在池中所保留金钱的最小值逐渐增加。这是因为随着越来越多的地产被双方买走，玩家连续多个回合支付租金的可能性会逐渐上升，因此玩家需要储备的金钱也应随时间而不断增加。

8.2.1 对模拟玩测进行分析

让两个完全相同的人工玩家多次进行对抗，并追踪记录下每局中它们持有的金钱数量，就形成了图 8.5 所示的图形。读懂这张图并不容易，但图中的一些现象还是很明显的。两个玩家所持的金钱数量起初均大致保持平稳，但在 90 个时间步长之后就开始逐渐增加。图 8.6 标示出了这种趋势。（该图显示的趋势线仅供说明之用，并非由 Machinations 工具生成。）如我们在前几章中阐述过的那样，这种趋势是正反馈的结果，而正反馈是《地产大亨》的核心。更重要的是，这正是第 7 章中阐述的动态引擎模式的典型特征。（还可参见附录 B。）

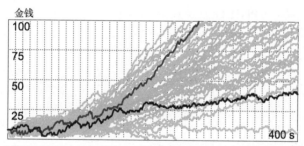

图 8.5　对游戏进行多次模拟的结果。色彩较鲜艳的两条线是最新的一次模拟结果

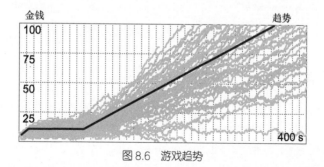

图 8.6　游戏趋势

为了更好地研究此趋势，我们可以移除掉示意图中的所有随机因素。要完成这项工作，需要对生产率、地租机制和人工玩家的脚本进行修改。图 8.7 反映出了这些变化。修改后的人工玩家是确定性的。其新脚本如下。

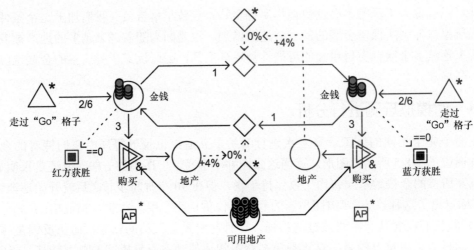

图 8.7 《地产大亨》的一个确定性版本

图 8.8 反映了修改后的模拟运行结果。图中的趋势非常清晰。（注意，两个玩家执行的是同样的策略，因此它们的图形完全重叠，其中一个玩家被另一个覆盖住了。）还需注意，该图底部的细线代表每个玩家拥有的地产数量。

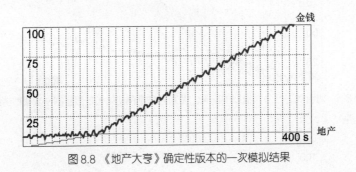

图 8.8 《地产大亨》确定性版本的一次模拟结果

8.2.2 运气效果

为了研究《地产大亨》中运气成分所带来的效果，我们将红方玩家的脚本修改如下。

```
if((steps % 20 < 1) && (Money > 4 + steps * 0.02)) fire(Buy)
```

修改后，红方玩家购得新地产的机会下降了一半，不再是每 10 个时间步长购买一次，而变为每 20 个时间步长才购买一次。图 8.9 显示出了这种变化。如果只看代表金钱的曲线，你会觉得在一开始，两名玩家的境遇似乎并无太大差别。然而，任何一个有经验的《地产大亨》玩家都会告诉你，这个游戏完全是一个争夺地产的游戏。地产的差别才能真正反映出玩家的力量差距。

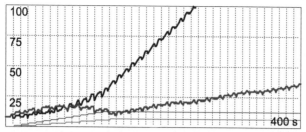

图 8.9 玩家运气的固定性差别所带来的效果。粗线代表玩家拥有的金钱，细线代表玩家拥有的地产

利用这张图，我们就能够研究对不同机制进行随机化处理后产生的效果。例如，图 8.10 展现出了将玩家经过"Go"格子的间隔时间随机化后的效果（做法是将相应池的生产率恢复到原先的 2/(3+D5) 这个值，即每 4 到 8 回合产生 2 单位金钱）。如你所见，其效果并不显著。最重要的是这个改变对游戏主要趋势的影响并不大。可见，经过"Go"格子这个行为不会为游戏带来真正重大的影响。

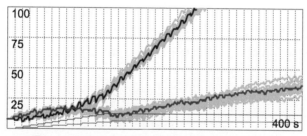

图 8.10 玩家经过"Go"格子的频率随机化后的效果

图 8.11 展现出了对地租机制进行随机化处理后的效果。这个效果虽然更为强烈，但仍未打破图形的整体趋势（尽管如此，如果你仔细观察图表，会发现红方的金钱有时会大大减少，导致其无力购买太多地产）。

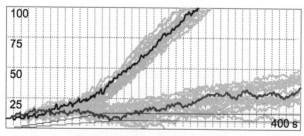

图 8.11 地租机制随机化后的效果

然而，将玩家购买地产的机会进行随机化处理后，效果则显著得多，如图 8.12 所示。最重要的是这会影响地产在玩家间的分配状况，并最终影响到金钱的分布情况。为了模拟

这种不同的购地机会,我们将蓝方玩家的脚本设定如下。

```
if((random * 10 < 1) && (Money > 4 + steps * 0.02)) fire(Buy)
```

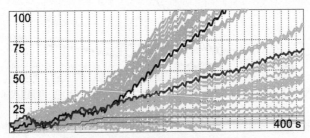

图 8.12　玩家的购地机会随机化后的效果

　　红方玩家的脚本则设定如下。

```
if((random * 20 < 1) && (Money > 4 + steps * 0.02)) fire(Buy)
```

　　如果我们将上述所有效果都放到一张图中,其结果就如图 8.13 所示的那样。但需注意,这张图和《地产大亨》的第一张图(图 8.5)是不同的,因为在这张图中,好运仍然偏向于蓝方玩家一边。红方玩家购买到地产的机会大约只有蓝方玩家的一半。还需注意,虽然双方的境遇有了更大变化性,但红方的获胜次数仍然极少。

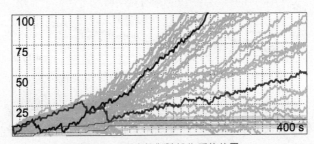

图 8.13　所有机制随机化后的效果

8.2.3　地租与收入的平衡

　　上面的《地产大亨》模型存在一个问题:大部分时候,它在模拟运行时都无法得到一个最终胜败结果,于是在一段时间后,Machinations 工具会自动停止模拟。在这个模型中,其中一方玩家可以通过向另一方玩家收取地租而变得越来越富有,但只要另一方能够以足够高的频率不断经过"Go"格子来弥补损失,游戏就会无休止地进行下去。这种情况的产生,是因为我们尚未引入真正《地产大亨》游戏中具有的地租增长机制。在《地产大亨》中,房屋和酒店是至关重要的因素。玩家可以在已拥有的地产上投资兴建它们,这样就能向停留在该地产上的对手收取更多地租。图 8.14 引入了这种机制。在此示意图中,玩家可购买地产或房屋,从而在收取地租时有更大机会获得更多的金额。

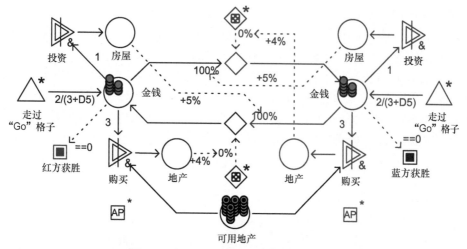

图 8.14 加入了房屋投资机制的《地产大亨》

为了让人工玩家学会运用这个新特性，我们为其编写了如下脚本。

```
if((random * 10 < 1) && (Money > 4 + steps * 0.04)) fire(Buy)
```

```
if((Property > Houses / 5) && (Money > 6 + steps * 0.04)) fire(Invest)
```

第一行脚本仍然和以前相同，玩家在每个时间步长中有 10% 概率购得一块地产（前提是他储备有足够的金钱）。而第二行脚本则规定，如果玩家拥有的地产数目是拥有房屋数目的五倍以上（且需储备有更多金钱），该玩家就投资购买一座房屋。

要观察这种平衡效果，最好的方法是将示意图转换为确定性版本（即移除所有随机因素），并增加经过"Go"格子所带来的收入，再将游戏设置为只允许其中一个人工玩家购买房屋，另一个则不能购买。当双方都不能投资购买房屋时，它们的所持金钱均稳定增长，如图 8.15 中紫色线条所示。而当其中一方（蓝色）进行了投资，另一方（红色）未进行投资时，进行投资的一方就会获胜。

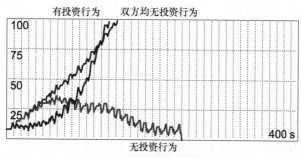

图 8.15 房屋投资行为的效果

我们在这里所做的事，是对玩家从"Go"格子得到的收入和地租支出之间的平衡进行了调整。现在，玩家经过"Go"格子后得到的收益不再足以弥补地租上涨所带来的损失——即使当这个收益值被设置得相当高时也是如此。在一张非确定性示意图中，我们让玩家双方都能投资房屋，并将"Go"格子带来的收入设置为 5/(3+D5)，然后令其运行1000 次。结果，75% 情况下游戏会分出胜负（双方胜率相同），其他 25% 情况下游戏则会持续不停地进行下去，直到 Machinations 工具将其终止。而当我们将收入设置为 2/(3+D5)后，游戏持续不停的概率就降到了零。当收入较高，但地租的增长效果翻倍时，游戏持续不停的概率则降到 2%。此设置下产生的曲线图整体看上去十分有趣，如图 8.16 所示。

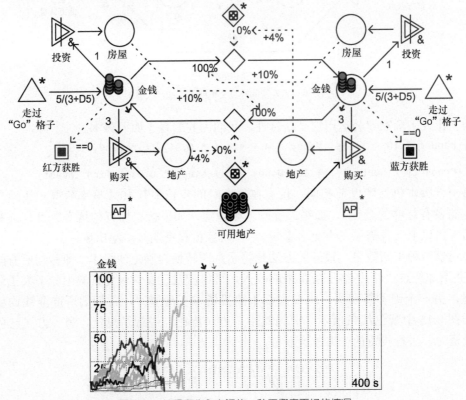

图 8.16　地租和收入之间的一种平衡度更好的情况

8.2.4　加入动态阻碍力

　　我们已经在《地产大亨》模型中添加了地租增长机制，从而解决了"Go"格子带来的收益使游戏无休止地进行下去的问题。但是，现在地产的影响力实在是太高了，双方地产的多寡成了决定胜者的最重要因素。这意味着动态引擎模式在这个游戏中的统治力过强。在查阅附录 B 的设计模式信息后，我们找到了一个推荐的解决方案：使用动态阻碍力来约束正反馈。

通过加入某种形式的地产税（地产税确实存在于实际的《地产大亨》桌上游戏中，但表现为另一种不同形式），我们可以轻松地引入动态阻碍力模式。在间隔值固定的情况下，玩家损失的金钱数额取决于其拥有的地产和房屋数目。图 8.17 展示出了这种新结构。新加入的地产税机制以粗线条表示，是一个从玩家的金钱（Money）池中汲取资源的消耗器。它每 6 个时间步长消耗掉一定金钱（初始消耗设置为 0）。玩家拥有的地产和房屋越多，其消耗的金钱也随之增多。这种机制由粗线条的状态通路（图中虚线）控制，这些通路将玩家的房屋（Houses）池和地产（Property）池连接到地产税（Property Tax）消耗器的资源通路标签上。在此图中，每座房屋的税率为 6%，每块地产的税率为 30%。

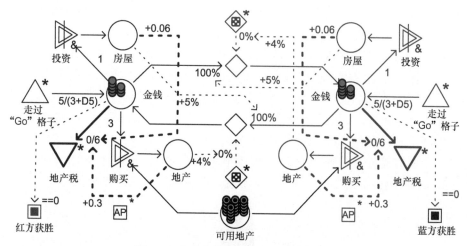

图 8.17 加入了地产税机制的《地产大亨》

表 8.2 列出了游戏在不同的地产税设置下运行 1000 次后得到的数据。在这里，我们令蓝方玩家购买 14 块地产，红方玩家则购买 6 块。这张表展现出了一些有趣的现象。在不收税时，蓝方拥有的较多地产为其带来了明显优势。但随着税率提高，这种优势逐渐减弱。当税率提高到一定程度后，蓝方的地产反而成为了阻碍经济发展的不利因素，导致蓝方开始胜少负多。当税率处于一个合理值时，它确实能够发挥动态阻碍力作用，有效降低正反馈效果。

表 8.2	不同地产税率值所带来的结果		
税率（地产 / 房屋）	蓝方获胜（购买 14 块地产）	红方获胜（购买 6 块地产）	无获胜者
不收税	632	152	216
0.1/0.02	557	314	129
0.2/0.04	472	503	25
0.3/0.06	456	542	2

按照我们的设置，只要购买地产和房屋的机会一出现，两个人工玩家就会立即执行购

买行为。但在地产税机制发挥作用时，这未必是最佳策略。如果它们玩得更保守一点，它们在游戏中的表现或许会更好。

　　表中另一个需注意的地方是，地产税机制使"无获胜者"这一栏的数值有所降低。这种特性是我们希望在游戏中看到的，因为它表明阻碍力有效降低了游戏陷入僵局的可能性。

8.3　平衡《SimWar》

　　到目前为止，本书中所有的扩展案例论述的都是已经上市的游戏。但 Machinations 框架并不只是一个分析工具。为了证明它在设计新游戏上的价值，我们将详细论述一个（以我们所知）尚未实现出来，但却在游戏设计圈中广为人知的游戏：《SimWar》。

　　《SimWar》由游戏设计师威尔•莱特（Will Wright）在 2003 年的游戏开发者大会上提出。威尔•莱特以他设计的《模拟城市》、《模拟人生》（The Sims）等模拟类游戏而闻名于世。《SimWar》是一个假想的极简战争游戏。此游戏只有三种单位：工厂、不可移动的防守单位、可移动的进攻单位。这些单位需要花费一种由工厂生产的不明资源来制造。玩家的工厂越多，可用于制造新单位的资源也越多。只有进攻单位可以在地图上移动。当一个进攻单位遇到一个敌方防守单位时，它有 50% 的概率消灭对手，但也有 50% 的概率被对手消灭。图 8.18 以图形化的方式概括出了这个游戏，并且标明了三种单位的造价。

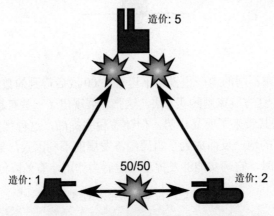

图 8.18　《SimWar》的一个图形化概括（Wright, 2003）

　　莱特在演讲中宣称，这个即时战略游戏虽然极其简单，但仍然能为玩家提供一些有趣的选择，并且能展现出与其他同类型游戏相似的动态特性。最值得注意的是，莱特称此游戏中的三种单位受到剪刀石头布机制的影响：建造工厂胜过制造防守单位，制造防守单位胜过制造进攻单位，制造进攻单位胜过建造工厂。莱特还描述了一种权衡短期利益和长期利益的行为，以及一种高风险高回报策略。这令人联想到很多即时战略游戏中都会出现的

"快攻"和"龟缩"战术（参见小专栏"龟缩 vs 快攻"）。

龟缩 vs 快攻

龟缩和快攻是两种常见于即时战略游戏中的战术。采用龟缩战术的玩家会一面抵御敌人的进攻，一面兴建防御设施并发展生产力，之后再利用发达的生产力建立起一波强大的攻击力量来击溃对手的防御设施。相反，采用快攻战术的玩家会尽早发动进攻，希望在对手站稳脚跟之前就征服他们。快攻通常被看作一种高风险高回报的战术，且要求玩家发挥更高的游戏技巧。玩家如要成功发动快攻，必须具备在每分钟内执行大量操作的能力。

8.3.1　建立《SimWar》模型

在这一节中，我们将使用 Machinations 示意图来分阶段建立《SimWar》的模型。我们在每个阶段中建立机制时都遵循与第 6 章中阐述的即时战略游戏机制相同的结构。

我们首先来建立生产机制。我们使用一个资源（Resources）池来代表玩家已收集的资源，如图 8.19 所示。这个池中的资源由一个代表可供收集资源的自动池提供。游戏的生产率最初为 0，但玩家每建造一座工厂，生产率就会增加 0.25。工厂可以通过点击建造工厂（BuildF）这个交互式转换器来建造。只有当可用资源至少为 5 时，此转换器才会牵引资源。这个结构是我们在第 7 章中阐述过的**动态引擎**模式的一个典型应用。像所有的动态引擎一样，它产生一个正反馈循环：玩家建造的工厂越多，资源生产的速度越快，这些资源又反过来被用于建造更多工厂。然而资源是有限的，因此只把资源花在建造工厂上或许并不是最佳方案。注意，此例的结构要求玩家在游戏之初就已拥有 5 点资源或一座建好的工厂，否则生产将永远无法开始。

资源也可用于制造进攻和防守单位。图 8.20 展示出了这种机制。这张示意图中的资源使用了颜色编码功能。制造防守单位（BuildD）转换器生产出来的单位显示为蓝色，而制造进攻单位（BuildO）转换器生产出来的单位显示为绿色，如它们各自的输出端颜色所示。代表防守单位的蓝色资源和代表进攻单位的绿色资源都集中在防卫力量（Defense）池中，但点击进攻（Attack）池则只会牵引走所有的绿色资源。这样就实现了仅进攻单位能被派上前线发动进攻的机制。

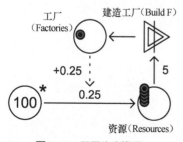

图 8.19　工厂生产资源

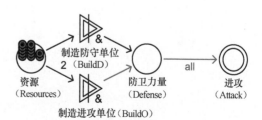

图 8.20　花费资源制造进攻和防守单位

图 8.21 说明了如何建立两个玩家之间的战斗模型。在每个时间步长中，玩家的每个进攻单位都有一定机会消灭对方的一个防守单位，与之类似，防守单位也有一定机会消灭进攻单位。进攻单位还有一定机会摧毁敌方工厂，但该消耗器只有在敌方玩家已无防卫力量时才会激活。

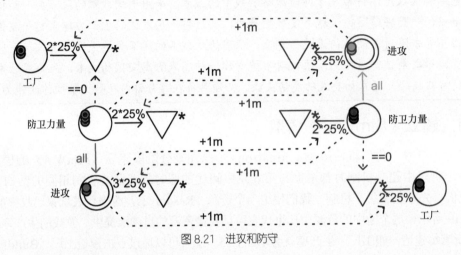

图 8.21　进攻和防守

8.3.2　将所有机制组合起来

把我们在上面每一步中构建的结构结合起来，就得到了一个双人版本的《SimWar》模型，如图 8.22 所示。玩家一方控制示意图左侧的蓝色防守单位和绿色进攻单位，另一方则控制示意图右侧的红色防守单位和橙色进攻单位，双方是完全对称的。

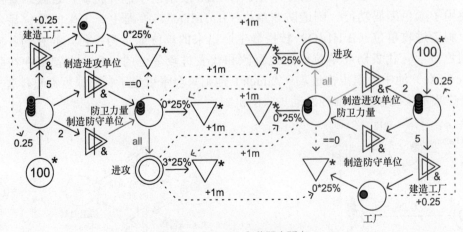

图 8.22　《SimWar》的双人版本

图 8.23 展现出了在一局模拟中，双方玩家的相对实力随时间的变化情况。我们使用了一种较为主观的方式来定义实力（strength）：玩家拥有的每座工厂记五分，每个防守单位记一分，每个待命的进攻单位记一分，每个战斗中的进攻单位记两分。此图展示出了一场趣味十足且局面接近的比赛。虽然这有可能意味着游戏是平衡的，但考虑到两位人工玩家所遵循的策略完全相同，我们尚不能武断地得出这种结论。

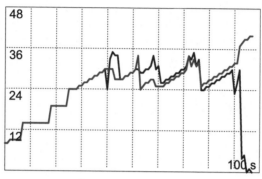

图 8.23 一局双人竞赛

8.3.3 定义人工玩家

如果你追求挑战性，可以试着击败我们在《SimWar》模型中构建的一个采用随机龟缩（random turtle）战术的人工玩家。你可以在本书配套网站上找到相关示意图（参见小专栏 "在配套网站上玩《SimWar》"）。该玩家采用的龟缩战术是首先建造防守单位和工厂，然后再建造进攻单位并发动进攻。它的行动受以下脚本控制。

```
if(Defense <= 3 + pregen0 * 3) fire(BuyD)

if(Factories <= 2 + pregen1 * 3) fire(BuyF)

if(Defense > 6 + pregen2 * 3 && random < 0.2) fire(Attack)

if(Resources > pregen3 * 4) fire(BuyO)
```

注意，此脚本使用了预生成的随机值（pregen0—pregen3），目的是在每次模拟运行时对战术进行轻微改变。此脚本首先会建造四到六个防守单位，再建造三到五座工厂，然后才将重心转为进攻。

在配套网站上玩《SimWar》

在配套网站 www.peachpit.com/gamemechanics 上，你可以找到《SimWar》的相关内容。游戏的完整版示意图与图 8.22 类似，但还额外包含了几个人工玩家，以及一张供你观察游戏进程情况的曲线图。你可以很容易地修改其中的人工玩家，还能对我们在"调节游戏平衡性"一节中阐述的游戏平衡因素进行调整。要使该示意图自动模拟游戏过程，你需要确保每种颜色的人工玩家的其中一个在游戏运行时处于激活状态。如果你想控制某种颜色的人工玩家和另一位人工玩家对战，只需取消该颜色人工玩家的激活状态，自己点击图中的交互式节点即可。注意，图中黑色的人工玩家并不参战，它的唯一功能是在游戏陷入持久性僵局时终止游戏。

挑战"随机龟缩"战术和采集研究人工玩家对抗数据等活动或许很有趣，但对于揭示游戏的平衡性却并无太大帮助。大多数策略游戏都允许玩家使用快攻和龟缩战术。我们设计的龟缩战术脚本如下。

```
if(Defense < 4) fire(BuyD)

if(Factories < 4) fire(BuyF)

if(Defense > 9 && random < 0.2) fire(Attack)

if(Resources > 3) fire(BuyO)
```

此龟缩战术会优先建造 4 个防守单位和四座工厂，然后再开始建造进攻单位。当拥有的单位在 10 个或 10 个以上时，才发动进攻。

我们设计的快攻战术脚本如下。

```
if(Defense < 3) fire(BuyD)

if(Factories < 2) fire(BuyF)

if(Defense > 5 + steps * 0.05 && random<0.2) fire(Attack)

if(Resources > 1) fire(BuyO)
```

在该脚本中，建造防守单位和工厂的优先级要低得多。脚本会购买两个防守单位，再购买一座工厂，然后就开始生产进攻单位。它起初会试图快速发动攻击，但随着时间推进，它会试图积聚起更加强大的进攻力量。

需要注意的是，除了控制进攻时机的随机因素以外，该脚本定义的策略是非常一致和稳定的。它控制的人工玩家总会遵循同样的策略，无论该策略是成功还是失败。由于人工玩家的行为具有一致性，它们就成了判断快攻和龟缩战术哪种更有效的理想标准。经过 1000 次模拟运行，我们发现龟缩战术优势明显，其获胜概率约为 92%。而且，在龟缩玩家输掉的那些比赛中，很大一部分比赛的告负都是由于资源耗尽——这种情况并不时常发生。

注意：每次模拟运行时，示意图会自动给出 1000 次运行的结果。但如果需要调节各种参数的话，则需要手动来调整示意图。

8.3.4　调节游戏平衡

　　显而易见，龟缩战术在我们建立的《SimWar》模型中占尽优势。为了改善游戏平衡性，我们可以试着对一些数值进行微调。首先，我们从每种单位的造价入手。表 8.3 列出了系统按照不同的调整数值运行 1000 次后的统计结果。

表 8.3	对《SimWar》中单位造价进行调整后的效果			
调整后造价	龟缩战术获胜次数	快攻战术获胜次数	平局或时间用尽次数	游戏平均用时
未调整	929	68	3	70.97
防守单位 1.5	890	105	5	74.27
防守单位 2.0	660	337	3	77.88
防守单位 2.5	515	480	5	74.04
工厂 6	844	154	2	78.81
工厂 7	792	204	4	88.07
工厂 8	710	278	12	98.53
工厂 9	568	401	31	107.87
工厂 10	455	509	36	107.61
进攻单位 1.8	914	83	3	67.77
进攻单位 1.6	888	112	0	63.86
进攻单位 1.4	802	198	0	58.31
进攻单位 1.2	653	347	0	52.33
进攻单位 1.0	506	494	0	48.33

　　令人意外的是，这些测试表明防守单位造价的上涨对快攻战术和龟缩战术之间的平衡影响很小。只有当防守单位的造价比进攻单位还高（而这是一个糟糕的设计）时，龟缩战术才开始出现负多胜少的情况。由此我们得出一个结论：快攻战术和龟缩战术之间的平衡主要受到生产机制和进攻单位之间平衡的影响，而很少受到进攻单位和防守单位之间平衡的影响。还需注意，工厂造价的上涨起初会使游戏平均用时变长，但在工厂造价超过 8 时，这个时间就稳定了下来。这种现象可做如下解释：工厂造价上涨后，玩家就需要花更多时间来发展生产力，因而导致游戏时间变长。另一方面，昂贵的工厂造价使快攻战术更为有利，而这种战术能够比龟缩战术更快获胜。因此当工厂造价较高时，快攻获胜的效果压倒了龟缩战术带来的延时效果，使游戏时间趋于稳定。

> ### 一次只修改一项，并将修改放大
>
> 在平衡游戏时，一次只进行一项修改通常是最佳选择。如果你修改了两处地方，你就无法确定哪一项产生了何种效果。此外，一开始先进行一项较大改动通常也是最佳选择。这样你就能确定这项改变确实产生了效果，从而将平衡导向你期望的方向。你还可以随时把数值调回到原版和修改版之间的某个点上。

我们也可以通过改变相关参数来调整工厂和单位之间的平衡。这里我们所修改的值包括工厂生产率（即每座工厂生产的资源数量）、进攻单位消灭防守单位的概率、初始资源数量以及可用资源总量。表 8.4 列出了这些调整所带来的效果。

表 8.4 对《SimWar》中不同参数进行调整后的效果

调整后数值	龟缩战术获胜次数	快攻战术获胜次数	平局或时间用尽次数	游戏平均用时
未调整	929	68	3	70.97
生产率 0.20	847	152	1	88.99
生产率 0.15	750	248	2	124.34
生产率 0.10	396	565	39	208.56
进攻单位火力 30%	919	81	0	65.22
进攻单位火力 35%	863	137	0	59.43
进攻单位火力 40%	811	189	0	56.55
进攻单位火力 45%	755	245	0	56.07
进攻单位火力 50%	627	373	0	51.95
初始资源 4	883	114	3	76.43
初始资源 3	885	114	1	79.26
初始资源 2	877	122	1	84.95
初始资源 1	855	144	1	89.51
初始资源 0	797	200	3	98.73
可用资源总量 110	937	63	0	69.85
可用资源总量 120	949	51	0	69.43
可用资源总量 130	945	55	0	71.11
可用资源总量 200	970	30	0	71.18
可用资源总量 90	911	84	5	73.12
可用资源总量 80	860	125	15	80.82
可用资源总量 70	839	134	27	85.96

　　要找到最佳平衡，通常还是应该对各项参数进行综合调整。例如，我们在留意让游戏平均用时合理的前提下，对数值进行了如下调整：生产率调整为 0.20，工厂造价调整为 7，进攻火力调整为 35%。在此设置下，两种战术完全得到了平衡（在测试中，双方正好各获胜 500 次！），同时游戏平均用时为 83.02 个时间步长。

8.4　从模型到游戏

　　平衡 Machinations 示意图是一项有用的演练活动，但这项活动并不能保证让你的游戏也自动得到平衡。Machinations 示意图是你的游戏的抽象表现，它缺乏细节，因此在运行时可能和实际游戏存在轻微不同。当你平衡一张 Machinations 示意图时，你需要留意这些不同之处。你的游戏设计与 Machinations 示意图越接近，你在 Machinations 工具中所实现的平衡效果就越有可能直接移植到游戏中去。但要记住，Machinations 无法表现人类玩家的特有行为（如虚张声势），也无法模拟战争游戏中的战术机动机制 ❶。

　　虽然如此，在示意图中调节游戏平衡仍然是值得的，即使调节好的平衡无法直接转移到游戏中也是一样。你在花费一定时间调节示意图的平衡之后，会对实际游戏的平衡调节有更深刻的认识。只要示意图的结构与你游戏机制的结构相符，你就可以预见到它们产生的某些效果是相似的。例如在《SimWar》中，我们发现工厂和进攻单位的相对造价对龟缩战术和快攻战术之间的平衡有着巨大影响，这能帮助我们在完整实现这个游戏时找到正确的平衡点。通过对示意图进行玩测，你还有可能识别出一些出现在完整游戏玩测中的可玩性模式。

本章总结

　　要平衡一个游戏，你必须对其进行多次玩测。对于较为复杂和流程较长的游戏来说，这项工作有时并不轻松。在 Machinations 工具中，你可以创建能够自动执行简单策略的人工玩家，并利用它们来快速模拟玩测过程。这种玩测在数秒内就能执行上百次，并为你提供能够反映出游戏平衡度和不同策略有效度的统计数据。

　　一如既往，《地产大亨》仍然是一个很好的游戏分析案例。在本章中，我们构建了一个包含地产购买和房屋购买机制的《地产大亨》模型，并展示了不同的购买策略是如何改变游戏平衡的。我们还阐述了如何通过引入动态阻碍力模式来降低动态引擎模式（该模式产生地租收入）带来的强大正反馈效果。

　　在本章末尾，我们构建了威尔·莱特提出的假想游戏《SimWar》的模型，并且说明了如何通过调整不同参数并执行大量模拟玩测来分析快攻和龟缩这两种战术的有效程度。

---

❶　关于战术机动机制，参见 1.1.4 一节。——译者注

你会发现这些测试正是你在为游戏设计新的内部经济时所必须进行的那种测试，这充分证明了 Machinations 在专业游戏设计领域中的价值。

练习

1．修改《地产大亨》（这里指的是原版桌上游戏）的机制，使游戏用时更短，且比原版更加平衡。

2．为《地产大亨》的人工玩家制定策略，在不改变玩家获得购买机会的概率的基础上，让人工玩家对购买房屋和购买地产具有不同的偏好。你能否找到一个可轻松击败本书案例中人工玩家的策略？

3．与别人进行比赛，看谁能为《SimWar》构建出最好的人工玩家。你们可以让己方的人工玩家相互控制，但不能改变示意图的基本结构。比赛可以选用较为平衡的参数设置（生产率为 0.20，工厂造价为 7，进攻单位火力为 35%）。

4．研究《SimWar》中单位建造时间的不同会如何对游戏平衡产生影响。

第9章

构建游戏经济

到目前为止，我们已经从静态结构的方面探讨了游戏的内部经济。这种结构不会随游戏的进行而改变。这种经济本身可以是动态的，但它的基本结构（即各组成元素之间的相互关系）并不发生变化。很多游戏都是如此，例如我们多次用作案例的《地产大亨》。不过，也有的游戏允许玩家自己动手构建游戏的经济结构，例如让玩家自行添加新的来源和消耗器。在本章中，我们将探讨经济构建型游戏，并阐述如何用 Machinations 框架来设计这类游戏。

9.1　经济构建型游戏

大部分（但并非全部）经济构建型游戏不是属于建设和经营模拟类，就是属于策略类。《文明》和《模拟城市》就是典型例子。《星际争霸》在一定程度上也可归为其中。在这些游戏中，玩家需要兴建建筑和其他大型设施（为清晰起见，我们今后将它们统称为建筑（buildings））。这些建筑基于其毗邻关系而相互形成了经济上的联系。它们产生的经济效果取决于玩家的抉择：修建何种建筑、在何处修建、用多少基础设施来连接这些建筑等。此外，地理环境也会影响到经济。如何最有效地利用环境，对玩家来说也十分重要。《文明》和《模拟城市》具有无穷无尽的变化，就是因为它们内置了随机地图生成器。每个新生成的地图都能为玩家的经济建设活动带来不同的挑战和机遇。

通常经济建设中的目标要么定义得并不明确（例如《模拟城市》），要么是长期性的，可以用多种多样的方式来达成。玩家经常会为自己设定（中间性）目标。对许多玩家来说，建立一个稳定且持续增长的经济就是其奋斗目标。如果游戏为玩家设定了任务，则这些任务通常都较为单纯。例如要求玩家将经济发展到某个特定阶段，或者要求玩家在某些限制条件下生存下来等。

这些游戏经济在初期常常只需生产基本资源，但随后复杂度就会迅速上升。例如在《文明》中，玩家一开始需要操心如何获取足够食物来供养城市人口，以及如何得到足够资源来建造防御单位。在随后的阶段中，玩家则需要开始赚钱，以建造特殊建筑和研究科技。城市的地理位置会影响资源生产率，将城市建在肥沃的草原上能提升食物产量，建在河流边能增加贸易和财富，丘陵和山地提供的矿藏则能用于修建建筑和生产单位。玩家必须根据自己的策略来选择最合适的建城地点。追求强大军事实力的玩家需要较多的自然资源，而在河边建城则可以加速贸易、财富和科技的发展。玩家必须同时考虑长期和短期利益。城市如果坐落在资源丰富之处，就会远离肥沃的土地，不利于人口增长，最终导致这座城市的资源产量反而落后于一座人口快速增长的城市。在《文明》的默认游戏模式下，每局游戏的地理环境都是随机生成的，如图 9.1 所示。玩家必须尽量利用他们所发现的土地。

图 9.1 《文明 V》

我们之前使用的《星际争霸》示意图，以及其他类似的即时战略游戏示意图，都只考虑了玩家仅拥有一个基地，且每种建筑仅建造一座的情况。而在真实情况中，玩家常常会建造多个同样的建筑，还会在各个重要的气矿和晶矿处建立分基地。你可以把这些元素加入 Machinations 示意图中，但这只会使示意图大大复杂化，而且游戏结构并不会因此而更清晰。对于《文明》或《模拟城市》这类更复杂的游戏来说，用 Machinations 框架完整模拟它们是一项令人生畏的任务。虽然很多独立的游戏机制可以轻松用 Machinations 表现出来，但实际上玩家每次都会以不同方式来组合使用游戏元素，因此不同的组合也需要用不同的示意图来表现。要构建一个包罗万象、涵盖所有这些可变因素的示意图根本是不可能的。为了理解和设计经济构建型游戏，我们需要以一种更灵活的方式来运用 Machinations 示意图。作为示例，下面我们将更加深入地分析一款游戏：《凯撒大帝 III》。

9.2   剖析《凯撒大帝 III》

以罗马城市为主题的模拟游戏《凯撒大帝 III》（图 9.2）是经济构建型游戏的一个优秀范例。在这个游戏中，玩家要建立一座罗马帝国时期的城市。玩家需要修建城市基础设施来解决交通和供水问题，修建建筑来生产食物和其他基本资源，建造住宅、作坊、市场、仓库来发展城市经济，并兴建神庙、学校、戏院等设施来满足市民需求。同时还必须建造巡警局、城墙和医院来应对各种威胁。最后，玩家必须训练士兵以保护城市免遭野蛮人的侵略。

图 9.2 《凯撒大帝 III》

玩家城市的经济受到多种资源的支配。农场生产小麦、水果或橄榄，粘土坑则生产粘土。一些作坊可将粘土转化为陶器，另一些作坊可将橄榄转化为油，或将金属转化为武器。玩家在城市中建造的住宅需要各种食物的持续供应。玩家为这些住宅提供的供养越好，住宅里的居民就越富裕。这有两个好处。第一，富有的住宅可以容纳更多人口，还能提供更多劳工来经营农场和作坊（至少在初期是如此）。第二，富有的居民会缴纳更多税金，使玩家能修建更多农场、作坊和住宅，能维持巡警局开销以减少火灾和犯罪，还能发展军力来保护城市免遭侵略。同时，玩家还需要修建谷仓、市场和仓库来有效分配各种资源，以满足城市的发展需要。

选择《凯撒大帝 III》作为研究对象的一个好处是这个游戏中大多数的资源流动都是可见的。玩家需要修建道路来连接农场和市场、房屋和作坊，他会看到游戏中人们将资源从一处运送到另一处的过程。新迁入的居民会从地图一端进入城中，当他们迁出城市时则会从地图另一端离开。在《凯撒大帝 III》中，经济结构与城市地图非常相近。

图 9.3 表现了游戏中部分元素之间的基本经济关系。住宅对商品的消费激发了财富生产。更多的财富则对劳工数量的增长和税收的增加产生了正面效应。同时，财富的迅速消耗使住宅对高质量商品的需求日益提高。

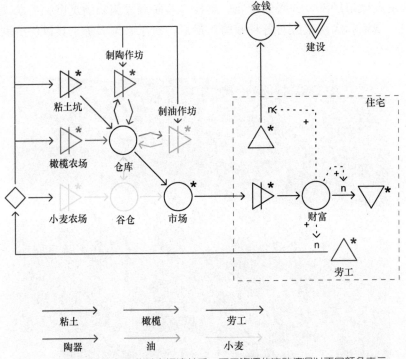

图 9.3 《凯撒大帝 III》中的基本经济关系。不同资源的流动情况以不同颜色表示

在这个游戏中，各个元素之间的联系是比较灵活的。农场出产的作物是送往谷仓和仓库，还是送往作坊，取决于它与这些建筑之间的距离，如图 9.4 所示。《凯撒大帝 III》的挑战在于如何有效利用有限的建设空间，以及如何构建一个运转良好的经济。在逐步建立这种经济时，玩家会有自己的考量，但这个经济最终总会受到一个包含了生产活动、市民消费和税收的正反馈循环的支配。而这个正反馈会被一个内建于住宅机制中的动态阻碍力产生的负反馈所平衡，如图 9.3 所示。玩家利用空间和建设城市的效率越高，玩家的经济引擎运转得就越有效。

其他更多机制

我们在前文的讨论中并未涉及《凯撒大帝 III》的其他更多元素。而在实际游戏中，玩家还需要建造特殊建筑来应对犯罪和火灾等危害事件，这使得游戏的生产机制更加复杂。此外，游戏中的市民除了食物和金钱外，也需要娱乐、文化、教育和宗教等活动，这些活动的生产和消费方式都是类似的。最后，玩家在游戏的大部分关卡中都需要应对罗马皇帝提出的要求，还必须抵抗入侵城市的野蛮人。这些机制表现为作用在经济引擎之上的额外的、但却是断断续续的阻碍力作用。

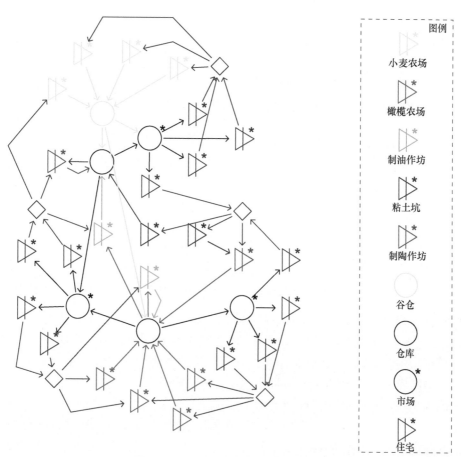

图 9.4 《凯撒大帝 III》的一张经济建设图

9.2.1 支配性经济结构

为了更好地把握像《凯撒大帝 III》中那样复杂难懂的经济机制，我们暂且将视野拉远一些，在一个更加抽象的层面上观察经济。图 9.5 展现了游戏的支配性经济结构。为构建一个高效的经济，玩家需要留意游戏中的反馈循环，这种反馈循环存在于住宅、生产活动以及资源分配活动之间。玩家在进行投资活动时必须保证城市能够产出足够的金钱，以维持发展并支付工资和维护费用。

在这张示意图中，你至少可以找到四个设计模式。住宅和生产设施之间的反馈表现为一个**转换引擎**（Converter engine），其中劳工和物资形成了一个生产循环。此外，投资活动的建设遵循**引擎构建**（engine building）模式，因为它对驱动经济的主要转换引擎起到了增强作用。投资活动还以提高工资和维护费的形式激发了**动态阻碍力**（dynamic friction）模式。因此，建设活动引发了**多反馈**（multiple feedback）模式。

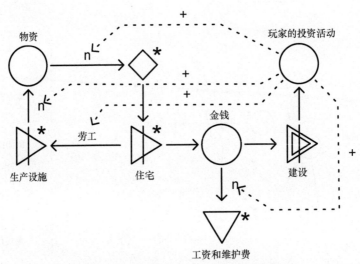

图 9.5 《凯撒大帝 III》中的支配性经济结构

这个支配性经济结构为《凯撒大帝 III》设置了一个理想化的经济模板。玩家建立的经济总是会向这个结构靠拢。然而，规划和构建这种结构并不会因此而成为一项无关紧要的工作。这个游戏的设计方式使你不可能简单地依葫芦画瓢来建造一座十全十美的城市。《凯撒大帝 III》中的经济建设活动有以下四个主要障碍。

■ 地理环境对玩家造成了限制。它决定了玩家可以利用的土地数量，以及某些建筑必须建造在什么地点（例如伐木场必须靠近树林，大理石采石场必须靠近山脉）。水体则会限制单位的移动以及基础设施的建设。而在特定地图上，某些资源根本就不存在（例如不列颠群岛上并无橄榄农场）。每张地图都提供一些独有的挑战，迫使玩家在环境的限制下随机应变。一种策略可能在某个环境中十分有效，但在另一个环境中就表现欠佳。

■ 在游戏开始时，玩家的资金是有限的，他必须设法赚钱来维持经济发展。玩家耗尽资金后会获得一笔贷款，但如果不还这笔钱，就会激怒罗马皇帝，最终遭到军队的讨伐。游戏经济对变化的反应速度较慢，导致经济趋势的好坏难以预测（见小专栏"让负反馈变得缓慢和持久"）。玩家如果忘记雇佣足够的巡警或工程师，就会造成局部性的经济崩溃，导致重要建筑倒塌或被烧毁，从而陷入困境。

■ 在许多地图上，野蛮人会对玩家发动侵袭，因而玩家在发展城市的同时还必须加强防御。这种侵袭威胁是周期性的，而且会随时间逐渐增强。玩家必须提前做好防御准备，并小心翼翼地在短期任务（准备应对下次攻击）和长期任务（发展经济）之间寻求平衡。这种机制包含更多模式，玩家管理这种城市比管理那些较为和平的城市更为困难。

■ 某些任务要求玩家大量生产某种商品以取悦皇帝，这使得玩家必须依靠与其他城市的交易来获取重要资源。在这种经济下，商品在循环时会周期性地发生数量的突然改变。这种突变可对经济平衡造成巨大破坏。城市越富裕，维持这种富裕的平衡就越精细和脆弱。

让负反馈变得缓慢和持久

要打造一个稳定、平衡的游戏经济，加入负反馈是一个好办法。不过，这也可能使游戏变得过于简单且易于预测。要让游戏经济的平衡更加巧妙和精细，我们可以采用的设计策略之一是让负反馈更加缓慢和持久。作为示例，让我们来观察图9.6。上方曲线图中的黑色线条显示的是 Input 寄存器的值，当用户点击寄存器时，这个值就发生改变。下方红色示意图中的负反馈运行得非常快，产生了一个稳定的经济，因此曲线图中的红色线条也迅速随着用户的输入值而发生改变。蓝色示意图中的负反馈也同样强大，但它产生的效果则被延迟了，导致用户改变输入值时蓝色曲线的变化模式较难预测。紫色示意图的持久效果更强，它所形成的曲线比蓝色曲线更难预测。

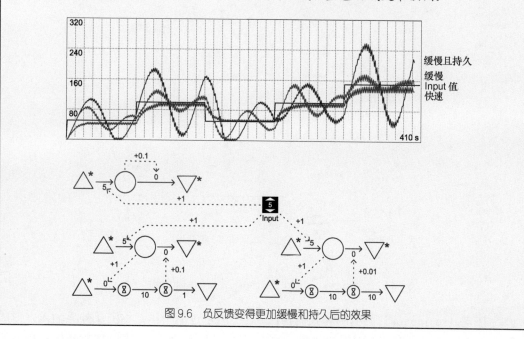

图 9.6 负反馈变得更加缓慢和持久后的效果

9.2.2 经济构件

为了更深入地探究《凯撒大帝 III》的经济，我们把视角拉近到特定建筑上，试着一个个理解它们各自的机制。图9.7展示了《凯撒大帝 III》中出现的四种建筑的详细机制，这四种建筑是住宅、橄榄农场、制油作坊和市场。

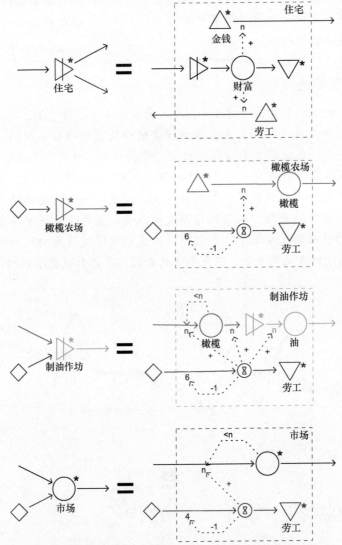

图 9.7 《凯撒大帝 III》中住宅、农场、作坊和市场的详细机制

- **住宅**（residence）的机制和我们在图 9.5 中展示过的一样：物资从外界输入，形成一个财富池，这个池消耗掉物资，并提高金钱和劳工的生产率。如果物资消耗的速度比输入速度快，池就会变空，金钱和劳工的生产率下降。
- **农场**（farm）的机制则更为详细地体现了劳工是如何生产物资的。劳工资源进入农场，并被延迟一段时间。在这段时间中，系统根据延迟器中的劳工数量，按一定比例来决定橄榄来源的生产率。生产出来的橄榄进入一个池中，等待被外界牵引走。在这张示意图中，有一个状态通路从延迟器引出，连接到输入劳工的资源通路上。这个状态通路的作用是确保延迟器中的劳工每次总为六个。通过延迟器的劳工资源会被一个消耗器消耗掉。（注意，这里的劳工资源并不是人类，而是一种工作单位。）

- **作坊**（workshop）使用劳工来生产物资及收集生产所需资源。与橄榄农场相似，进入制油作坊的劳工也会被延迟一段时间，且劳工会协助从其他地方牵引橄榄资源，并将获取的资源存放在一个池中。劳工还会帮助将橄榄转换为油。这些油存放在另一个池中，等待被外界牵引走。劳工则被一个消耗器消耗掉。

- **市场**（market）也使用劳工来从外界牵引资源，这一点同农场和作坊一样。然而，市场的唯一功能只是将资源存储在一个池中，以备外界需要而已。市场在牵引了一定数量的资源后，就会封闭其输入通路，表示市场的存储容量是有限的。

这些经济组件的一个重要特点是它们能以各种各样的方式联系到一起。市场和橄榄农场都需要劳工才能运行。资源在农场中生产并储存，并以这种方式供经济系统中的其他组件利用。你应当注意的另一点是这些组件全都同时具有输入端和输出端，这使得它们与其他组件之间有了更多的连结方式，也更容易产生较长的经济链和经济循环。这些条件使玩家可以自由创造多种多样的经济结构。在某些游戏中，这甚至可能意味着会存在不同的支配性经济结构，玩家可以用这些组件将它们构建出来。

《凯撒大帝 III》的不同阶段

需要玩家来构建内部经济的游戏显然应归为突现型游戏。不过玩家在玩这些游戏时仍会获得一些渐进型体验。例如，《凯撒大帝 III》提供了一系列剧本地图，每个地图都有特定的挑战和目标，以及若干个设置好的剧情事件。但即使没有这些事件，城市的建设过程也会经历一系列阶段。在初期的规划阶段，玩家资金充足，可建造任何所需设施。稍后，玩家会需要应对各种棘手问题，还要加强城市的守备力量。在游戏的后期关卡中，玩家进入最终阶段后要对城市经济进行细微调整，以达到极其严苛的经济目标。

在这种渐进型体验的产生中发挥了作用的一个重要机制是：最初，富裕的住宅会产生更多劳工，但在某个阶段后，住宅越富裕，产生的劳工反而越少。这意味着当财富越过某个阈限后，城市会开始流失劳工，使许多生产设施的效果下降，导致经济受到破坏。这为城市的发展带来了难以跨越的转变期和门槛。

《凯撒大帝 III》和许多突现型游戏一样，具有自己的节奏和进程。这些节奏和进程部分源于游戏的动态经济机制，部分则源于各个剧本中独有的剧情事件。

9.3　设计《月球殖民地》

我们将运用从本章第二部分《凯撒大帝 III》中学到的东西来设计一个全新的经济构建型游戏——《月球殖民地》（Lunar Colony）。《月球殖民地》是一个多人桌上游戏，可用一套扑克筹码、一叠纸牌和一枚六面骰在任何平面上来玩，不需要棋盘。如果没有筹码，你也可以使用其他任何形式的成套物件来代替，只要它们尺寸相同就行（我们在一次玩测中使用了乐高积木，效果还不错）。玩家数量不限：筹码具有多少种颜色，游戏就可加入多少个玩家。此外，你们需要把每个玩家的科技等级记在一张纸上。两个玩家玩一局《月球殖民地》大约需耗时 15~20 分钟。

在本部分中，我们将把重点放在人类玩家进行的玩测上，其次才是阐述如何在 Machinations 工具中模拟这个游戏（不过我们仍会使用 Machinations 示意图来分析游戏经济）。对游戏的模拟活动可以作为人类玩测的补充，但绝不会取代人类玩测。

 注意： 我们把《月球殖民地》设计成一个组件简单的桌上游戏，意在使你既能轻松游玩，也能方便地对其进行扩展。本部分中将会出现一些设计挑战，它们为你提供了探索的方向。我们鼓励你对我们给出的问题进行探讨，同时也鼓励你探索任何你所想到的有趣机制。

9.3.1　游戏规则（第一版原型）

在《月球殖民地》中，每个玩家要在月球上建立一座研究基地。玩家之间相互争夺矿石和冰块资源，并以尽可能建设更多工作站为目标。要达到这个目标，玩家必须建设基础设施、研究新科技，还需要发展经济。

游戏组件

要玩这个游戏，你需要下列物品。

- 一张纸牌（用于测量距离）。
- 一枚六面骰。
- 每个玩家至少 10 枚白色筹码，用于代表冰块。
- 每个玩家至少 10 枚黑色筹码，用于代表矿石。
- 至少 20 枚绿色筹码，用于代表能源。
- 每个玩家大约 20 枚同色筹码，用于代表工作站。不同玩家的筹码颜色要不同，因此有多少个玩家，就需要多少种颜色。（大部分美式扑克筹码套装中都包含蓝色和红色筹码，正适用于双人游戏。）
- 一块可供游戏进行的平坦表面。

游戏初始设置

在开始游戏之前，玩家们必须首先构建一张游戏地图。（像《文明》和《模拟城市》一样，《月球殖民地》也是在一张随机生成的地图上开始游戏。）你需要按照下列步骤来构建游戏的第一个原型。

- 按照每个玩家 10 枚冰块筹码和 10 枚矿石筹码的标准，数出符合玩家人数的筹码。把冰块筹码归为一堆，矿石筹码归为一堆。游戏中可能会用到比这更多的筹码，因此还要准备好多余筹码以备使用。
- 玩家轮流设置游戏地图。首先由第一个玩家掷骰子，如果掷到 1、2、3、4，该玩家就从矿石筹码堆中数出相应数量的筹码，并将其叠成一叠放置在平面上的任意位置，以代表一座矿床。如果掷到 5 或 6，就从冰块筹码堆中数出相应数量的筹码，同样叠放在平面上的任意位置，以代表一座冰床。
- 接下来由另一个玩家掷骰子并重复上述行为，将矿石和冰块筹码放置在平面上。各玩家依此进行，直到两堆筹码耗尽，所有筹码都已放置在平面上为止（如果掷出的骰子数字大于所剩筹码数，只需将所有剩余的该筹码都放置到平面上即可）。

图 9.8 是一个示例，它展示了一张由两个玩家设置的地图。注意：矿与矿可以相接。

当所有冰块和矿石筹码都在平面上放置完毕后，第一个玩家就需要用 3 枚自己颜色的筹码来建造殖民地。这些筹码代表工作站，其中一枚筹码在放置时必须接触到一座冰床，另一枚筹码则必须接触到一座矿床（不得同时接触到多座冰床或矿床），这样就宣示了该玩家对这些矿藏的所有权，其他玩家不得让他们的工作站接触到这些矿藏。玩家可以将第 3 枚筹码放置到任意位置，且同样可以与其他矿藏相连。如果这枚筹码未接触到任何矿藏，它就成为一座中转站（参见下一节"工作站"）。中转站可帮助运输矿石和冰块资源。在游戏开始时，这些资源的运输距离不得超过纸牌短边的长度，因此玩家最好让站点相互靠近。中转站可用于长距离运送资源。

图 9.8 冰块和矿石资源在"月球表面"上的分布情况

当第一个玩家结束行动后，下一个玩家就按照同样的方式建造殖民地，依此进行，直到所有玩家都完成建造为止。图 9.9 显示的是两个玩家已建造完各自的殖民地，即将开始游戏时的情形。

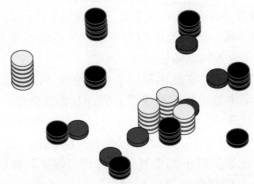

图 9.9　游戏设置完毕，两个玩家（红色和蓝色）即将开始游戏时的情形

工作站

在游戏中，玩家可以建造不同种类的工作站。工作站以叠起来的玩家颜色的筹码表示（最初只有 1 枚筹码）。任何工作站都可以用叠放筹码的方式来储存冰块或矿石，或同时储存这两种资源。如果某座工作站接触到矿藏，它所储存的就是这座矿藏产出的资源，不过，任何工作站都可以接收并储存运送而来的资源。玩家可以建造的工作站有以下几种。

- **采冰站**（Ice mines）。接触到冰床的工作站即成为采冰站。
- **采矿站**（Ore mines）。接触到矿床的工作站即成为采矿站。
- **中转站**（Way station）。既未接触到冰床，也未接触到矿床的工作站就成为中转站。采冰站和采矿站在耗尽其矿藏资源后，就自动变为中转站。

游戏过程

玩家按回合依次进行游戏，每回合中可执行多次行动。某个玩家可执行的行动次数等于他拥有的工作站数量除以二，再向上取整后得到的数字。游戏开始时，每个玩家的工作站必定为三座，因此在第一回合中每个玩家均执行两次行动。在每次行动时，玩家可以选择执行下列活动之一。

- **采集冰块**（Mine for ice）。玩家可从冰床中取出 1 枚冰块筹码，并将其放入与该冰床相连的采冰站中（工作站可储存的冰块或矿石筹码数量不限，只要将筹码叠放在其上即可）。
- **采集矿石**（Mine for ore）。玩家可从矿床中取出 1 枚矿石筹码，并将其放入与该矿床相连的采矿站中。
- **运输资源**（Transport resources）。玩家可将一枚冰块筹码或矿石筹码从一座工作站移动到另一座工作站中。这两座工作站之间的距离不得超过纸牌短边的长度。

- **建造新工作站**（Build a new station）。玩家可从任意一座工作站中取出并抛弃 1 枚矿石筹码，然后将 1 枚自己颜色的筹码放置在该工作站附近，这样就建造了一座新工作站。这两座工作站之间的距离不得超过纸牌短边的长度。
- **扩建工作站**（Expand station）。玩家可从一座工作站中取出并抛弃 1 枚冰块筹码和 1 枚矿石筹码（这座工作站必须各存有这两种资源至少 1 个），然后将一枚代表工作站的筹码叠放于其上。一座工作站中叠放有多少枚玩家颜色的筹码，就表示该工作站的规模为几级。
- **生产能源**（Produce energy）。任何储存有冰块筹码的工作站都能生产能源，这种生产活动算作一次玩家行动。要生产能源，玩家需要从工作站中取出并抛弃一定数量的冰块筹码。每枚被取出的冰块筹码产生出相当于工作站规模等级的能源。（例如，玩家从一座规模为二级的工作站中取出并抛弃 3 枚冰块筹码，就能得到 6 枚代表能源的筹码。）能源筹码无需放置在游戏地图上，而是由玩家自行持有。
- **研究**（Research）。玩家可花费能源来购买科技（详见下节"科技"）。

在一个回合中，任何工作站都只可使用一次，这意味着一座工作站在单个回合中只能被用于资源采集、工作站建造、工作站扩建和能源生产这些活动的其中之一。而资源运输和科技研究（即购买科技）这两项活动并不需要工作站的参与，因此不受上述限制。例如，一座工作站可多次输入或输出资源，而且这些运输完成后该工作站还可用于其他活动。

科技

在每次行动时，玩家可以花费三点能源来购买下列科技之一。

- **快速采冰**（Fast Ice Mining）。这项科技使玩家在采冰时能够每次取走 2 枚筹码，而不是 1 枚。
- **高效采矿**（Efficient Ore Mining）。这项科技使玩家在采矿时每获得 1 枚矿石筹码，就可以从地图外部的筹码库中额外拿 1 枚矿石筹码。
- **运载扩容**（Transportation Capacity）。这项科技使玩家每次将资源从一座工作站运输到另一座工作站时可以移动 2 枚筹码，而不是 1 枚。
- **远程运输**（Long Range Shuttles）。这项科技使玩家可使用纸牌的长边（而不是短边）来决定资源的最远运输距离，或新建工作站与原工作站之间的最远间隔距离。
- **豪华住所**（Luxurious Habitats）。这项科技只在统计分数时发挥作用。拥有该科技的玩家可从规模较大的工作站中获得额外分数。详情见下一节"获胜条件"。

玩家在购买了一项科技后，应当将这次行为写在一张纸上，作为他拥有该科技的公共记录。

获胜条件

只要地图上的冰块和矿石资源**其中任何一种**被某玩家采尽，游戏就在该玩家完成他的回合**之后**宣告结束。各玩家的分数按如下方法计算：未购买"豪华住所"科技的玩家可以从他拥有的每座二级或二级以上规模的工作站中得到一分，而拥有"豪华住所"科技的玩家则可以从二级以上规模的工作站中获得额外奖励——每高一级增加一分。例如，三级规模的工作站计两分，四级规模的工作站计三分，依此类推。

分数最高的玩家即为获胜者。

9.3.2 基本经济结构

图 9.10 展示出了《月球殖民地》的基本经济结构。这张示意图使用了颜色编码功能和回合制模式。图中的采冰（Mine Ice）和采矿（Mine Ore）两个节点是交互式的，用户点击它们即可牵引相应池中的资源。（采冰节点是一个门，而采矿节点却是一个转换器，其原因我们下面会作解释。）购买科技可提高采冰和采矿的效果：快速采冰科技使采冰门每次牵引的冰块资源从一个增加到两个；高效采矿科技则有所不同，不是直接增加采矿节点牵引的资源量，而是使该节点将一个矿石资源转换为两个。这点靠门无法做到，必须通过转换器来完成。

 注意：图 9.10 中有一个被命名为 Actions 的寄存器。在一张回合制示意图中，如果某个寄存器的标签被设置为这个词，该寄存器就可以改变玩家每回合能够执行的行动次数。在本例中，它的作用是在玩家建造更多工作站后增加该玩家的行动次数。

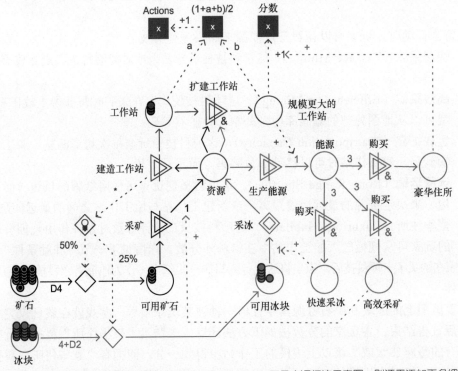

图 9.10 《月球殖民地》的基本经济。如要在 Machinations 工具中运行该示意图，则还需添加更多细节

冰块和矿石资源在被采集后立刻进入一个标记为资源（Resources）的池。玩家建造工作站时需要使用池中的矿石，生产能源时需要使用池中的冰块，扩建工作站时则需要同时使用矿石和冰块这两种资源。此外，这张示意图还包含了一个非常简单的机制用于模拟实际游戏中资源散乱分布在桌面上的情况。玩家初始可用的资源是有限的——他只能使用可用冰块（Accessible Ice）和可用矿石（Accessible Ore）池中的资源。通过建造额外的工作站，玩家有 50% 的概率增加可用矿石，25% 的概率增加可用冰块。这些概率的大小取决于实际游戏时玩家构建的地图上的资源分布密度。

上述示意图省略了一些机制。它没有表现出冰块和矿石资源是如何在工作站之间运输的，也没有表现出运载扩容和远程运输这两项科技对游戏产生的影响。此外还有一些机制表现得并不明确，例如豪华住所科技会对分数产生正影响，但其影响的程度取决于玩家工作站的规模等级，这一点没有体现出来。又如，工作站越大，产生的能源越多，但其生产效果还受到工作站坐落位置，以及其他玩家采取的行动等因素影响，这些影响因素也未能展现出来。

这个游戏展现出了两种设计模式。第一种是**动态引擎**（dynamic engine）模式：矿石和冰块被用于建造工作站、生产能源，能源又反过来提高矿石和冰块的生产效率。只要观察一下冰块资源的循环，就能很容易地发现这个模式。除此之外，花费矿石建造更多工作站从而增加每回合行动次数的过程也是一个动态引擎。第二种是**引擎构建**（engine-building pattern）模式：玩家可以通过研究科技来在一定程度上决定对引擎的哪些部分加以改进（是每回合的行动次数，还是资源生产率）。

这个经济结构有两个地方需要注意。一是它只含有正反馈，二是玩家间几乎无法直接干预对方。游戏没有攻击他人或掠夺资源的概念。这个游戏中最重要的阻碍力源于当资源在桌面上间隔较远时，玩家不得不建造中转站来运输资源的行为。然而，该阻碍力几乎完全是静态的（它不随引擎状态而发生改变），且取决于游戏的初始地图设置。随着游戏的进行，玩家需要建造更多中转站来获取地图上的剩余资源，从而导致阻碍力上升。

在这个初版原型中，基本的玩家对抗机制已经相当平衡，但不足之处是玩家对开局位置的选择会产生重大影响。游戏中，占据了最佳开局位置的玩家很可能就会获胜，你也许已经从游戏经济中缺乏负反馈推测到了这一点。

设计挑战

我们给出的《月球殖民地》结束条件并不一定是最佳方案。游戏是否能在地图上的所有资源都被采尽或消耗掉后才结束？如果规定游戏在某人获得四分或五分的时候结束，会发生什么事情？这个得分设为什么值可能会更好？为什么？思考这些问题，并为游戏设计不同类型的结束条件。

设计挑战

　　观察上述《月球殖民地》初版原型的基本经济结构，试着在其中加入负反馈。作为入手点，你可以首先阅览附录 B 中的设计模式。

9.3.3　经济构件

　　上面的初版原型中只包含一种经济构件：工作站。图 9.11 说明了它的原理。采集资源的工作站与中转站十分相似，只有一个区别：采集资源的工作站可以从地图上牵引资源。这种经济构件的机制使其可以多种方式和其他经济构件相互连接。然而，在这个初版原型中，所有工作站的功能基本相同。玩家需要规划工作站的摆放位置，保证它们相互之间足够接近以运输资源。除此之外，玩家需要考虑的唯一问题是扩建哪些工作站。一般说来，最佳选择是扩建那些接近冰块资源和矿石资源的工作站（后一种工作站的优先级相对更低一些）。

　　在只有一种经济构件的情况下，玩家在构建游戏经济时无法作出太多变化。游戏亟需加入更多种类的工作站，以给予玩家更多的有趣选择。

　　为了改进这个游戏，我们设计了游戏的第二版，加入了三种新工作站：净化站（purifiers）、精炼站（refineries）和运输站（transporters），并引入两种新颜色的筹码来分别代表净化后的冰块资源和精炼后的矿石资源。我们还修改了"玩家可执行的行动次数根据其拥有的工作站数量决定"这项规则。现在在游戏开始时每个玩家的行动次数都为两次，但在游戏进行过程中玩家可用其中一种新工作站来改变这种情况。新工作站如图 9.12 所示（注意，每种工作站都有一枚不同颜色的筹码叠放在玩家颜色筹码的下方）。

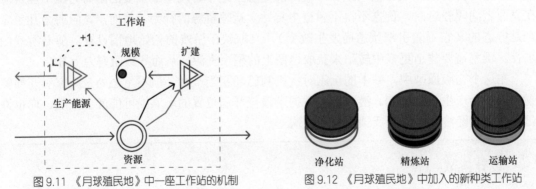

图 9.11　《月球殖民地》中一座工作站的机制　　　　图 9.12　《月球殖民地》中加入的新种类工作站

- **净化站**（purifiers）消耗能源将普通冰块转化成两倍数量的纯净冰块。净化站无法在游戏一开始就建造，而是必须从现有的规模为 1 级的工作站改建而来。要将一座 1 级工作站（采冰站、采矿站、中转站均可）改建为净化站，玩家需支付 2 枚能源筹码，且该工作站中必须存有至少 1 枚冰块筹码。玩家需将用到的冰块筹码从工作站中取出并叠放在最底部，以标明这座工作站已转变为净化站。净化站不能用于采集资源或生产能源，也不能扩建。不过，玩家在每次行动中可以按照每枚冰块筹码消耗 1 枚能源筹码的代价，对该净化站中所有的冰块资源执行净化操作（也可自行决定净化的冰块数量）。方法是将每枚欲净化的冰块筹码取走，代之以 **2** 枚从地图外部的筹码库中取来的纯净冰块筹码。注意，纯净冰块不能被再次净化。除此之外，它与普通冰块并无区别，也并不比普通冰块价值更高。纯净冰块与普通冰块的运用方法完全相同，其他所有类型的工作站都可以用纯净冰块来代替普通冰块使用。归根结底，净化站的作用其实只是消耗能源使冰块数量翻倍而已。

- 精炼站（refineries）转化矿石的过程同净化站转化冰块的过程完全相同，唯一区别是精炼工作耗费更高。和净化站一样，要建立一座精炼站，玩家需要从该工作站中取出 1 枚矿石筹码，将其叠放在最底部作为精炼站标记，并支付两枚能源筹码。要转化精炼站中的矿石，玩家需要为每枚矿石筹码付出 **2** 枚能源筹码，再将待转化的普通矿石筹码替换成两倍数量的精炼矿石筹码即可。

- 运输站（transporters）可增加玩家每回合的行动次数，还能花费能源来快速运送资源。玩家可花费 2 枚能源筹码将任何 1 级工作站（采冰站、采矿站、中转站均可）改建为运输站。与之前类似，玩家需将 1 枚能源筹码叠放在工作站底部，以标明该工作站已改建为运输站。同净化站以及精炼站一样，运输站不能用于采集资源或生产能源，也不能扩建。玩家每拥有一座运输站，就可以在每回合中额外行动一次。此外，玩家可花费 1 枚能源筹码将运输站中任意数量（乃至全部）的资源筹码传送到地图上**任何一座**工作站中。

注意：理想情况下，用来代表纯净冰块和精炼矿石的筹码应与相应的原始筹码颜色相近。例如，冰块为白色筹码，而纯净冰块为灰色筹码。作者在进行玩测时，发现可供使用的颜色不足，于是在原始筹码上粘上了小型即时贴，以标明该资源已经过转化。

为何要让精炼工作更加昂贵？

你可能想知道我们为什么要让矿石精炼消耗比冰块净化更多的能源。其原因是如果玩家拥有高效采矿科技，他就已经能从一个矿石中获取两倍的资源。因此在一个双人游戏中，两个玩家总共可以采集到最多 40 个矿石。而快速采冰科技的作用是使冰块的采集速度加快，但并不改变资源数量。在双人游戏中，两个玩家可采集到的冰块最多仍为 20 个。这意味着为了保持游戏资源平衡，最好对冰块净化行为进行激励。

图 9.13 说明了上述三种新工作站的机制。

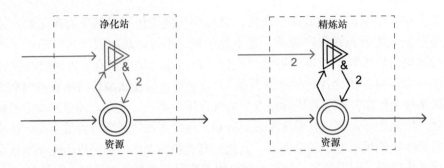

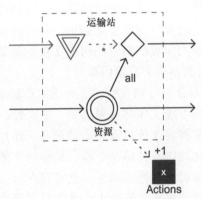

图 9.13　三种新工作站

在游戏的第二版中，规则的改变导致基本经济结构发生了两个重大变化。

- "每建造两座工作站就能获得一次行动机会"的规则被去掉后，由此形成的动态引擎也就不复存在，而是被运输站所形成的一个新的动态引擎所取代。此外，初版游戏中存在大量的反馈作用（因为玩家不得不建造许多中转站来获取远处的资源）和静态阻碍力作用（因为玩家必须花费矿石资源来建造这些中转站），在新版游戏中，这两种作用都被减弱了。

- 能源的地位变得更加重要了。现在玩家可以使用能源来将资源翻倍，这就形成了一个转换引擎，如图9.14所示。能源可用于生产更多冰块（通过净化作用），而冰块又可用于生产更多能源。从图中可以明显看出，只有当净化站能将1枚冰块筹码转换为至少2枚能源筹码时，建造净化站才有意义。此外，新的规则导致能源需求上升，因此我们最好设法为玩家提供更多的可用能源。

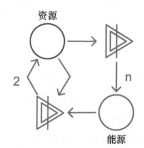

图9.14　《月球殖民地》中新形成的转换引擎

功能越多，代价越大

上述规则变化也对游戏产生了一些负面影响：游戏变得更加迟缓，玩起来更麻烦，玩家要记录的信息也变多了。不过，这毕竟只是一个原型，因此你不必过于担心。如果你将这个原型转化为一个电子游戏，那么计算机就能承担起记录信息的工作；如果将其转化为一个桌上游戏，则可以利用棋盘的图案设计和物理上的设计来帮助玩家追踪记录游戏信息。

9.3.4　障碍和事件

《凯撒大帝 III》的一大优秀之处是它运用了障碍机制和预先设计好的事件来为每个任务增加不同的体验。你同样可以用这种方法来改进《月球殖民地》。下面是我们对添加障碍的一些建议。

- 通过让一部分游戏区域无法利用，可以形成一种简单的障碍机制。你可以在设置游戏地图之前把一些随手可得的物品（书本、杯子、小盒子等等）放在桌面上，并保证资源和工作站只能直接放置于桌面，而不能叠放在这些物品上。足够的障碍物可以带来完全不同的游戏体验。

- 另一个创造障碍的简单方法是用几张白纸来代表崎岖地形。在设置游戏地图时，玩家必须将所有资源放置在这些崎岖地形上，但坐落在此地形上的工作站则不能进行扩建。或者，你也可以规定该地形上的工作站不得改建为净化站、精炼站或运输站。

- 工作站本身也可用于创造障碍。说到底，在大多数经济构建型游戏中，玩家都必须应对自己建筑所带来的各种限制条件。例如，你可以规定净化站和精炼站不能太靠近采集资源的工作站，至少需距离它们一个纸牌短边的长度。

下面是我们对如何在《月球殖民地》中加入事件的一些建议。由于在桌上游戏原型中加入预先编写好的事件并不容易，因此我们运用了一些随机性方法来构建事件。不过，我们在设计事件时也注意使它们能够对所有玩家产生影响（虽然每人受到的影响并不一定相同），以保证运气成分不至于对游戏影响过大。

- 让玩家在各自回合结束时掷骰子，就可以创造出随机事件。例如，掷出 5 点表示该玩家可以从地图外部的筹码库中取出 3 枚冰块筹码放置在地图上，但必须将它们分别放置在不同的冰床中。掷出 6 点则表示所有玩家可以选择是否支付 3 枚能源筹码来在游戏最终计分时额外获得一分。（当这种事件发生时，你需要将其记录下来。）

- 要创造随机事件，你也可以不使用掷骰子这种方法，而是利用自制的写有事件的卡片。每个玩家在回合结束时随机抽一张卡以决定发生的事件，再将这张卡放入废卡堆中。当卡片全部抽完后，就将废卡堆中的卡片洗一遍并重新使用。这种方法大大加强了设计师对事件的掌控力。例如，如果一个卡组中包含 12 张卡片，其中两张的作用是让地图上的冰块资源增加，你就可以确定该事件在每 12 个回合中必定会发生两次。

- 你还可以使用卡片来编写情景剧本。按照一定顺序排列卡片，你就能准确控制何种事件在何时何地发生。这种方法可以用于为玩家提供目标。例如，玩家如果知道 10 回合后可以用矿石换取额外分数，他们就可以提前进行准备。利用这种方法，你甚至还可以创建出游戏的单人版本。但为此你需要另找一个人作为设计师来设置游戏的初始布局，并决定卡片的排列顺序。

- 在游戏进行过程中，你还可以用卡片来为全体玩家提供一个或多个隐藏目标。例如在游戏结束时，让拥有 5 枚能源筹码的玩家获得额外加分，或让建造了 4 级建筑的玩家获得奖励分数等等。隐藏目标能为游戏锦上添花，但如果要发挥其最佳效果，则其中需要含有较多的支持玩家间直接互动的机制。

设计挑战

设计三种不同方法来为《月球殖民地》加入障碍或事件。至少选择其中一种方法来为其制定规则，并对其可玩性进行玩测。

> **设计挑战**
>
> 设计一个单人版本的《月球殖民地》。为其构建机制，并编写一个有趣的情景剧本。

9.3.5 其他经济策略

在经济构建型游戏中，为玩家提供多种可行的经济策略始终是个不错的主意。我们已经通过加入净化站和精炼站而扩展了《月球殖民地》的经济选项。在本节，也是本章的最后一节中，我们将阐述另一个能够使玩家之间产生更多互动的机制：突击。

要为游戏加入突击机制，最好的方法是使用**耗损**（attrition）模式（参见附录 B）。需要注意的是，玩家在进行突击时并非摧毁对手资源，而是掠夺其资源。你必须留意不要让这类新加入的机制破坏游戏平衡。如果突击机制过于有效，它就会成为一个统治性策略，导致玩家只使用突击策略，而把其他机制冷落一旁。如果突击机制过于弱小，就没有人会去使用它，加入这种机制也就毫无意义了。

一般来说，你可以利用下面两种设计方法来平衡游戏。

- 确保这两种策略（在本例中为建设 vs 突击）在风险和回报上有所不同。我们在上一章中已经通过《SimWar》说明了这一点。在本例中，一种有效的做法是至少将突击的风险提高。
- 不要企图去平衡两种策略，而要按照石头剪子布的关系构建出三种策略。这种关系比两种策略间的关系更加稳定和平衡，因为即使其中某种策略能一而再地发挥作用，玩家也能选用相克策略来再而三地击败它。另外，即使策略之间存在轻微失衡，对石头剪子布关系造成的影响也较小。

在《月球殖民地》这个例子中，我们选择第一种方法。我们将突击的风险提高，同时让这种策略对于那些处于落后地位的玩家来说更加有效。这样就形成了一个额外的负反馈循环，保持了游戏的紧张性和趣味性。

因此，玩家在每回合中可执行的行动又增加了以下两种。

- **制造突击兵**（Build Raider）。玩家可花费 1 枚能源筹码在任意工作站中制造一个突击兵。玩家需要将能源筹码叠放在工作站顶端来代表突击兵。
- **发动突击**（Raid）。突击兵可攻击任意一座其他玩家的工作站，掠夺其资源，但前提是该工作站处于攻击范围之内。突击兵的攻击范围等于纸牌**长边**的长度。要发动突击，玩家需要掷骰子，如果掷出的数字**小于或等于**目标工作站中存有的资源数目（冰块和矿石均算在内），突击就算成功，发动突击的玩家便能从**目标工作站**中取走 1 枚资源筹码，并将其放入该突击兵所在的工作站中。接着该玩家需要再次掷骰子，如果掷出的数字**小于或等于**该玩家**自己工作站**中的资源数目（冰块和矿石均算在内），突击兵就被消灭掉。每个突击兵每回合只能使用一次，但玩家可以连续多个回合从同一个工作站发动多次突击。

设计挑战

检验突击兵的相关规则是否正常运转，是否达到了预期的效果。

设计挑战

设计出允许玩家抵抗对手发动的突击的机制。

本章总结

我们在本章中研究了一类游戏，这类游戏更侧重于让玩家自行构建经济，而非为玩家提供一个已有的经济机制。这类游戏既可以是单人游戏，也可以是多人对抗游戏。经济构建型游戏的一个关键特性是它为玩家提供了用于构建经济的元件（常常是建筑或道路之类），使玩家能自己设计并构筑经济关系。为了让你学习这类游戏的设计，我们在一定程度上详细分析了两款该类型的游戏。其一是《凯撒大帝 III》——一款单人游戏，其二是《月球殖民地》——一款我们自行设计的多人游戏。我们说明了《月球殖民地》是如何以一些极其简单的经济构件为基础实现资源的争夺和分配机制的，并阐述了设计师可如何将游戏改进得更具深度、更激动人心。此外，我们还提出了一些利用预设事件为游戏增添渐进性体验的方法。

在下一章中，我们将更深入地探讨与渐进体验有关的机制，并阐述游戏机制可如何与关卡设计和叙事行为进行互动。

练习

1. 完成本章中的所有设计挑战。

2. 为《月球殖民地》的单人版本构建一个可自动运转、能提供统计数据的模型，并利用该模型来调整游戏平衡。

3. 为你自己设计一个经济构建型游戏制作纸面原型，并在 Machinations 工具中构建其模型。在 Machinations 中模拟运行这个游戏。如果这是一个多人游戏，就和其他人一起进行玩测，并对其加以改进和完善。记录下你对游戏做出的改动，以及做出这些改动的原因。

第 10 章

将关卡设计和游戏机制融合起来

在本章和下一章中，我们将把关注重点从纯突现型机制设计转到渐进型机制设计上来，研究机制是怎样在渐进型游戏设计中发挥工具性作用的。我们将探讨如何在关卡中用各种方法将不同的挑战组织起来构成任务，以及如何用这些东西编织出一个与玩家进度相适应的故事。尽管人们常常认为关卡设计（level design）就是构筑游戏空间或者操作关卡设计软件，但就"关卡如何为玩家提供挑战"这个问题而言，游戏机制也起着同等重要的作用。

在本章中，我们将探讨如何将关卡设计和游戏机制融合起来。我们将研究游戏中出现的各种进度机制，并阐述如何用关卡来构筑玩乐活动。此外，我们还会说明如何运用关卡向玩家介绍游戏机制，使玩家轻松融入到游戏中去。

10.1 从玩具到游乐场

游戏机制应为玩家提供有趣的可玩性。大部分游戏都为玩家提供了一个构建好的环境，并设定了一系列需依次完成的游戏目标，以作为游戏体验的一部分。创造这种游戏环境和游戏目标也是关卡设计师工作的一部分。此外，关卡设计还能循序渐进地一点点向玩家介绍游戏机制。在本章中，我们将着重探讨关卡在构建可玩性体验的过程中起到的作用。按照 Kyle Gabbler 的定义（参见第 1 章中的小专栏"首先制作玩具"），此前我们都在研究如何用机制构建玩具。现在到了用玩具组建成游乐场的时候了。

10.1.1 构筑玩乐活动

在玩法自由的游戏中，玩家可以自行设定游戏目标，也可以抛开一切目标无拘无束地玩乐。我们通常认为是玩具成就了这种游戏。游戏会有一个预先设定好的目标，规定了你需达到哪些条件才能通关或击败对手，这也被称为该游戏的胜利条件（victory condition）。胜利条件可能非常简单，如消灭全部敌军船只，或者达到一定分数。有的条件在实际游戏中是无法达成的。在《太空侵略者》（Space Invaders）中，无论你消灭多少外星人，都会有成批的新敌人接踵而至，直到你耗尽生命值导致游戏结束为止。在这个游戏中，你的真正目标并不是消灭所有的外星侵略者，而是尽力存活下来，并在游戏结束之前尽量积累分数。《太空侵略者》每局结束后显示的高分榜也印证了这个目标。此外，这个高分榜也起到一种激励作用：如果你表现得足够出色，就可以在榜中输入自己的大名。

从真正的游乐场中学习

游乐场（playground）这个词并不只是我们为方便而使用的比喻。作为设计师，你可以通过观察真实生活中人们游乐的场所而学到许多东西。例如，主题公园的巧妙布局既能使游客沉浸在幻想世界中，又能避免他们迷路。（迪斯尼乐园中央的城堡就具有这种功能。它高得足以在乐园的几乎任何地方都能被看见，游客可以利用它判断自己的所在方位。）迷你高尔夫球场中 18 个洞的难度递增设计也颇具想象力。球场的起始区域非常简单，但随后就会出现各种挑战，例如，让球通过反弹而拐弯、让球滚过斜坡、让球穿过通道等。有的迷你高尔夫球场还加入了一些独特和创意大胆的设计。对于任何想成为游戏设计师的人来说，设计迷你高尔夫球场中的球洞都是一种不错的练习。

突现型游戏通常设有一些简单的目标，如获得最高分或消灭敌方单位等。在这类游戏中，玩家需要运用技巧、策略和经验来驾驭游戏机制，将游戏引向胜利条件。这对于一些机制不太复杂，但又能产生突现型玩法的短小游戏来说较为可行。这种方法使得玩家可以分多个小阶段来锻炼游戏技巧、改进打法策略。对于突现型游戏来说，游戏目标的具体定义方式可对游戏造成重大影响（见小专栏"Machinations 示意图中的目标"）。

玩乐 vs 游戏：Paidia vs Ludus

法国学者 Roger Caillois 是最先对目标导向型游戏和自由玩乐型游戏区分的人之一。他在著作《Man, Play, and Games》（1958）中对这两种游戏（以及其他形式的游戏）进行了区分。他用拉丁词汇来为这些不同种类的游戏方式命名：paidia 侧重于结构并无条理的娱乐性活动，ludus 则侧重于结构井井有条的目标导向型活动。Caillois 认为任何游戏都介于这两种活动之间，其中 paidia 常常体现为孩童式的玩乐，而 ludus 常常体现为成人式的游戏或体育比赛。传统上，游戏是偏向于 ludus 一端的。但也有一些游戏（例如角色扮演游戏）同时为玩家提供一些较为自由的、具有 paidia 特点的游戏方式。需要注意的是，ludus（或称目标导向型游戏方式）并非一定比 paidia 更好。在一个游戏中同时为玩家提供这两种游戏方式，并达到自然协调的效果是一个重大的设计挑战。

Machinations 示意图中的目标

Machinations 示意图使用结束条件（end condition）这个元件来模拟游戏中的目标。你定义这个目标的方式可能会对可玩性造成巨大影响。例如，在前面提到过的资源采集游戏

（见6.3.2小节）中，玩家所需采集的资源数量决定了收割机的理想数量。如果你将这个游戏的获胜条件从采集一定数量的资源改为拥有一定数量的收割机，就会引发一种不同的态势，在这种态势下所有玩家都会以最快的速度制造收割机（这未必会产生出更好的游戏可玩性）。

在渐进型游戏中，目标通常较为简单，例如找到财宝、（一而再地）救出被抓走的碧琪公主、击败邪恶巫师等等。然而在这种游戏中，玩家为达到胜利条件需要先完成许多子目标。玩家从一个目标前往下一个目标，直到达成最终目标为止。与突现型游戏相比，渐进型游戏中玩家为达到胜利条件而需要执行的行动本身可能毫不困难，但玩家却必须先完成多种多样的活动，才能被赋予执行这项最终行动（哪怕只是尝试执行）的资格。

如我们在第 2 章中阐述过的那样，突现和渐进并不互相排斥。许多游戏兼具这两种元素。游戏需要利用那些能产生突现型玩法的机制结构来营造玩家体验，但对于那些流程很长的游戏来说，渐进型要素也是不可或缺的。这些游戏需要利用渐进型机制来为可玩性增添变化，并为玩家提供奋斗目标。

10.1.2　构筑游戏进度

有很多方法可以让玩家在游戏中体会到进度感。下面我们将探讨不同类型的进度机制。

通过任务的完成数量来衡量进度

作为设计师，我们可以用玩家完成任务的多少来定义游戏的进展程度。要使用这种方法，游戏必须要有一个确实能被玩家达成的胜利条件。这种类型的进度经常用百分比来表示，如"你已完成了游戏的 75%"。许多游戏还设有一些可选任务，玩家不必完成这些任务也能通关。在这种情况下，进度的百分数虽与任务的总数量相关，但游戏的胜利条件却被设为低于 100%（即玩家只要完成一定比例的任务就能获胜），或是不以百分数为胜利条件的依据，而是看玩家是否完成了某些特定任务。例如，《侠盗猎车手 III》（Grand Theft Auto III）是用大量的可选行动和挑战来衡量游戏进度的，游戏甚至允许玩家在达到胜利条件以后继续执行这些行动和挑战。而许多经典冒险游戏，如《Kings Quest》和《Leisure Suit Larry》系列，则以玩家完成特定行动后赢得的点数来衡量游戏进度。再次强调，在大多数这类游戏中，玩家即使未拿到全部分数也能胜利。他们可以以尽量多得分为目标来重玩这些游戏。

在需要让玩家执行任务来推进进度的游戏中，你必须为玩家提供足够的变化性以维持他们的兴趣，而不能只是简单地将一些相同任务串联起来。你还必须正确把握游戏节奏，并合理调整难度曲线，以使玩家既能感受到趣味性，又能获得足够的挑战。

视角转变带来的美学体验

大多数人都将视角或视野的突然转变视为一种愉快的美学体验。你也许能在徒步登山的过程中体会到这种感觉。在攀登树木丛生的山腰期间，你的视野受到很大限制。树木使你看不见远处的景色，并且你也把心思放在了穿过布满岩石的崎岖小路上，无暇顾及其他。当你接近山顶时，景色骤然开朗。树木变成了广阔的草地，使你一下子将数里内的景色尽收眼底。对许多人来说，这种突然转变是初学登山时的乐趣之一。在游戏中，玩法和环境的适时转变也能产生类似的效果。这就是为什么最好在游戏中穿插不同风格场景的其中一个原因。

通过离目标的距离来衡量进度

在突现型游戏中，游戏进度较难用已完成任务数量的方式衡量，因为这类游戏中的任务只是位于玩家过关之路上的一些相互无关的子目标而已。不过，这类游戏的胜利条件经常会表现为数字形式，因此我们可以基于这种数字来衡量游戏进度。例如，在《凯撒大帝III》中（参见第 9 章中的相关叙述），某一关的目标可能是将城市人口提升到一定数量。这个目标所涉及的玩家行动是变化多样的，并非能通过依序执行一系列特定行动而达到，但我们仍能告诉玩家他离目标还有多远。不过在这个例子中，玩家并不一定总能在一个固定时间内完成剩余进度而获得胜利。玩家可能已经达到了 90% 的人口目标，但如果他在此时用尽了所有建设用地，或者缺乏食物来维持城市的发展，他就可能仍需花费大量时间才能完成剩下的 10%。

在这种通过突现型玩法来推进进度的游戏中，玩家可能会遇到进度倒退的情况，这是它与通过完成任务来推进进度的传统渐进型游戏的一个重大区别。例如，在《凯撒大帝III》中，玩家可能会遭受野蛮人侵袭，导致人口和建筑数量下降，因而离胜利目标越来越远。与此相对，在冒险游戏中，已完成的任务则不会倒退回未完成状态，玩家永远不会失去从已达成的成就中获得的好处。

两种游戏的另一个不同之处在于，通过完成任务来推进进度的游戏遵循一条预先设计好的流程，这种流程在进行时并不考虑玩家的技巧水平。（例如，基于解谜的冒险游戏通常没有供玩家调节难度的选项。）而突现型系统中的进度则可以自然适应玩家的表现——至少在设计师正确设置了游戏机制的前提下可以。例如，你可以使用**渐增型挑战**（escalating challenge）和**渐增型复杂度**（escalating complexity）模式（见第 7 章及附录 B）来让游戏迅速适应玩家的技巧水平。在一个突现型游戏中，玩法的变化必须是游戏机制自然产生的结果，通过游戏的不同阶段体现出来（参见 4.2.2 小节）。你可以用**慢性循环**（slow cycle）模式（见第 7 章及附录 B）来让玩法阶段生发出来。

通过角色的成长程度来衡量进度

定义进度的第三种方法是依据玩家角色的能力成长程度。角色扮演游戏通常就是这样做的，特别是桌上角色扮演游戏和那些缺乏结束目标的大型多人在线角色扮演游戏（MMORPG）。在这些游戏中，玩家通过积累经验值使角色升级，游戏进度可用角色的等级来衡量。这种类型的进度常常是开放式的，并不限制角色所能达到的最高等级。如果玩家培养角色时必须在不同方式中进行选择的话，则游戏还有可能提供分支培养路线（尤其是当这些选项相互排斥时）。《杀出重围》是此类设计的一个好例子。在这个游戏中，玩家可以用能量罐来提升角色能力。每个能量罐只能提升一项能力，且提升后不可反悔。玩家必须在多个升级选项中进行选择，选择不同，衍生出的玩法风格也不同。

和所有类型的进度一样，角色的成长机制也可用于构筑可玩性。例如，玩家必须将角色的力量属性提升到一定值，才能进入某些区域。但是，游戏设计师无法直接控制玩家对角色的培养方式，因此为了让能力不同的角色能够进入同一个区域，游戏可能需要为玩家提供多种不同方法。有的游戏具有多个结局，玩家最终迎来哪个结局，取决于他对角色的培养方式。

通过玩家的进步程度来衡量进度

你还可以以另一种方式衡量玩家的游戏进度，即玩家自身技巧水平的进步。和角色扮演游戏中的角色相比，《塞尔达传说》、《超级马里奥兄弟》、《银河战士 Prime》（Metroid Prime）等动作冒险游戏中的主角并不会有显著的成长。这些主角可以获得新能力，也可以随着游戏的进行而逐渐提高生命值，但并不会像角色扮演游戏中的角色那样拥有一些变化细致的属性值。在动作冒险游戏中，游戏会训练玩家运用角色能力来应对逐渐增加的难度和复杂的挑战。

在许多动作冒险游戏中，玩家可以依靠角色能力解锁并探索新区域，但角色能否到达某个特定地点，常常还需取决于玩家自身的技巧水平。你可以用环境来测试玩家的能力。在实际生活中，孩子们就常常这样做。他们会试着在矮墙上行走，跳过栅栏，或为自己设定其他挑战，如在人行道上行走时避开地砖间的缝隙。许多游戏利用人的这种学习天性取得了很好的效果。例如，大多数玩家如果在平台游戏中看到一枚放在奇怪位置的可收集金币，都会认为它既然被放在那里，就一定是可被拿到的。他们会尝试利用角色的各种能力和自己的操作技巧来拿到金币。你会发现，这种具有本能性和玩乐性的环境利用方法是一种有用的设计工具，可以创造出引人入胜的游戏世界。

10.1.3 侧重于机制中的不同结构

大型游戏会将可玩性分散构建在多个不同关卡中，因为这种游戏的机制实在是过于复杂，无法一次性传递给玩家，特别是在玩家刚开始玩这个游戏没多久，对其尚不了解时更是如此。游戏可以通过让不同关卡或区域分别侧重于不同机制的方法，将复杂的整体机制分割成一些易于掌握的小片段。这同时也为可玩性增添了变化，还能促使玩家在同一个游戏中尝试和探索不同策略。

在一些游戏中，每个关卡都侧重于游戏机制的某一部分。这要求游戏的核心机制足够庞大，大到能包含多个结构，且每个结构都能产生独有的可玩性——足以支撑起一个关卡的可玩性。例如，让游戏的几个前期关卡分别展现出机制的不同子集，而在后面的关卡中再展现出完整机制。图 10.1 说明了这种方法。这张图展示了《月球殖民地》的基本经济（参见第 9 章相关内容）的不同子集是如何用于构建不同关卡的。因为《月球殖民地》机制的核心组成元素并不多，所以图中的四个关卡看上去可能就像是在一步一步介绍游戏机制一样。

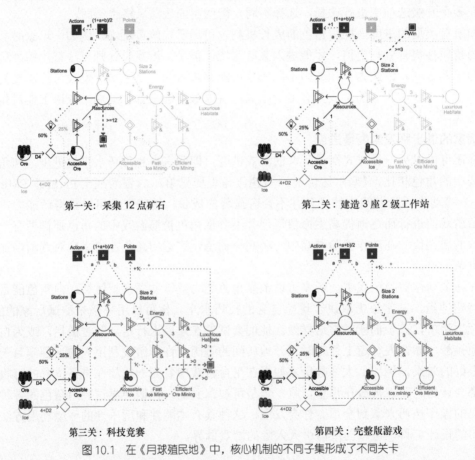

图 10.1 在《月球殖民地》中，核心机制的不同子集形成了不同关卡

《星际争霸 II》使用上述技巧取得了非常好的效果。和大多数即时战略游戏一样，《星际争霸 II》的经济机制十分庞大，包括资源采集、基地建设、科技研究等等。玩家需要用这些机制建立起一股有效的攻击力量。游戏的第一关没有任何建设工作，而只是让玩家学习如何操作士兵来移动和战斗。第二关引入了基地和资源采集机制，但只提供寥寥几种建筑供玩家建造。只有在玩家完成了特定关卡后，游戏才会解锁更多种类的建筑和升级选项。通过游戏的前三关后，玩家就可以根据自己所追求的特定目标来选择接下来挑战哪个关卡。

初代《星际争霸》与《星际争霸 II》的一个重大区别是后者在很多关卡中加入了一些以任务为主导的机制（我们已经在第 2 章中对此进行过一些阐述）。例如，在"恶魔游乐场"一关中，低地会定期被炽热的岩浆淹没，玩家只有在岩浆退去时才能采集低地中的晶矿资源（见图 2.6），并必须不时将单位撤离到安全地带。这实际上为《星际争霸 II》的内部经济机制加入了一个强力的**慢性循环**（slow cycle）模式。此外，慢性循环模式还出现在"大爆发"一关中，在夜间，突变生物会成群袭击玩家基地，而在白天，玩家需要离开基地去摧毁被感染的建筑设施，这就形成了一个慢性循环，如图 10.2 所示。在其他一些关卡中，玩家还需要不断在地图上移动基地，以保护己方部队、攻击敌人，或快速夺取特定目标。

图 10.2　在《星际争霸 II》的"大爆发"一关中，玩家必须在晚上防守基地，抵抗突变生物群的袭击

《星际争霸 II》是在同一个核心机制之上构建出变化丰富的关卡的优秀范例。通过改变游戏目标、隐藏某些游戏机制，或只在某个关卡中加入独一无二的新奇玩法，你就可以在同一个核心机制上构建出多种多样的可玩性。这样会使各关环境有所不同，从而促使玩家去研究探索更多的游戏策略——因为他们无法在每一关中都照搬同样的方法。

10.1.4　讲述故事

我们在第 2 章中已经阐述过，渐进型游戏经常将故事作为游戏乐趣的一部分。故事有助于构建关卡和引导玩家，并能为玩家提供一个完成目标的动机。如果没有这个动机，目标就会显得抽象和无意义。在一个奇幻游戏中，如果游戏故事将消灭兽人定义为复仇或防卫上的需要，那么玩家杀死兽人的行为就具有了情感上的意义。

当游戏机制、关卡结构和戏剧弧线 ❶ 三者无缝结合时，游戏故事的效果最好。《塞尔达传说》中的典型地下城结构之所以能产生良好的效果，就是因为其故事、关卡布局和游戏机制之间产生了协同作用。林克几乎总会在关卡中途遇到一个小头目，击败它得到一件特殊武器，再在关底用这件武器击败地下城的最终头目。这种结构给予了玩家充分的机会来探索新武器带来的新机制。它通过在关卡中途加入这些新机制而为游戏增添了变化性，并使玩家得以解锁此前无法进入的区域。此外，这种结构还使用了冒险故事中为人熟知的戏剧弧线手法：主角一路披荆斩棘，克服一系列艰难的挑战，从而获得关键性的优势并最终迎来胜利。

电子游戏使用的大多数叙事机制要么是线性的（玩家每次重玩游戏都会遇到同样的故事），要么是分支性的（玩家的选择会在很大程度上影响情节的发展方向）。而在突现型叙事中，故事完全是通过游戏机制和玩家行动呈现出来的。长期以来，这种叙事方法都是游戏设计者们追求的终极目标。突现型叙事已被证明极难驾驭，因为它要求设计者将各种戏剧场面和人类行为以数值和程序算法的形式描述出来，这甚至比为《文明》之类高度复杂的游戏构建经济还要困难得多。

本书的重点是游戏经济，因此我们不具体阐述至今为止人们在突现型叙事研究中付出的努力。目前，突现型叙事仍是学术界的一个研究课题，它在商业游戏中几乎不见踪影。

10.2   任务和游戏空间

在设计关卡时，我们经常会从两个着眼点中选择其一。其中一个着眼点是玩家为通关而必须克服的**挑战**（或者必须执行的任务），另一个着眼点则是游戏世界的**布局**，即开展游戏活动的模拟空间。

在《Fundamentals of Game Design》第 9 章中，Ernest Adams 阐述道，电子游戏中的挑战会形成层级结构，一组用时较短的挑战组合起来可形成规模较大的挑战。关卡中的最底层挑战无法进一步被分割，因此称为**原子**（atomic）**挑战**。例如，在拳击游戏中成功将拳头砸在对手身上就是一个原子挑战，获得本回合胜利则是许多这样的原子挑战加起来形成的主任务，而要赢得整场比赛，就要在多个这样的回合中击败对手。如果选择挑战作为关卡设计的着眼点，我们就可以专注于这种层级结构的设计。

以游戏布局为关卡设计着眼点时，我们则专注于设计关卡本身的空间结构。在《Fundamentals of Game Design》第 12 章中，Adams 阐述了不同游戏中的一些常见的空间布局。某些游戏的关卡几乎是线性的，例如，《半条命》或横版卷轴式游戏就是这样。以跑道为行驶路线的赛车游戏则是环形布局。而可供多人联机战斗的第一人称射击游戏的

---

❶ 戏剧弧线（Dramatic Arc），是西方文化中的一种经典叙事结构，分为开端、发展、高潮、回落和结局五个要素，图形上表现为一条弧形曲线。——译者注

空间布局相当复杂，包含开放空间、安全区域、需警戒的入口、有利地形等。

　　在解决不同的设计难题时，这两种着眼点各有优势。例如，以一系列任务或挑战的形式来构建关卡可以使设计师更容易地掌控游戏节奏和难度曲线。而以空间布局为着眼点来构建关卡则更有助于叙事和营造气氛——至少在故事与旅程有关时是如此。

　　我们在撰写本书中关卡分析的部分时，发现有必要将以上两种着眼点分开论述（当然，在最终的游戏作品中，这两者仍然必须结合起来，形成一个有机整体）。我们用任务（mission）这个词来指代关卡中的任务或挑战，而用游戏空间（game space）这个词来指代关卡中的空间布局。

　　将这两种关卡设计的着眼点分离开来，有助于我们观察它们是如何与突现型玩法相关联的。在一些游戏中，关卡的任务与空间布局直接相关（见小专栏“如果地下城就是任务会怎样？”），然而情况并不总是如此。游戏可以重复利用同一个空间区域来安排不同的任务，例如，《侠盗猎车手》系列就是这样。这证明了设计师只要充分开动脑筋，就可以在同一个空间中安插进大量任务。这样，开发者就不用为游戏的每个关卡都制作新场景，从而节约时间和金钱。此外这还有助于改善游戏可玩性。例如，当玩家进入一个曾经到过的场景时，他此前在该场景中积累的知识就派上了用场，并且还能将这些知识继续带入游戏中所有使用了该场景的任务中去。

如果地下城就是任务会怎样？

　　有时，将任务和游戏空间看作同一个东西来进行设计会很有效。在 hack-and-slash[❶]风格的桌上角色扮演游戏中，玩家可以利用地下城来迅速构建出易于让地下城主掌控的关卡或故事。扮演地下城主的玩家只需在一张方格纸上画上迷宫图形，往其中随意放入怪物，再在终点处放上一个有吸引力的宝物即可，甚至还可以按需加入随机冲突事件来为游戏增添乐趣。在这个例子中，地下城的地图几乎就是一张关卡中任务的流程图，游戏空间的结构决定了关卡的面貌，而任务（如果它有任何独立结构的话）产生的影响则非常微小。虽然这种关卡设计方法对于某些风格的游戏来说十分有效（《暗黑破坏神》（Diablo）系列游戏证明了这种类型的玩法自有其一席之地），但它并不适合于所有类型的游戏。使用这种方法的话，设计师几乎无法控制游戏的步调，且游戏中的活动会很快变得单调重复。如果你想让可玩性曲线更加复杂的话，可以将任务和游戏空间分开来设计，为它们分别构建高质量的结构。

　　虽然我们将关卡中的任务和游戏空间分开来论述，但它们之间确实是相互关联的。空间必须容纳任务，而任务在理想情况下应当对玩家在空间中的探索起到引导作用。在下一章中，我们将更深入地阐述渐进型机制（特别是锁－钥匙机制）是怎样将任务和空

❶　一种强调战斗的玩法风格。原文有“劈砍”之意。——译者注

间联系起来的。

　　设计一个关卡时，通常应该先设计它的任务，而不是它的空间。任务更容易被写下来并进行组织归纳，且它的结构通常十分简单。但这也并非绝对铁则。首先设计关卡任务具有一个风险，设计师可能会为配合任务而设计出线性程度很高的空间，没有为玩家留下任何自由探索和享受游戏空间的机会。在设计某些关卡时，首先创造出一个引人入胜的空间（如城堡、太空站或现实中的著名景点），然后再为这个空间设计一个相配的任务，可能会更有趣。

10.2.1　将机制映射到主任务中

　　游戏机制与主任务的交互方式和它与游戏空间的交互方式是不同的。我们先来阐述前者，至于后者，我们会在 10.2.2 小节中进行交代。机制与主任务的交互常常是直接性的。游戏机制规定了玩家可执行哪些行为，这些行为形成小任务（task），小任务又构成主任务（mission）❶。例如，在一个让玩家采集花朵的游戏中，采集十朵花就可以是一个简单的主任务。

加入挑战来改善玩家体验

　　在将机制映射到主任务中时，一定注意不要让小任务太过平淡或重复。如果小任务是采集一朵花，而玩家只需走到指定位置再按下某个按键就能完成它，则它就毫无挑战性。Machinations 示意图可以记录下一个主任务包含哪些挑战，并帮助你找到设计思路，避免设计出那些平淡和重复的小任务。一个采集十朵花的主任务可用图 10.3 来表示。你可以从图中看出，这个任务既无趣又重复。玩家只需简单地点击来源十次，就能完成游戏并获得胜利。没有其他选择，也用不上任何技巧。（注意，这里我们只讨论任务本身，而不考虑该任务发生时所处的游戏空间。）

图 10.3　平淡且重复的机制会产生糟糕的任务

　　我们可通过加入玩家必须躲避的敌人来改进上述任务。改进后的机制如图 10.4 所示。在这张图中，玩家需要选择是专心躲避敌人，还是专心采集花朵（如果你要自己在 Machinations 中构建这张图，要注意将示意图设为同步时间模式，以使玩家每秒只能激活某个元件一次）。我们对躲避敌人的效果做了一点随机化处理，以模拟玩家在技巧上的不稳定性：玩家每次执行躲避行为，降低的危险度从一至三点不等。

---

❶　task 和 mission 均可译为 "任务"，但 task 多指细致的具体工作，而 mission 更具使命感，在游戏中常指大型任务或关卡总任务。本书一般用 mission 这个词来泛指由多个 task 构成的大型任务。为了流畅易懂，译文中会在有必要体现出二者区别的地方将 task 译为 "小任务"，将 mission 译为 "主任务"。——译者注

图 10.4 加入敌人以产生选择

这张示意图玩起来颇为辛苦，这主要是因为它的节奏很快（见小专栏"速度 vs 认知努力"）。然而，只要你找到了正确的平衡点，它其实并不十分困难。我们可以通过在上面两个机制之间建立联系来进一步改进示意图。在图 10.5 中，我们添加了一个机制，使玩家每采集到一朵花，危险度的产生速率就上升一些。这意味着玩家离目标越近，必须用在躲避敌人上的时间也越多。这就形成了一个良好的难度曲线：游戏一开始比较容易，但很快就变得越来越难。

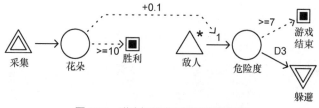

图 10.5 进度与难度之间的交互作用

速度 vs 认知努力

图 10.4 和图 10.5 很好地说明了 Chris Crawford 在著作《Art of Computer Game Design》（1984）中描述的速度和认知努力之间的平衡关系理论。采集花朵和躲避敌人这两项任务单独来看都不困难，甚至找到这两者之间的平衡也并不需要太多战略性思考。然而这张示意图运行得非常快，因此要足够迅速地找到合适的平衡其实相当具有挑战性。Crawford 提出，速度和认知努力这两者之间应该具有平衡性。需要玩家付出大量认知努力的游戏应当以较慢节奏运行（或甚至以回合制运行），而几乎不需玩家付出认知努力的游戏则应当以较快节奏运行，以增加游戏趣味性。如果你想评估这种平衡的效果，可以调整示意图的运行速度，也可以将示意图的时间模式设置为回合制。

设计挑战

图 10.5 实现了渐增型挑战模式，且离渐增型复杂度模式的实现非常接近（要了解

这些模式的详细信息，参见附录B）。你能否找到办法来修改这张示意图，使其实现渐增型复杂度模式？你会如何将新加入的机制与游戏的虚构环境（一个包含有花朵和敌人等元素的假想世界）有机结合起来？

添加子任务

另一种为采集花朵任务中的机制添加趣味性的方法是加入子任务，并要求玩家必须完成这些子任务才能到达最终目标。在图 10.6 中，最终目标并未改变，仍然是采集十朵花。但玩家必须首先执行三个子任务以解锁所有的花朵，然后才能采集这些花朵以完成目标。在这个例子中，我们简单地用门来表示各个子任务，但子任务也可以是更复杂的机制。例如，你可以用躲避敌人的机制来构建子任务。要使游戏具有变化性，最好让子任务为玩家提供不同的可玩性体验。为此，可以让子任务各自拥有独特的机制，也可以让不同子任务分别侧重于游戏整体机制中的不同结构。

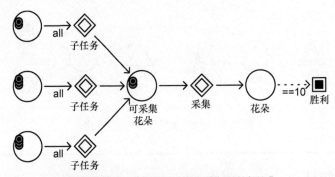

图 10.6　执行必需的子任务以采集到所有花朵

避免创造出太多个体机制

如果你在设计一个主任务，这个主任务依赖于一系列玩家必须完成的子任务，你就得注意不要为这些子任务创造出太多的个体机制。所有这些个体机制都需要设计和测试，因而会导致工作量大大增加。此外还会产生一个风险：所有这些不同的子任务都必须得有趣。一般来说，玩家会觉得关卡的趣味性等同于关卡任务中最薄弱机制的趣味性（人们对负面体验的记忆比正面体验更鲜明）。要避免你的游戏中出现太多个体机制，可以首先为游戏构建一个扎实的核心机制，再将眼光聚焦于该机制结构的特定部分，以设计出不同的个体任务。这与我们在此前"侧重于机制中的不同结构"一节中提出的让每关侧重于不同方面的建议十分相似。

许多游戏在设置子任务时并不会让它们在一开始就全部可供玩家执行，而会让任务之间存在相互依赖关系。我们可以很容易地在上面的采花游戏中加入这种机制，如图 10.7 所示。这种机制的好处是设计师可以让较难任务依赖于较容易的任务（即玩家必须先完成较易任务才能执行较难任务），从而控制任务的步调，形成良好的难度曲线。有时这会使任务完全线性化，导致其中所有子任务的执行顺序都是固定的。但需注意，你不应该总是使用这种方法，因为玩家喜欢拥有一定的行动自由。如果你的游戏的任务流程是固定不变的，你至少应该让玩家在执行那些为完成子任务而必须进行的行动时具有一定选择权，否则，游戏可玩性就与在复选框中逐项打勾没什么区别。在评估你设计的任务的质量时，你应该自问：玩家每次行动时有多少选项可选？一般来说，这些选项越多越好，前提是你为玩家提供了关于如何作出选择的信息，并注意不让这些选项成为玩家的负担。

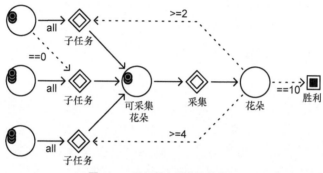

图 10.7 子任务之间的依赖关系

开放式游戏空间中的线性任务

如果一个主任务是线性的，并不意味着它所处的游戏空间也必须是线性的。许多冒险游戏，尤其是那些严重依赖于一长串锁和钥匙机制的游戏，都设置有一系列必须完成才能通关的小任务，这些小任务构成的主任务是线性的。但是，这个主任务却可能被设置在一个强迫玩家来回奔波的关卡中，例如，一个城堡关卡。这种手段叫做回溯（backtracking），如果它被滥用的话，只会使人厌烦。如果你想为一个线性程度很高的主任务增添变化性，那么简单生硬地创建一个开放式空间只会是一个糟糕的方法。与其采用这种方法，通常还不如重新设计主任务来创造出一种线性程度更低的体验。你应该让玩家在执行任务的过程中有很好的理由来探索城堡，而不是强迫玩家在同样的地点之间疲于奔命。

进阶技巧探究：可选任务和互斥任务

我们在本书中无法深入阐述任务和游戏空间的设计技巧，但我们鼓励你自行探索各种在主任务中系统安排小任务和子任务的方法。下面我们提供两个高级设计技巧，它们可以降低主任务的线性程度（但需注意，这同时也会增加设计难度）。这两个技巧分别是可选任务和互斥任务。

第 10 章

如果你设计的任务完全是可选的，你就一定要仔细考虑这个任务能给玩家带来何种奖励。这个奖励是会影响游戏机制（例如奖给玩家一件更强大的武器），还是只是一种表面的装饰或象征荣誉的勋章。如果这种可选任务确实能够影响可玩性，就会令游戏更加丰满。但你必须注意对可选任务的影响加以控制，防止它变成游戏通关的必需因素。

在许多游戏中，玩家可以选择执行不同的任务来达成同样的目的。（例如玩家可以选择悄悄从守卫旁边溜来盗取钥匙，也可选择与守卫战斗，还可选择贿赂守卫。这三种方法的最终效果相同。）当你设计这类选择时，可以让某些任务相互排斥。如果玩家试图贿赂守卫，那么就不可能再溜过他，因为守卫已经留意到了玩家的存在；如果玩家试图溜过守卫，则贿赂就不再有效，因为守卫已经对玩家提高了戒心。如果你设计了这种互斥任务，就需要注意避免使游戏进入一种不可解的局面。在这个例子中，与守卫开战这个选项就是一个后备策略，它在任何情况下都可以使用。

10.2.2　将机制映射到游戏空间中

Machinations 示意图也可用来表现游戏空间。为说明这个概念，我们用图 10.8 的示意图来表示一个简单的游戏，游戏目标是控制角色从起点走到终点。该图用一连串池来代表游戏中的不同地点，并用单个资源来代表玩家控制的角色，玩家只需点击地点就可让角色从一个池移动到另一个池。在这个例子中，角色只能沿着一个方向移动。（注意，池默认处于牵引模式下，因此要移动角色，玩家就必须点击空池将角色牵引过来。）

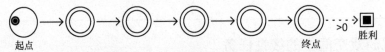

图 10.8　用 Machinations 来表现一个简单的线性游戏空间

你可以用这种形式的示意图来表现更加开放式的，或迷宫式的结构。例如，图 10.9 就是我们此前所述的采花游戏的一个简单的空间设计方案。图中的蓝色资源代表玩家角色，红色资源代表花朵。玩家控制角色进入一个长有花朵的地点后，就可点击邻接的门来将该处的花朵转移到玩家的道具库中。采集到五朵花后，通向胜利的地点就得以解锁，角色进入该地点即可获胜。

在这个例子中，角色进入特定地点后可以解锁相应的行动，这是游戏空间的一种常见运用方法。这种方法也同样适用于用一个资源来代表单个玩家角色或用多个资源来代表玩家控制的多个单位的情况。实际上，我们可以通过允许生产单位在地图上移动而将即时战略游戏空间中资源位置的概念也表现出来。图 10.10 就表现了《星际争霸 II》中"恶魔游乐场"一关中的晶矿采集机制，同时还表现了低地上的 SCV 被周期性上涨的岩浆摧毁的机制。注意，该图中池与池之间的距离不代表实际游戏中基地与晶矿之间的真实距离。这个真实距离是用 SCV 的资源采集速率来表示的。

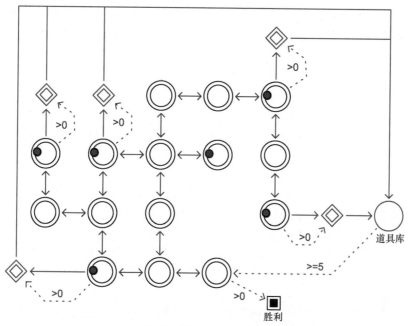

图 10.9 采花游戏的一个简单的空间设计方案

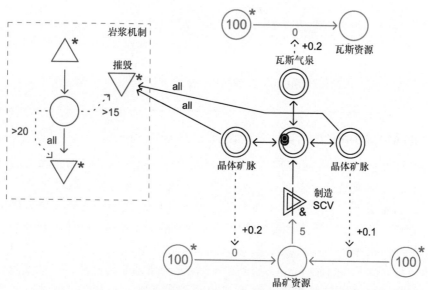

图 10.10 《星际争霸 II》中在多个地点采集资源的示意图

你可以用玩家的位置来激活特定机制，也可以反过来让它根据机制的状态来开启特定区域，图 10.9 体现了这种方法。只有当玩家采集到五朵或五朵以上花时，目标地点才会开启。控制游戏空间中特定区域是否开启的机制是典型的锁－钥匙机制。这种机制在最简单的形式下基于一个二元状态：玩家是否拥有正确的开锁钥匙。图 10.11 将这类锁－钥匙机制添加到了采花游戏中。

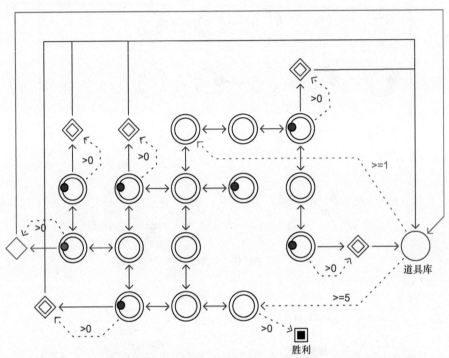

图 10.11　玩家需要使用钥匙机制（图中绿色部分）开启道路，以采集到全部花朵

你能把 Machinations 作为关卡设计工具来使用吗？

　　我们并未把 Machinations 框架设计成一种用来深入探究关卡设计的工具。从前面的例子可以看出，它更适宜于表现简单的、由少量代表地点的池组成的游戏空间。这对于指向－点击型冒险游戏 ❶ 来说尤为合适。但如果你试图用它来进行更加详细的关卡设计，则会陷入重复堆砌大量机制的境地。Machinations 并不适合于表现单位在地图上移动的机制，但也并非完全无法表现。此外，Machinations 也是探索和试验游戏关卡的不同结构的得力工具。Machinations 迫使你专注于抽象层面的结构，因此使用它来试验和实现新想法的速度会比使用大多数原型构建工具更快，而且它还能将游戏空间、空间中的任务、游戏机制三者的交互关系可视化地呈现出来。

---

❶　指向－点击型冒险游戏（Point-and-click adventure game），指一种主要使用指向和点击操作来与场景进行互动的冒险游戏。著名例子有《猴岛小英雄》（Monkey Island）系列和《雷顿教授》（Professor Layton）系列等。——译者注

10.3　学习玩游戏

关卡设计师的工作之一是将游戏过关所必需的技能教给玩家。如今的玩家并不想边阅读说明书边玩游戏，他们想要在玩游戏时自然而然地学习游戏机制。在网上和移动设备上玩游戏的休闲型玩家尤为如此。因此，你必须以一种合适的方法构建关卡，这种方法应当能通过一种循序渐进、易于理解的途径将游戏机制介绍给玩家。在本节中，我们将论述两种在玩家玩游戏时将游戏机制教给他们的方法。这两种方法略有不同，但完全能结合使用。

10.3.1　技能原子

设计师 Daniel Cook 在他发表在 Gamasutra 网站上的文章《The Chemistry of Game Design》（2007）中分析了玩家在玩游戏时是如何学习技能的。他在理论上将游戏打散成多个技能原子。每个原子代表学习过程中的一个步骤，由以下四个事件构成。

1．**动作**（Action）。指玩家执行的动作，例如按下一个按钮或移动鼠标指针。

2．**模拟**（Simulation）。游戏执行机制并改变状态，以此作为玩家动作的响应。

3．**反馈**（Feedback）。游戏通过输出设备将其状态变化传达给玩家。（注意这里的反馈并非指发生在机制内部的正反馈或负反馈，而是指返回给玩家的信息。）

4．**建模**（Modeling）。玩家随即更新他为这个游戏建立的心智模型❶。

Cook 以《超级马里奥兄弟》中控制跳跃行为的技能原子为例，说明了上述四个事件是如何在该原子中发挥作用的。

1．**动作**。玩家按下"A"键。

2．**模拟**。游戏计算跳跃力和重力作用，在它的内部模型中对玩家角色进行移动处理。

3．**反馈**。玩家角色开始运动，其动画发生变化，同时游戏播放一个跳跃音效。

4．**建模**。玩家学习到按"A"键可让角色跳起。

技能原子可能需依赖于先前学到的其他技能。仍以《超级马里奥兄弟》为例，玩家必须先学会跳跃，然后才能学习跳上平台或将隐藏在砖块中的道具顶出等技巧。相互关联的技能原子形成技能链和技能树。技能链和技能树可用图表来表示。例如，图 10.12 就是《超级马里奥兄弟》的一小部分技能树。

技能树的两个重要属性是它的相对宽度和深度。如果技能树很宽，说明玩家必须学习许多相互无关的技能。如果技能树很深，说明它包含一长串相互关联的技能。一般来说，你最好将技能树设计得相对较深，而不是相对较宽，并且至少要在游戏早期就将必要技能教给玩家。这是因为玩家在学习次级技能（建立在其他技能基础上的技能）时可以参考之前积累的知识，从而相对容易地进行学习，但在学习必要的基本技能（作为技能链起点的

---

❶　心智模型（mental model）是认知心理学中的概念，指人在自己心中对真实世界中事物运作方式的思考和解读过程。——译者注

技能）时却没有任何前期知识可供参考。例如，玩家在碰到一个不熟悉的新类型游戏时，会使用两种方法来找出哪些是基本技能：要么查阅游戏中的说明，要么干脆试着随机按下不同按钮，或操作其他输入设备。玩家在掌握了一些基本技能后，就能运用这些技能来玩游戏，并且很可能推断出一些能够形成次级技能的基本技能组合方式，也可能误打误撞地发现这些组合方式。但是，如果玩家错过了某种基本技能（例如不知道可以按下按钮来开枪射击），他就可能永远意识不到能用开枪来解决问题，进而遗漏掉游戏技能树中的一整条分支。

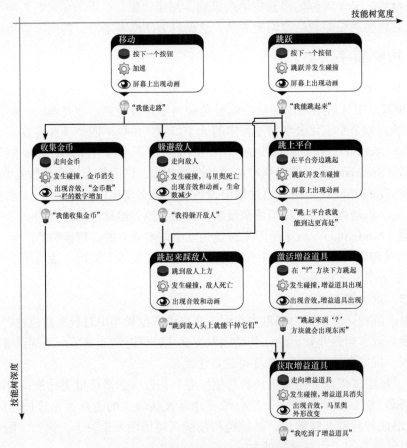

图 10.12 《超级马里奥兄弟》的一部分技能树

技能原子理论非常适用于那些考验玩家操作灵巧性的冒险游戏。在这种游戏中，每个技能原子对应于玩家在游戏中所必须掌握的一项操作。不过即使在那些不考验玩家操作的策略游戏中，技能原子理论也有用武之地。例如，在一个回合制策略游戏中，玩家使用骑兵单位来有效对抗弓兵单位的策略就是一个技能原子。学习这项技能的过程与学习动作型技能原子的过程类似：玩家执行一个动作（命令骑兵攻击弓兵），然后游戏进行模拟（计算攻击会产生多大效果）并提供反馈（播放动画和视觉特效以展现攻击效果），玩家再根据反馈来更新心智模型（骑兵可以有效制约弓兵）。

"学会只需一时，精通却需一生"

我们在教玩家如何玩游戏时，会使用新手教程和其他方法来明确地传授一些技巧。但其他一些技巧则必须由玩家自行在经验中学习。例如，国际象棋中明确告知玩家的技巧很少，只有各棋子的移动规则再加上王车易位、吃过路兵、兵的升变这三项特殊规则而已。但是，玩家在国际象棋中所必须掌握的潜在技巧却非常多。设计师们用"学会只需一时，精通却需一生"（easy to learn but a lifetime to master）这句谚语来形容游戏的这种品质。具备这种品质的游戏其技能树通常较深，而不是较宽。在基本技能较少的游戏中，玩家不需要学习很多东西也能顺利进行游戏。不过，玩家如要精通那些只能靠经验来学习的长长的技能链，则可能需要一生时间。

隐藏游戏信息

某些游戏十分依赖于向玩家隐藏信息。这似乎有悖于"一定要注意为玩家提供机制状态变化的信息"这条原则。但请注意，告知玩家"游戏状态的整体情况"与告知玩家"游戏的状态何时改变"是有微妙不同的。为了解游戏机制如何工作，玩家需要知道的是游戏何时发生变化。游戏是可以向玩家隐藏它的确切状态的。

许多牌类游戏会隐藏游戏的确切状态，但却明确展示出事物发生的改变：你可以看到其他玩家持有多少张牌、打出多少张牌。通过观察这些变化，你有可能推断出一些游戏状态信息，例如，牌的实际分布情况，或者你的牌是否比对手要好等等。

10.3.2 习武法则

我们阐述的第一种在游戏中教导玩家的方法是定义技能原子，并将它们组织成技能树。下面我们将阐述第二种方法，这种方法借鉴了空手道（以及其他多种日本武术）的训练法则。空手道学生在训练时必须经历四个不同阶段，以达到更高的段位。每个阶段都建立在前一阶段的基础上，具体如下。

- **基本**（Kihon，日语：基本）**阶段**。学生在这个阶段练习一些个别的空手道招式，重点在于学习它们的正确使用方法。
- **基本型**（Kihon-kata）**阶段**。为了熟练掌握新学的招式并能够下意识地施展出它们，学生需要无休止地反复进行练习。如果你没接受过武术训练，可以回想一下电影《龙威小子》（Karate Kid）中主角被命令无休止地干杂活（例如为汽车反复打蜡）的情节。
- **"型"**（Kata，日语：型）**阶段**。学生需要学习如何将不同招式以固定的模式组合起来运用。这种编制好的动作序列就叫做型。

- **组手**（Kumite，日语：组手）**阶段**。为证明自己的能力，学生需要与他的老师进行自由形式的交手。在最初几个级别时，老师只会从那些较为简单且易于预测的招式中选取一小部分使用。但随着学生的进步，老师的攻击方式会更加多样、更难预测。

你可以在许多游戏中找到这四个阶段。以《超级马里奥兄弟》和《古惑狼》（Crash Bandicoot）为例。

- **基本**：玩家在一个较为安全的环境下学习新动作，例如跳跃。一旦学会了跳跃，玩家就可以进入下一阶段。
- **基本型**：玩家需要不断重复新学会的动作，例如，连续进行跳跃（每次跳跃的难度通常会有所增加）。不用多久，玩家就无需思考怎样跳跃，或按哪个键来跳跃。他会在该跳的时候下意识地进行跳跃。
- **型**：在这一阶段，玩家遇到一系列挑战，只有将之前学会的动作结合使用才能克服它们，例如同时进行跳跃和射击。这个阶段中敌人的行为模式通常是确定性的，很容易预测。一旦玩家找到了正确的动作组合方式，这种组合方式就会（在本阶段中）一直有效。
- **组手**：与头目的遭遇标志着玩家的学习过程进入尾声。玩家必须在自由形式的战斗中运用动作组合来对付头目。尤其是到游戏后期，随着头目的行为越来越难以预测，玩家也必须一而再再而三地磨练自己的技艺。

游戏在运用上述学习法则时，通常会将它们与游戏的任务结构紧密结合在一起，将每个阶段转化为一个（或一系列）子任务的形式，玩家必须完成这些子任务才能继续前进。这意味着此类游戏需要花更多力气来检验玩家的本领。玩家如想通过基本阶段，就必须证明他具有跳跃能力。这种测试很容易设计，只要安排一个要求玩家正确使用技能才能克服的挑战，并让玩家无法绕过这个挑战即可。为了帮助玩家建立自信，在早期阶段最好将关卡设计得较为简单安全，到了后期阶段再把关卡难度提高。上述学习法则最适用于线性程度较高的任务，或者说至少适用于那些循序渐进地将挑战展示给玩家的任务——在这种任务中玩家在完成前期阶段的挑战之前，绝不会遭遇到后期阶段的挑战。

你可以在《塞尔达传说：黄昏公主》的"森之神殿"一关中发现上述学习法则（我们在第 2 章中也曾对这关作过阐述）。在这一关中，林克需要克服许多挑战。在关卡前期，玩家会遇到一种叫做炸弹虫的小型生物，它们会在被林克捡起来后几秒钟内爆炸。林克的第一个任务就是用炸弹虫消灭挡在通往下一个地下城房间的必经之路上的食人花（基本）。此后，林克还需要重复数次这样的行为来炸开一些障碍（基本型）。当林克得到疾风回旋镖后，他将会面对几项简单的考验（基本、基本型），从而学会用这个新道具来开启特殊机关或取得远处的物品。在这些考验中，玩家需要证明他有能力控制回旋镖来按一定顺序击打目标物体。在关卡末尾，林克必须使用回旋镖来取得远处的炸弹虫，并让它立即载着炸弹虫飞到另一朵食人花那里（型）。这些经验帮助玩家做好了准备，以便在随后的关底头目战中能够驾轻就熟地运用同样的技巧来击败敌人（组手）。图 10.13 展示出了这个关卡的主任务结构，以及各个学习阶段的出现地点。图中的方框代表各项小任务，箭头则标示出了小任务之间的依赖关系：只有当指向某个小任务的所有任务都被完成，这个小任务才会开启。需要注意的是，为了专注于阐述任务结构，图中省略了很多细节。（如想了解该关卡的空间布局，可查阅图 2.3 中的地图。）

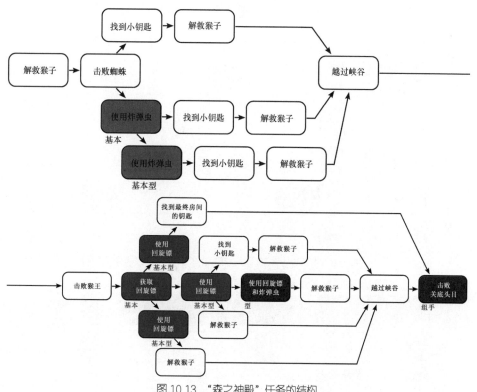

图 10.13　"森之神殿"任务的结构

你在游戏的第二个地下城区域——哥隆矿山中也能找到类似的结构。要进入这个区域，玩家必须先取得能让身体变重的铁靴，并证明自己能够驾驭这个道具（基本）。在关卡中，林克会学习到铁靴的各种用法：沉入水底、在带有磁性的岩壁上垂直或倒立行走、击败强大的敌人等等（基本型）。在关卡中途，林克会得到道具"勇者之弓"，用它来射击特定目标可以开启一些房间入口（基本、基本型）。在这一阶段中，林克会遭遇数场战斗，他在这些战斗中必须一边迅速切换铁靴的装备状态，一边运用弓术和剑术技巧来击败敌人（型）。在最后的关底头目战中，林克必须将以上三种技巧结合起来使用，才能击败头目（组手）。事实上，《黄昏公主》中的所有关卡都使用了这种结构。图 10.14 大致列出了玩

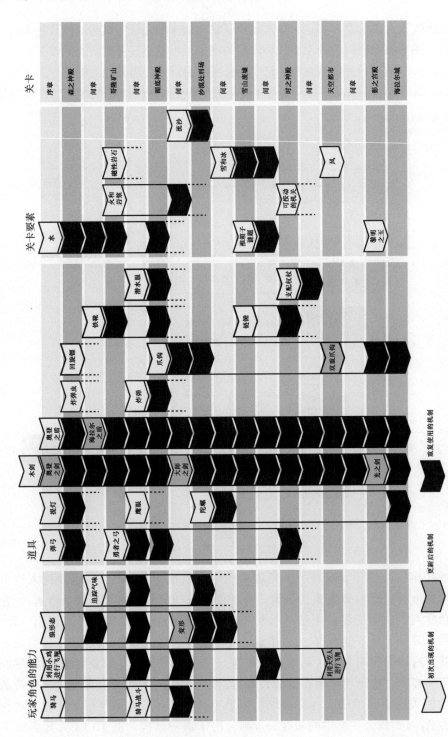

图 10.14　《塞尔达传说：黄昏公主》中机制的分布位置和组合方式

家在这个游戏的各个关卡（以及关卡之间穿插的任务）中所遇到的机制。从图中可以看出，在玩家玩游戏的整个过程中，游戏会慢慢地向玩家介绍新机制，并且每一关都侧重于一种不同的机制组合方式。这是运用关卡来构建平滑的学习曲线并创造出持久且变化丰富的可玩性的一个优秀范例。你在设计游戏时，也可以制作这样一张图表来规划各个学习阶段。不仅如此，你还可以运用这种图表来分析别人的游戏。

本章总结

在本章中，我们对游戏机制与关卡设计的交互方式进行了一些探索。我们探讨了衡量游戏进度的四种不同方法：通过已完成任务的多少来衡量、通过与数字形式目标的相距程度来衡量、通过角色的成长程度来衡量、通过玩家自身的技巧进步程度来衡量。我们以《月球殖民地》为例，说明了如何用核心机制的一个子集来构建特定的游戏关卡。在"任务和游戏空间"一节中，我们阐述了关卡任务的结构（或者说执行任务的次序）与关卡物理布局之间的区别。这两者都可以用 Machinations 示意图来帮助设计。在本章末尾，我们以《塞尔达传说：黄昏公主》作为理想范例，论述了设计师可通过哪些方法来教玩家玩游戏，以及设计巧妙的游戏是如何确保玩家对于即将来临的挑战始终具有充分准备的。

在下一章中，我们将探讨游戏中的渐进机制，并会重点分析锁—钥匙机制。

练习

1. 查看你为之前的设计所构建的 Machinations 示意图，从中选出一张合适的，以它的机制为基础设计不同关卡，使每一关都侧重于不同的机制结构。通过移除特定部分以及改变结束条件这两种简单方法，构建出一系列（至少三个）难度递增的关卡。

2. 从《Knytt Stories》（http://nifflas.ni2.se/?page=Knytt+Stories）和《Robot Want Kitty》（www.maxgames.com/play/robot-wants-kitty.html）这两个游戏中任选其一进行研究，分析所选游戏是如何构建其关卡，以及如何在玩家玩游戏时训练玩家的。这些游戏的任务结构和空间结构有什么差别？玩家在游戏过程中会学习哪些技巧？这些技巧是如何相互关联和组合的？

渐进机制

在第 10 章中，我们专门对关卡的结构特性进行了大量探讨。在本章中，我们会探讨那些驱动渐进性的机制，以及那些能用于构筑关卡的机制。我们并不会将这种探索局限于渐进型游戏中的传统机制这个范围内，而是会尝试将我们从突现型玩法中学到的东西应用到渐进型机制中去。

我们的目标是找到比商业游戏所使用的典型渐进型机制更具突现性的机制。在本章的前半部分，我们将研究传统的锁－钥匙机制，并找到让这种机制更具动态性的方法。在本章的后半部分，我们将抛弃渐进型机制的常规模式（让玩家角色在关卡内进行移动，最后到达一个作为目标的**地点**（location）），转而从更加抽象的意义上来诠释渐进的概念：渐进就是使游戏状态朝着某个目标**状态**（state）发生改变。这种新的诠释方式使我们得以超越当代游戏中常见的设计方法，来探索一种叫做“突现型渐进”的方法。我们试图通过这种探索来弥合 Jesper Juul 提出的渐进型游戏和突现型游戏之间的鸿沟。

11.1 锁－钥匙机制

关卡很多的游戏常常会依靠锁－钥匙机制来在每关中控制玩家的进度。这种机制有时会表现为真正的锁和钥匙形态。例如，在《毁灭战士》的大部分关卡中，玩家需要找到红色、黄色和蓝色的钥匙卡来分别开启对应颜色的门。在《塞尔达传说》系列中，林克常常要使用小钥匙来开门，还得寻找关键钥匙来开启关底头目房间的大门。虽然如此，但我们在使用锁－钥匙机制（lock-and-key mechanism）这个术语时，实际上指的是**任何**控制着通往关卡某些部分的通路的机制。在原版的《Adventure》游戏中，有条蛇会一度挡住玩家的前进路线（锁），玩家只有从笼中放出一只鸟才能赶走它（钥匙）。《塞尔达传说》经常用各种各样的物品来充当钥匙，让玩家寻找这些物品来开锁。“森之神殿”一关中的猴子、炸弹虫、回旋镖等都是典型例子。

根据通常的设计经验，让玩家先发现锁通常比让他们先发现钥匙要好。这有三个理由。

- 如果玩家总是先遇到钥匙再遇到锁，他们就会养成不加辨别地捡起沿途所见的所有物品的习惯，因为任何一个物品都有可能是开锁的钥匙。这会使游戏可玩性过度简单化。当玩家遇到一把锁时，他会先打开道具库，一件道具一件道具地试过来，而不会先去寻找合适的钥匙。早期的冒险游戏常常有这个缺点。

■ 当锁（障碍）的外形并不像锁，钥匙（解决方案）的外形也不像钥匙时，如果玩家先见到了锁，那么他要认出与之对应的钥匙就更为容易。这样，玩家在遇到钥匙时一般都能猜到它的用途，并且还会主动形成返回锁所在之处的意识。这就使玩家更为主动地参与到游戏之中，而不是机械地执行游戏扔给他们的一切任务。此外，玩家也更容易对自己的头脑产生自信，因为他们靠自己解决了问题。

■ 当玩家得以逾越那些之前无法通过的障碍时，他们就会感到自己又取得了一些进展，并且还会获得成就感。他们以前或许无法克服这些障碍，而现在却拥有了战胜它们的力量。（但你得注意不要把玩家搞得太沮丧，低龄玩家和休闲玩家对挫折的忍耐力不如资深玩家那么强。）

不过，我们不可能保证玩家每次都会先遇到锁，后发现钥匙。玩家先遇到它们之中的哪一个，要取决于玩家所在游戏空间的布局。如果玩家处于一个开放而庞大的世界中，能够随心所欲地四处漫游，那么他就有可能先遇到钥匙，只是他可能并未发觉自己遇到的东西就是钥匙罢了。在下一节中，我们会将锁－钥匙机制放到游戏空间这个具体情境中来讨论。

11.1.1 将主任务映射到游戏空间中

锁－钥匙机制能帮助游戏设计师将主任务映射到游戏空间中去。（记住，这里的主任务（mission）是指玩家为通过一关而需完成的多个小任务（task）的集合。）我们在上一章中已经阐述过，游戏任务的线性程度可能非常高，这一点在那些供玩家学习游戏基本机制的关卡中尤其明显。一个主任务中最好包含一些可选的小任务。"森之神殿"一关（图10.13）的任务结构在这里仍然是一个优秀范例。在最极端的情况下，任务可能会是完全线性的，如图11.1所示。但在绝大多数情况下，将这种任务映射到一个物理上线性的游戏空间中去并不是最佳方案。锁－钥匙机制为我们提供了一种将线性任务映射到非线性游戏空间中的不同方法，见图11.2。这种方法允许设计师把锁出现的地点提前（放到更加靠近关卡起点的位置）。理论上来说，它同样允许设计师把锁出现的地点推后。但正如我们之前阐述过的那样，锁最好位于钥匙之前。大部分情况下，把锁出现的地点提前才更有意义。

 小提示：在本章中关于游戏空间的插图中，绿色生物代表敌人，宝箱旁边的大型生物则代表敌人头目。玩家控制的角色未在图中出现，但会经由图中的拱门从外界进入关卡中。钥匙的颜色表明该钥匙能开启相同颜色的锁。

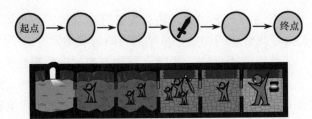

图 11.1　将一个线性任务映射到一个线性游戏空间中。注意玩家在中途获得的剑将会帮助他击败关底头目

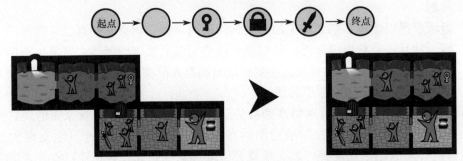

图 11.2　利用锁－钥匙机制将一个线性任务映射到一个非线性游戏空间中

　　尽管与图 11.1 有所不同，但图 11.2 中关卡的过关流程仍然是固定的。任何玩这一关的玩家都会以同样的顺序完成同样的任务。为了给关卡增添变化性，并为玩家提供选择权，许多游戏将门设计成需要用多把钥匙才能打开，如图 11.3 所示。"森之神殿"一关中的猴子就是这种结构的一个典型例子。

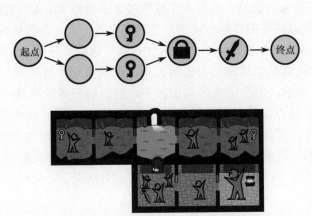

图 11.3　一扇门需用多把钥匙才能打开

　　我们也可以反其道而行之，让玩家能用一把钥匙打开多把锁。"森之神殿"一关中的回旋镖就有这种功能。遗憾的是，我们不能直接用这种方法来重新对游戏空间进行布局，

因为这会使关卡流程变短，还会造成图 11.4 所示的这类问题。要想让一把钥匙开多把锁，同时仍然让这些锁在钥匙之前被玩家发现的话，可以像图 11.5 一样加入额外的锁－钥匙机制，也可以像图 11.6 一样将一把钥匙开多把锁的机制和多把钥匙开一把锁的机制结合起来使用。

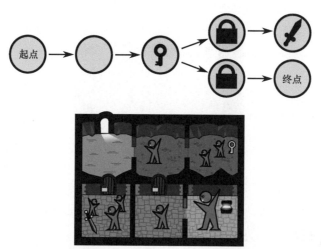

图 11.4　一把钥匙开多把锁的不当用法：玩家可能会在发现剑之前就先遇到头目

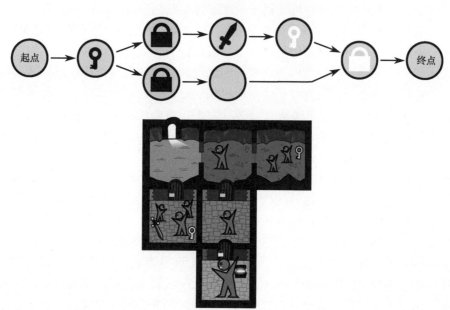

图 11.5　在一把钥匙开多把锁的机制基础上额外加入一个锁－钥匙机制

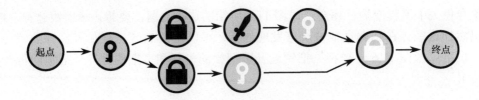

图 11.6　将一把钥匙开多把锁的机制和多把钥匙开一把锁的机制结合使用

11.1.2　用角色能力作为钥匙

在游戏中，锁－钥匙机制比真正的锁和钥匙更常见。大部分锁－钥匙机制都表现为其他形态，例如，机关或可以永久性地赋予玩家破坏某些门的能力的增益道具等。通过赋予玩家某些具有钥匙作用的永久性能力来控制玩家的游戏进度是一种常用的游戏设计方法。例如，在一个平台游戏中，玩家一旦获得了二段跳能力，就可以跃过更宽的沟壑，还能跳到以前无法到达的高处。设计出巧妙的锁－钥匙机制，并使它与核心可玩性紧密结合是关卡设计师的重要工作之一。因为可玩性是由机制创造出来的，所以你在设计锁和钥匙时必须让它们建立在游戏核心机制的基础上，或让它们与核心机制相互作用和影响。例如，如果游戏是关于跳跃的，你就应该把特殊跳跃能力设计成钥匙。如果游戏是关于剑斗的，你就应该设法设计出特殊剑技来作为钥匙。

用永久性能力作为钥匙有一个麻烦之处，它会产生出一把钥匙开多把锁的情形。如我们在上一节中阐述过的那样，这种结构有时很难驾驭。如果你想让玩家先遇到多把锁，然后才遇到开这些锁的钥匙，就得注意不要在无意之中创造出一些计划之外的关卡捷径。同时，一定要让玩家能够清楚地看出某个区域是锁着的（而非只是难以进入而已）。如果要在玩家寻找钥匙的路途上设置多把锁的话，可以让这些锁通往一些额外任务和额外奖励。要注意让这些任务和奖励既能满足有探索欲望的玩家，又不会对游戏造成太大影响。

用角色能力（而不是游戏世界中的物件）来作为钥匙还有一个优点，你可以以一些有趣的方式将它们与其他能力或游戏中的其他元素结合起来使用。例如，二段跳既可以作为越过某个宽阔沟壑的钥匙，也可以用于躲过那些高大到无法通过单次跳跃来越过的敌人。找出这些可能的机制组合，并用它们形成的锁和钥匙机制来构筑关卡是一种非常有用的设计技巧。这种技巧使你能最大程度地利用游戏机制，还能使你高效地创造出变化多样的游戏可玩性。

11.1.3 用 Machinations 来表现锁－钥匙机制

在第 6 章中，我们说明了如何用 Machinations 示意图来表示锁－钥匙机制。一个钥匙机制通常是一种简单的状态变化，能够开启游戏空间中的新区域。它的基本结构如图 11.7 所示。

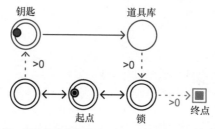

图 11.7 　一个简单的锁－钥匙机制（蓝色），用于控制玩家在游戏空间（黑色）中的进程

不过，这种结构也有缺点。游戏只能处于两个状态之一，玩家要么拥有钥匙，要么没有钥匙。这几乎没有留给动态特性任何立足之地。上面的 Machinations 示意图表现出了这种单纯性。图中的锁－钥匙机制由两个池构成，并基于一个能够单向移动（从原处移动到道具库中）的资源（钥匙）。这种机制带来的后果之一是玩家永远无法丢弃钥匙。许多游戏都有意采用了这种设计，以防止玩家意外将关键钥匙遗失——《The Longest Journey》就是一个广为人知的例子。

就算锁－钥匙以其他的变体形式呈现出来，其机制也并不会更复杂或更具动态性。嵌套锁就是一个例子，玩家只有完成某 NPC 交待的多项任务才能得到一把钥匙，等他得到了多把钥匙才能打开某一把锁，如图 11.8 所示。另一个例子是可消耗的钥匙，玩家打开门后，钥匙就消失不见（例如《塞尔达传说》中会神秘消失的小钥匙，如图 11.9 所示）。注意在钥匙可消耗的情况下，玩家可能会被迫在两条路线之间进行选择，因为他无法用一把钥匙同时开启这两扇门。在图 11.9 所示的这一关里，玩家总是能够过关，不会被困在关卡中，因为在锁 B 后面有另一把钥匙,并且某扇门一旦被打开,玩家就无法再"消耗"一把钥匙来再次开启它。

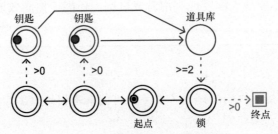

图 11.8　一把需要多把钥匙才能打开的锁

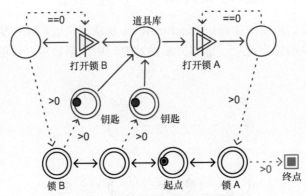

图 11.9　使用后就会消失的钥匙

如果你想在机制中引入玩家技巧这个因素,而不是使机制只局限在角色是否具有某项能力这个条件上,你就需要构建另一种机制。在《辐射 3》(Fallout 3)和《上古卷轴 V:天际》(The Elder Scrolls V: Skyrim)等游戏中,玩家可以使用开锁器来撬锁。开锁器可能会在撬锁时损坏,导致开锁失败。在上述游戏中,开锁的成功概率取决于玩家的技巧水平以及角色的属性值。开锁器是一种可消耗资源,如果用这种方式来开启某把锁具有重大意义,游戏就必须确保玩家能够无限量地得到开锁器。图 11.10 展示出了这种锁-钥匙机制。

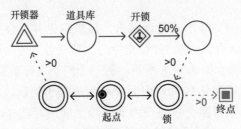

图 11.10　基于玩家技巧的锁-钥匙机制

在《塞尔达传说》中，玩家可用弓将箭射向远处的机关来开门。这种机制（图 11.11）将一把需要玩家技巧来打开的锁和一个较为传统的锁－钥匙机制结合在了一起，玩家必须拥有一把弓和至少一支箭，开锁过程需要消耗箭（且有一定机率失败）。和前面例子中的开锁器一样，游戏必须包含某些能为玩家提供足够的箭的机制，以免使玩家陷入困境，无法前进。

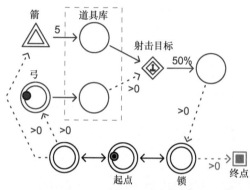

图 11.11　在《塞尔达传说》中，一个常规的钥匙机制（弓）和一个基于玩家技巧的可消耗钥匙机制（箭）结合起来形成了弓箭开锁机制

这种锁并未表现出动态特性，它不包含任何反馈循环。即使那些设计得更精巧的锁和钥匙机制也是这样，例如，图 11.12 所示的《塞尔达传说》中的炸弹虫机制，它们能产生更有趣的可玩性，但通常却并不会产生我们所寻求的那种动态特性。

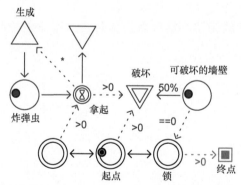

图 11.12　起到钥匙作用的炸弹虫。试试在 Machinations 工具中亲手运行这张图，观察其效果

本书中我们一直在强调反馈循环在构建突现型玩法时的重要性。你可能已经注意到，本节迄今为止讨论过的锁－钥匙机制几乎未包含任何反馈。图 11.9 中的激活器产生了一些反馈，图 11.12 中生成新炸弹虫的触发器亦是如此，但这两个例子中的反馈都具有很强的局部性，对锁－钥匙机制的影响并不大。

为锁－钥匙机制编目

　　利用 Machinations 示意图来表现不同的锁－钥匙机制，有助于揭示出这些机制的微妙区别及你在设计游戏时运用这些机制所遇到的各种问题。除了我们在本书中列出的以外，锁－钥匙机制还有很多其他形式。作为设计师，你可以为它们创建示意图，并学习它们的机制原理，从而建立起一个设计知识目录。当你在设计游戏时为想不出合适的机制而烦恼时，一个长长的锁－钥匙机制目录就能派上大用场：只需浏览你从各种游戏中收集而来的机制，并寻找有趣的机会将它们应用在你的游戏中即可。游戏设计师将机制汇编成目录来辅助设计，就如同许多专业美术师会收集大量的参考美术资料来帮助获取灵感、激发想法一样。

11.1.4　动态的锁－钥匙机制

　　要创造一个包含更多反馈的锁－钥匙机制，就要把钥匙当作一种可生产和消耗的资源，而不仅仅是一件要么存在于道具库中，要么不存在于其中的物品。例如，在图 11.13 描绘的机制中，玩家必须收集十把钥匙才能打开锁。（在这个例子里，玩家一旦进入正确的地点，收集工作就会自动开始。）图中将一个动态阻碍力施加在已收集到的钥匙数量上，从而形成了反馈作用。玩家收集到的钥匙越多，钥匙消耗的速度越快。就这个例子而言，我们可以把钥匙设计成某种供玩家收集来开锁的魔法能量。在这个机制中，玩家较难估算他需要收集多少把钥匙才能开锁。显然，如果收集钥匙的地点和锁所在地点的间隔距离增加，这种估算的难度也会随之增大。遗憾的是，这种机制本身并不十分有趣。归根结底，玩家要做的就是收集足够的钥匙，然后立刻奔向锁的所在之处而已，其中并无多少策略性。不过，我们可以改进这一点。

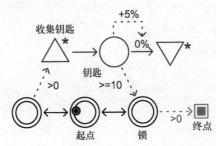

图 11.13　在锁－钥匙机制中加入一个简单的反馈机制

　　我们可以利用**动态引擎**（dynamic engine）模式来构建出一种更有趣的机制，如图 11.14 所示。在该图中，玩家需要收集至少 25 把钥匙才能开锁，但他可以选择是否消耗 5 把钥匙来将收集速率提高 0.5。然而，这个机制可能仍然太简单。要找出这种情况下最理想的升级次数并不太难（这个理想次数还受到玩家在不同地点间移动速度的影响）。该机制的一个更大不足在于它是可选的，玩家即使不进行任何升级，也能到达最终目标。你其实不应对这种缺点感到陌生，我们在第 6 章中已经阐述过，单单一个反馈循环通常不足以创造出有趣的动态机制。

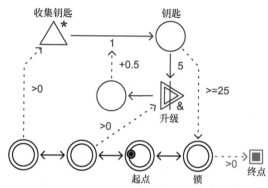

图 11.14 在机制中加入动态引擎模式

在这里，**动态引擎**（dynamic engine）模式的直接效果是导致了统治性策略以理想升级次数的形式出现。在本书前面对《地产大亨》和资源采集游戏的分析中，我们已经见识过了类似的模式。像《地产大亨》这样主要以动态引擎为基础，并以动态引擎为唯一或最重要的反馈循环的游戏，常常会加入随机因素以增添游戏的趣味性和不可预测性。这种方法或许可行，但它并不是我们想要在本书中探寻的方向。

要构建出更有趣的锁－钥匙机制，我们可以在**动态引擎**（dynamic engine）的基础上加入某种形式的**动态阻碍力**（dynamic friction）模式作为补充，如图 11.15 所示。在这张图中，敌人会不断产生并消耗掉玩家收集到的钥匙。如果放任不管，敌人就会越来越多。于是，玩家需要平衡三项任务：收集钥匙、升级、消灭敌人。这个挑战并不轻松，在这张交互式 Machinations 示意图中要想破关颇为艰难，且破关过程并没有图本身看上去那么直观。玩家如只是一味地收集钥匙，就无法前进太远。虽然玩家可以通过在收集钥匙和消灭敌人这两个行为之间不断切换来达成目标，但这需要玩家在很长一段时间内小心翼翼地把握切换时机从而维持系统的微妙平衡是一项很难完成的任务。玩家需要在收集、升级和杀敌三种行动之间找到平衡点来达成目标。如果杀敌效果是基于玩家技巧的，那么最佳平衡点就会依据不同玩家的技巧水平而发生改变。

注意：如果你觉得动态生成钥匙这个概念有些奇怪，就想一想这里的钥匙其实并不一定是物理上的真实钥匙，它开启的锁和门也不一定是真实的锁和门。在许多建设模拟和经营模拟类游戏中，玩家只有掌控了部分经济机制，才能解锁新建筑或其他游戏功能。角色扮演游戏也可以使用这种系统来作为解决任务的钥匙。例如，如果你能帮铁匠打理生意并成功赚到钱，铁匠就会给你奖励。

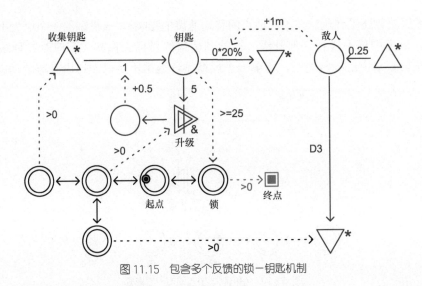

图 11.15 包含多个反馈的锁－钥匙机制

我们目前所建立的锁－钥匙机制形成的可玩性与即时战略游戏的可玩性非常相似，玩家必须在采集资源、对抗敌人和升级单位之间寻找平衡，以求制压敌人，并最终消灭对手取得胜利。**动态引擎**（dynamic engine）与某种形式的**动态阻碍力**（dynamic friction）的结合是大多数即时战略游戏的核心。对于多人游戏来说，你可以把动态阻碍力（dynamic friction）模式换成**耗损**（attrition）模式（另一种形式的阻碍力），并加入军备竞赛模式来为玩家提供更多的基地建设选择。

设计挑战

你是否能围绕着多反馈模式，或其他任何一种我们还没有在锁－钥匙机制中使用过的模式来设计一个锁－钥匙机制？

11.1.5 围绕着动态的锁－钥匙机制来构筑关卡

建立在较为简单、不具动态特性的锁－钥匙机制之上的关卡设计必须将许多这种机制串连到一起。与此相对，使用动态的锁－钥匙机制的一大优势在于你不需要加入如此多机制，而只需利用一到两个动态机制来作为关卡支柱，就可以创造出有吸引力和持久的可玩性体验。你或许已经在玩图 11.15 的示意图时注意到了这一点，玩家只是试图打开图中唯一的一把锁就需要进行大量操作，为此花费的时间也明显多于开大部分简单的锁。更重要的是，比起那些非动态的、只是简单地将开启某把锁的多把钥匙藏在迷宫各处的锁－钥匙机制，这张图中的机制更重视让玩家用策略来解决问题，玩家的行动选择也更具自由性，尽管这两种机制要求玩家执行的行动（通过迷宫）几乎是相同的。

你不必在构建每一关时都围绕着动态的锁－钥匙机制来进行。如果你的游戏已经拥有了动态的核心机制，那么你可以先把视线放在这些核心机制上。或许这些机制中已经包含了一些十分适宜于作为动态锁－钥匙机制的结构也说不定。如果这种结构真的存在，就能大大提高你构建关卡的效率，因为你不必再非得添加额外的机制来构建锁和钥匙（假设你希望拥有这些元素的话），还可以让游戏的重心集中在核心机制上。在其他情况下，你可以通过一些简单的添加或改变来达到目的，你可以在核心机制上添加一些不同机制，以构建出不同关卡。如果方法得当，就能创造出玩法多变、每关都有独特感觉的游戏。

使用动态的锁－钥匙机制，而不是简单的静态机制来控制玩家进度的另一个好处是你可以通过调节机制中的数值来改变挑战的难度。使用简单的锁－钥匙机制的冒险游戏的缺点之一是玩家几乎不可能选择关卡难度，因为游戏中的关系完全是二元的，玩家要么有钥匙，要么没有。而动态系统则与其不同，是可调节的。

不过，围绕着简单的锁－钥匙机制来构建关卡的做法或许比你想象的更常见。即使采用的锁－钥匙机制的动态特性并不很强，这种做法也是能起到效果的。例如，《塞尔达传说》的关卡结构是围绕着玩家在关卡中途击败小头目获得的武器，以及用这件武器作为钥匙打开某些门的过程构建而成的。大多数关卡只是在此基础上加入了一个要求玩家收集多把钥匙的机制而已。当然，锁－钥匙机制并不是这些关卡中唯一的挑战形式，但这种机制确实在为关卡构建合理的渐进型结构的过程中扮演着重要角色。这种头脑挑战和物理挑战的结合创造出了一种极佳的可玩性体验，让玩家沉浸在英雄式的冒险旅程中。

11.2　突现型渐进

在许多渐进型游戏中，游戏的目标都是到达一个特定地点（可能还要在那个地点执行一些行动）。在这些游戏中，进度被映射到了游戏空间中，游戏就是一场旅程。图11.16展现出了这种进度机制的最简单形式。游戏在告知玩家他的进度时，要么通过测算已经历的旅程长度来直接告知，要么通过让玩家进入一个新奇有趣的地点来间接告知。在设计一个将进度映射到游戏空间中的游戏时，锁－钥匙机制是你用来构建可玩性体验的最重要工具。

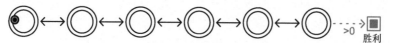

图 11.16　通过旅程形式来衡量进度

不过，要表现游戏中的进度，还有其他方法。在上一章中，我们阐述了可以用玩家接近胜利条件的程度来衡量游戏进度。在这种情况下，进度不是由玩家已穿过的游戏空间来衡量，而是通过游戏状态的某些方面来衡量。我们可以把这个问题简要地理解成玩家还需执行多少行动，或他要达到目标状态还需多长时间。图11.17展现了这种结构的最基本形式。

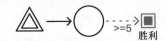

图 11.17 通过游戏状态的某一方面来衡量进度

通过让进度和游戏的某一特定状态相关联，我们就可以从全新的角度来考虑如何为游戏进度赋予动态特性。

桌上游戏通常更依赖于突现型渐进

桌上游戏似乎比电子游戏更频繁地应用突现型渐进机制。桌上游戏无法像电子游戏那样使用大量规则和预先设计好的关卡，整个游戏以物理材料的形式被局限在一个盒子中，无法为玩家提供庞大的规则来应对各种各样的特殊情况。然而，有些桌上游戏力图让玩家长时间地享受游戏，这种游戏的时间有时甚至以日计算！现代桌上游戏使用了各种技巧来达到这种目的。它们经常会将棋盘设计成用不同小块随机拼成，以使游戏具有丰富的开局变化（如图 11.19 所示的《卡坦岛》），还会加入一些规则，将游戏分割成不同阶段，并为每个阶段赋予不同的玩法（例如《电力公司》）。然而要在这类游戏中创造出渐进性，最理想也是最困难的方法还是使不同的玩法阶段自然而然地从游戏机制中生发出来，而不是通过规则强行划分出这些阶段。我们在第 4 章"内部经济"中曾详细阐述过国际象棋的例子，国际象棋的一局会明确经历开局、中盘和末盘三个阶段。设计出具备这种突现特性的游戏几乎是每个游戏设计师的奋斗目标，并且这种特性还具有使你的游戏成为现代游戏典范之作的潜力。我们在设计电子游戏时，同样应该力求构建出这样的可玩性。

11.2.1 把进度看作资源

如果要用游戏状态，而不是玩家的所在地点来衡量进度，最好的方法是将进度当成一种独立自主的资源来对待。通过这样做，你可以获得许多在玩家的进度和其他游戏机制之间建立互动关系的机会。角色扮演游戏中的经验值和角色等级就是典型例子。经验值和等级都是数字，它们不仅能告诉玩家他表现得如何，还能用于游戏内部计算。（例如在许多角色扮演游戏中，某些武器只有在玩家超过一定等级后才能使用。）

你可以允许玩家用进度值来换取一些长期利益，这些利益将帮助玩家更快地推进进度。如果游戏目标是尽快积累一定数量的金钱，则聪明的玩家就可能先将金钱投入到一些能更快赚钱的计划中去（这样也会显著降低当前进度）。你也可以用玩家的进度来实时改变游戏挑战的难度，《太空侵略者》就是这么做的，某一批外星人的移动速度与玩家所干掉的外星人数量成正比。玩家干掉的外星人越多，剩下的外星人就移动得越快，因此更难杀死。此外，每批新出现的外星人的移动速度也会比上一批更快。

那些通过玩家在游戏空间中经历的旅程来衡量进度的游戏不得不小心翼翼地安排游戏挑战的位置和次序，以确保游戏的难度曲线合理，以这种方式形成的难度曲线在玩家每次玩游戏时都一成不变。而如果通过游戏状态来衡量进度，你就能让游戏机制自动调整难度，从而使玩家每次重玩游戏时都能获得不同的体验。你还可以利用**慢性循环**（slow cycle）模式来使某一关中的游戏难度发生振荡变化。

注意：大多数角色扮演游戏不允许玩家对经验值进行交易或其他操作，但经验值仍是游戏的绝对核心，被用于各种运算中——它们实际上就是一种玩家不能直接修改的资源而已。如果你觉得把进度看作资源有点奇怪，就试试从经验值的角度来理解这个问题。（有时候经验值不需要被玩家看到。经验值是否应该可见，需取决于游戏的实际情况。）

把进度看作资源 vs. 动态的锁—钥匙机制

把进度看作资源的做法与使用动态的锁—钥匙机制有相似之处，但前者比后者更强大。在锁—钥匙机制的情况下，玩家为打开某把锁而努力的过程就像是不断在优化一个单一资源，即使这个锁—钥匙机制是动态的也是如此。但是，锁—钥匙机制影响可玩性的方式总会受到任务结构的制约（玩家何时遇到锁、这把锁会解锁什么东西等等），而且这种机制的状态是二元的——玩家要么能到达终点，要么不能。而如果把进度当做资源来对待，你就能对游戏施加更为细微的影响，还能得到比单纯的胜利/失败状态更多的效果。例如，某个游戏的获胜条件是在游戏结束之前取得一定的分数，那么无论你是恰好达到这个分数，还是远远超过这个分数，都算获胜。这些区别虽然微小，但却使得把进度看作资源的做法更具通用性。

讲述故事：把进度看作旅程的做法何时仍有意义

对于如何让进度以游戏状态的形式，甚至是以一种独立和抽象的资源的形式表现出来，我们已经进行了不少论述。这种理念赋予了游戏设计师更大的能力和灵活性，使设计师能为玩家创造出更具变化性和不可预测性的体验，有时还能使玩家更为自由地自行制定目标。不过，在某一种情况下进行设计时，用旅程形式来表现游戏进度仍然是有用的。这种情况就是游戏要讲述一个故事，并且玩家也确实在意这个故事的质量。

良好的故事体验具备某些特质，游戏并不总能表现出这些特质。

- 故事中的各个事件必须同心协力地结成一个协调的整体，它们绝不可给人以牵强、机械或随意之感。故事的主人公可以经历命运的突然转折，但这个转折必须具有戏剧特征，而不应让人觉得它只是由一些机制通过机械性的组合和计算过程所得到的结果。与之相对，游戏中的事件则常常是由单纯的运气或者某些杂乱的因素所产生的。
- 故事一定不能有重复性。好故事中的每个事件都应该独一无二，且能够体现出作者特定的创作意图。即使故事是关于一些重复进行的活动的，作者也只会将这种活动描述一到两次，然后就会转而叙述新发生的情节。然而，游戏（特别是模拟类游戏）常常包含许多重复性的事件，玩家也需要执行很多重复性的活动。
- 故事一定不能在时间上发生倒退（除了一些很少出现的作者有意为之的倒叙之外），而必须维持新奇度和发展势头。故事世界绝不能简单地返回之前的某个状态，即使主人公未能完成某个目标，他也从这次失败中学到了东西。虽然游戏显然并不能在真实世界的时间中倒回到过去，但它却能返回到某个与从前一模一样的状态，给玩家一种游戏世界中的时间真的发生了倒流的感觉。
- 故事是关于角色的，好故事中角色的一言一行都应让人觉得可信。而大多数游戏中的 NPC 都只是一些简单的机器，其行为并不可信。

这说明了一个重要问题，戏剧张力（"接下来会发生什么？"）和可玩性张力（"我接下来会不会成功？"）虽然表面相似，但实际上却并不是一回事。如果故事表现出我们在上面提到的任何缺点，戏剧张力就会被破坏殆尽。

为了让游戏具有故事性，大部分叙事型游戏都将游戏的进度和故事映射到了游戏空间中。它们的游戏空间被有意设计得符合故事需求，且为了保持故事向前推进，玩家很少能在一个地点中度过较长的时间。这类游戏还经常会关闭玩家身后的门，以防止玩家返回到故事的前面阶段。最后，叙事型游戏的任务中经常会出现一些独特的谜题，以降低任务的重复性。冒险游戏通常没有任何内部经济，只包含一些简单的锁—钥匙机制。

然而，这并不意味着我们提出的将进度看作资源的建议就不能用在包含故事的游戏中。有些游戏仅仅在关卡之间叙述故事，这样故事就不会受到机制的妨碍。有些游戏的情节和玩法结合得更紧密一些，但它们却并未指望玩家会重视故事情节。动作冒险游戏，例如我们多次提到的《塞尔达传说》系列，常常会讲述一个故事，并通过这个故事为玩家的行动提供动机和情境，但玩家获得的乐趣主要还是来自可玩性张力，而不是戏剧张力。即使他们觉得故事为玩法提供的情境还不错，也改变不了游戏的重点不在文学性上这个事实。

突现型叙事是一个探索如何解决传统可玩性体验和传统故事体验之间矛盾的研究领域，我们在第 10 章中曾对其进行过简要阐述。假想的突现型叙事游戏应该是这样的，它会使用具有游戏特点的突现型机制来构建可玩性，并用一个突现型渐进系统在无需作者参与的情况下生成具有戏剧特征的有趣故事情节。同时，它还能通过某些方式来确保游戏体验具有一定故事性，并避免重复性、随机性、时间上的倒退和不可信的角色等缺点。为了构建这种系统，有的游戏使用了人工智能技术在情节的发展过程中搜索各种可能的未来事件，就像国际象棋程序搜索各种可能的未来走法一样。但在这些游戏中，搜索算法的目标不是将死对方的王，而是试图找出有趣的故事情节。到目前为止，还无人成功构建出一个可成型为完整游戏的突现型叙事系统。迄今人们在这个领域中取得的全部成就只是做出了一些小型原型而已。

11.2.2 间接生产进度

我们可以把这种将进度看作资源的方法进一步引申开来，使进度能够间接地被玩家生产出来，并可通过多种资源来衡量。在这种情况下，进度并不是只由某一项特定活动所生产，它的生产过程涉及多个步骤和多种资源。

这种方法在开放式结局的模拟游戏中很常见。例如，在经典的太空贸易游戏《Elite》（图 11.18）中，玩家需要操作飞船在浩瀚宇宙中进行航行和贸易活动。这个游戏启发了后世的许多太空贸易类游戏，如《Privateer》和 MMO 游戏《Eve Online》。在《Elite》中，

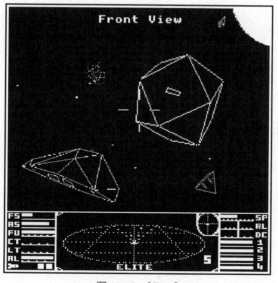

图 11.18 《Elite》

玩家需要将挣到的大部分钱都重新花在飞船身上。有了更好的飞船,玩家就能航行得更远,到达某些更加危险但也更有利可图的星系。玩家在游戏中的进度是由他拥有的飞船的品质和运载能力(即一些实体资源的集合)来衡量的。虽然游戏开放式结局的特性允许玩家自行选择目标,但似乎大多数玩家都会把目标定为拥有一艘强大的飞船,并尽量积聚财富。

在《Elite》中,玩家也有可能损失进度,飞船可能会遭到攻击并被破坏,此时玩家可以动用宝贵的导弹来击退太空海盗,也可以使用昂贵且一次性的星际超光速推进系统来逃之夭夭。这种进度损失方式在那些通过旅程来衡量进度的游戏中较为少有,但在模拟类游戏中则十分常见。

另一个好例子是桌上游戏《卡坦岛》(图 11.19)。这个游戏的目标是获得 10 点分数。玩家可通过建造村庄、将村庄升级为城市、修筑出最长道路、打出最多的骑士卡或靠运气买到能够加分的发展卡等方法来获得分数。所有这些得分手段都是相互关联的。玩家不能随时随地建造新村庄来得分,要建造一个村庄,他必须事先在合适的位置修建道路,并合理调配手头各种资源的比例。即使村庄成功建成,事情也没有结束。村庄能增加玩家获得新资源的机会,而将村庄升级为城市还能增加玩家获得的资源数量。

图 11.19　带海洋扩展包的《卡坦岛》游戏。(照片基于知识共享—署名—相同方式共享 2.0 条款(CC BY-SA 2.0)许可使用,由 Alexandre Duret-Lutz 提供)

图 11.20 展现出了《卡坦岛》的大部分经济机制,但省略了诸如修建最长道路来得分、打出最多骑士卡来得分等机制。这张图是回合制的,并使用了 Machinations 的颜色编码功

能来区分游戏中的五种不同资源。在实际游戏中，村庄和城市在每回合中都有一定机率产出资源，且每座城市都能使玩家有更大机会获得双倍资源，图中的生产机制再现出了这些规则。我们建议你下载这张示意图并实际玩一下，以充分体会这个游戏的内部经济是如何运作的。

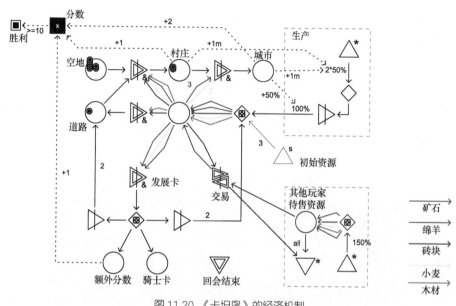

图 11.20 《卡坦岛》的经济机制

《卡坦岛》的经济受一个**动态引擎**（dynamic engine）支配，这个动态引擎又隶属于一个**引擎构建**（engine building）模式，并与一个**交易**（trade）模式相互作用。这个游戏通过引入多种投资选择并让这些投资与游戏进度挂钩的方法，设法避开了动态引擎通常会带来的典型可玩性特征。单纯的资源积累不是这个游戏的重点。用间接方式来衡量游戏进度的另一个副作用是它要求玩家具备准确判断游戏局势的能力。虽然我们很容易看出每个玩家拥有多少城市、村庄和资源，但因为分数计算的间接性，尤其是因为地图上可供建设的地皮数量有限，所以要判断出哪位玩家最接近胜利并不容易。某位玩家也许只差一座村庄就能达到胜利分数，但如果此时地图上可供建设的地点已全部被其他人占领的话，该玩家就不可能通过建造新村庄来获得胜利。他将不得不花费大量矿石和小麦来建造城市，但这些资源又可能并不容易获得。因此对这位玩家来说，胜利虽然表面上近在眼前，但实际上却仍可能遥遥无期。此外，每个玩家所持有的交易品种类（而非数量）是对其他人保密的，而且游戏的动态引擎依赖于一个随机机制，这些因素进一步增加了推测领先者的难度。与此形成对照的是《地产大亨》中谁是领先者则一目了然，因为所有玩家的财产都是明确公开的。

　　《卡坦岛》是用间接方法来衡量进度的，因此玩家的获胜方法不止一种。玩家可以尽量多建造村庄和城市，也可以把希望寄托在抽到理想的发展卡上。前者比较保险，但耗费资源也较多。而后者则是玩家手头缺乏资源时的不错选择，代表了一种高风险高回报的策略。

《模拟人生》同样通过多种多样的资源来间接衡量进度。在游戏中，玩家需要控制一些被称为 sims 的模拟人物，这些人住在玩具屋一样的房子里，如图 11.21 所示。玩家取得的成就由他为 sims 提供的物质用品（家具和房屋设施），以及 sims 的职业发展情况来衡量。《模拟人生》是一个时间管理型游戏，玩家必须在有限的时间内尽可能进行各种操作使 sims 保持快乐和健康。如果对 sims 照料得当，他们就能找到工作。如果他们在健康状态下精力十足地按时完成工作，就能获得升迁，从而得到更高的报酬。玩家可以用这些报酬购买物品来取悦 sims，并提高他们的日常行动效率。尽管游戏并未规定玩家目标就是让 sims 过上富足的物质生活并在职场上获得成功，但这个目标却隐含在了游戏机制中，并且许多玩家也是以此为目标来玩游戏的。

图 11.21　《模拟人生 3》的一张截图，表现了房屋的室内陈设状况。画面底部的面板上显示出了游戏的一些经济元素

　　注意：《模拟人生》展现出来的冷酷的物质主义生活方式受到了很多人的抨击。你所控制的模拟人物没有任何精神生活。除了物质享受之外，似乎没有任何其他途径能给他们带来快乐。不过，如果仔细领会游戏中对家具的讽刺性说明，我们就可以看出游戏的制作者显然明白自己在干什么。这个游戏其实是一个讽刺作品。

11.2.3　突现型进度和玩法阶段

在设计传统的非突现型关卡时，设计师的任务之一是创造出富于变化、节奏合理的可玩性。当进度是由玩家在穿越游戏空间过程中取得的进展来衡量时，关卡设计师善于构建这种空间的能力使他们能在很大程度上对游戏的这个方面加以控制。但如果进度是游戏机制所形成的动态系统的一个突现特性的话，设计师就不可能对可玩性进行这种直接控制。然而，这并不是说具有突现型渐进机制的游戏就无法拥有多变和节奏合理的可玩性。它只是意味着我们需要改用其他方式来为游戏创造节奏和变化而已。

在突现型游戏中，变化和节奏必须来自于游戏过程中的不同阶段。在这种情况下，玩法阶段是一段时期，这段时期里游戏的动态行为遵循一种特定模式。当这个动态行为中出现了某种显著转变时，游戏就进展到一个新阶段。例如，在典型的即时战略游戏中，最初的阶段主要由资源采集和基地建设等行为构成。玩家在这一阶段中迅速积累资源，并建造防御设施和单位。从某个时间点开始，玩家的行为会发生改变，他会开始发展进攻力量，并用这些兵力来探索地图。玩家在这一阶段中的重点主要是占领地图上的战略要地，此外还可能需要采取一些措施来保障未来的资源供应。一旦玩家积累了足够的资源并找到了敌方基地，他就可能发动一次大规模进攻，以图战胜对手。

图 11.22 将这些阶段与玩家资源和生产速率所体现出来的不同模式一一对应了起来。从图中可以看出，每一阶段中游戏状态的变化都遵循某种相对稳定的模式。在基地建设阶段，玩家快速消耗资源，生产速率迅速提高。在探索阶段，玩家将关注点转向游戏的其他方面，使资源得以积累。在进攻阶段，玩家交替进行建设和进攻这两种行为，导致资源数量上下波动。

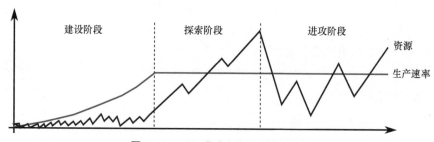

图 11.22　RTS 游戏中的不同阶段图示

这三个阶段并不一定会在游戏中出现。即使它们出现了，也不一定会遵循上面的顺序。例如，玩家若要发动快攻（见 8.3 节），一个方法是先执行一个非常短的建设阶段，然后跳过探索阶段，直接攻击敌人。此外，游戏中还可能出现其他阶段。例如，在一个要求玩家占领并采集分布在地图各处的资源的关卡中，不同的探索阶段之间可能会夹杂出现巩固阶段。如果敌人的基地有多个，那么玩家很可能在经历第一个进攻阶段之后随即进入一个类似的巩固阶段。此外，重视科技树机制的游戏中很可能出现研究阶段。在研究阶段中，玩家不进行建造活动和进攻活动，而是投入资源来升级他的生产设施和单位。

阶段过渡和复杂性理论

在复杂科学中，动态系统中多个稳定状态之间的转换是一个重要的研究课题。例如，交通堵塞问题就常常通过这种方式来研究。交通系统中有两个主要阶段——正常流动和交通堵塞，此外还有一些中间状态。研究者们希望找出是什么因素触发了这些阶段之间的转换。交通流动中的阶段转换似乎有点类似于化学中的固态、液态和气态转换。例如，水在被逐渐加热时并不会产生很大变化，但一旦到达沸点，就会突然变成气态。类似的事情也发生在公路上。如果你不断增加车辆来加大交通压力，会发现车辆的流动和平均速度仍会在一段时间内保持正常，但到了某一个时间点就会突然下降，导致交通堵塞。如要使交通重新回到通畅状态，你可能需要将交通压力降到比当初堵塞发生时的交通压力还要低得多的程度上。在许多复杂系统中，一种状态在转换到另一种状态时所需要的改变也有类似的不对称性。如果这种不对称性较大，系统中的阶段就趋于稳定。如果这种不对称性较小，系统就更容易在不同阶段之间来回振动。

11.2.4　构筑玩法阶段

当你为一个包含很多突现型玩法阶段的游戏设计关卡时，你的职责是合理安排各种元素，使它们产生出你所追求的可玩性体验。如果你在为一个即时战略游戏设计某一关时想要强调第一个建设阶段，就可以在关卡早期安排一些小规模的敌人来频繁骚扰玩家。这会使玩家不得不在发展生产和巩固防御之间小心翼翼地保持平衡，导致生产效率显著下降，结果就很可能使建设阶段大大延长。而如果将地图上的资源减少并分散开来，玩家就更可能会经历若干个探索和巩固阶段。

脚本 vs 突现

当你为一个游戏或一个关卡构建玩法阶段时，你可以试着使所有不同阶段都自然而然地在玩家玩游戏的过程中生发出来。然而在许多情况下，使用确定性的或动态的脚本来强行产生改变会更合适。例如，在《星际争霸》（以及其他许多 RTS 游戏）单人战役中的很多关卡里，游戏设计师已经事先安排好了一些由 AI 控制的敌军单位，待满足一定条件后就对玩家发动攻击。这类事件有的只要到了规定好的时间就会发生，而另一些则当玩家到达地图上的特定位置时才会被触发。即使你是以创造出动态的、突现的玩法为目标，也不要惧怕用这种方法为游戏添加一些渐进特性。只要方法得当，你就能创造出一个具有高度动态性、丰富变化性和很高重玩价值的游戏或关卡。

我们经常需要用一个重大事件来激发玩法阶段之间的转换。当游戏处于某个特定阶段时，其局面是平衡的，玩家很可能处于一个稳定的玩乐节奏中。我们已经确定了若干种常用于创造重大事件，从而促使游戏转换到新阶段的设计模式。

- **慢性循环**。在上一章中，我们论述了《星际争霸 II》中的**慢性循环**（slow cycle）模式，该模式使这个游戏在明确的防御阶段和进攻阶段之间不断转换。一般来说，慢性循环很有效，但灵活性略显不足，尤其是当玩家几乎无法对慢性循环机制施加影响时。（根据传说，卡纽特大帝就是通过展示他不能阻止潮水上涨来证明君王之力不是万能的 ❶。这里的潮汐就是一个典型的慢性循环。）另一方面，慢性循环通常不会产生我们下面将阐述的那种具有戏剧性的事件。

- **静态阻碍力／静态引擎**。如果**静态阻碍力**（static friction）的出现频率不高，但却有很强影响的话，就可能引起阶段的转换。《凯撒大帝 III》中就有一个好例子（参见第 9 章）。在这个游戏中，野蛮人的不时侵略和罗马皇帝定期提出的纳贡要求形成了影响很强的静态阻碍力。城市的经济平衡较为脆弱，因此这些事件很容易就能将经济拖入一个衰退阶段。在这个阶段中，市民由于得不到资源而迁离城市，使劳动力减少、城市生产率下降。

    与此相反，一个不频繁地产生大量资源的静态引擎可以使游戏经济从贫乏时期转变到富足时期。在《凯撒大帝 III》中，商队的到来可以造成这种效果。

- **渐增型复杂度**。**渐增型复杂度**（escalating complexity）模式依靠于两个玩法阶段之间的一个过渡转变。玩家只要能跟上复杂度增长的速率，就能在表面上控制住局面。但当游戏的节奏越过某个阈限后，正反馈机制就会把游戏快速推向结局，从而形成一个较短的失败阶段，玩家的优势在这个阶段中逆转为劣势。在《俄罗斯方块》中，这两个阶段很容易识别。多数时间内，游戏都在玩家控制之下，但当方块的掉落速度超过了玩家的反应速度时，游戏就转入失败阶段。在这个游戏中，复杂度的产生包含一个随机因素：新掉落方块的种类。这意味着玩家如果拼命努力，且具备一定运气的话，就有可能把游戏从失败阶段拉回到正常阶段。

- **阻碍机制／多反馈**。当某个玩法阶段需要依靠玩家执行某种特定行动来延续时，你就可以使用一个**阻碍机制**（stopping mechanism）来降低这种行动的有效性，使它的效果随使用次数而逐渐降低。这就使得该阶段无法永远持续下去，并最终使游戏转换到一个新阶段。在《The Seven Cities of Gold》这个关于探索（和开拓）新大陆的游戏中，玩家可以使用一项名为 "Amaze the natives" 的功能来避免与美洲原住民发生冲突。这个功能一开始十分有效，但其效果会随时间而逐渐降低，导致一段时间后玩家就不得不改用其他策略，这就是一个阶段转换。阻碍机制通常十分精细微妙。此外，如果阻碍机制的效果没有持续下去，游戏就可能会转变回之前的玩法阶段。在

❶ 卡纽特大帝（Cnut the Great）是 11 世纪的一名欧洲君主。关于他的一个著名典故是，一次他为了证明君王之力并非万能，而只有上帝之力才是最强大的，就率领臣子来到海边，当众命令潮水不得上涨以打湿他的靴子。结果海水自然没有听令。——译者注

大多数情况下，任何以精细而缓慢的形式呈现出来的**多反馈**也有类似的效果。

设计挑战

上述列表并不完整和详尽。想想还有哪些机制或模式能在《凯撒大帝 III》或《星际争霸 II》之类游戏中引起玩法阶段的转换？

在突现性阶段中融入渐进要素并不容易。但你可以通过在系统中引入一些很可能引起阶段转换的机制来构建出一套你能掌控的游戏经济，使你得以在这个经济中预测玩法阶段可能发生哪些转变。例如，在《俄罗斯方块》中，你不知道游戏何时会转变到失败阶段，但却明白这个阶段最后**必然**会出现，因为其中一种能够引起这种转变的机制效果（方块掉落的速度）会慢慢增强。在你作为设计师积累了一些经验和自信后，你将发现自己在设计这种突现型渐进机制时更为得心应手，而且还能用这种机制构建出引人入胜的、无需依赖于编写好的事件的游戏系统。

本章总结

本章中，我们继续探讨了如何更加深入地将渐进要素融入到游戏机制中。我们首先分析了几种传统的锁－钥匙机制，然后阐述了如何构建出能起到钥匙作用，可解锁游戏新区域或新功能的动态系统，以及如何用这种系统来对传统的锁－钥匙机制加以扩展。

在本章的后半部分中，我们探讨了几种方法，这些方法为游戏中的渐进要素赋予了突现性，从而使这些渐进要素不再只是基于玩家在游戏空间中的所在位置的一个简单因素而已。通过把进度本身当成一种资源，或者当成一种通过多个因子的相互组合计算而来的数值来对待，我们就有可能创造出一种游戏，这种游戏中渐进模式的可预测性较低。通过运用**慢性循环**（slow cycle）模式和其他设计模式，你还能将游戏进程分割成多个明确的阶段，使游戏可玩性更加多变。

在下一章中，我们将着重探讨设计师可如何通过游戏机制向玩家传达有意义的信息。随着人们越来越多地把游戏用于教育、宣传和说服，这个课题的重要性也逐渐提高。

练习

1. 回顾一下你最近设计的游戏，从中找出一个锁－钥匙机制。在不往游戏里添加新机制的前提下，试着至少找出三种不同方法来为同一把钥匙设计出不同的锁。

2. 从附录 B 中随机选择两种设计模式，用它们构建一个动态的锁－钥匙机制。你是否能将这个机制作为一个完整关卡的基本结构来使用？

3. 从已发行的游戏中找出一个具有多个明显的玩法阶段的突现型游戏。你是否能识别出游戏中的哪些机制起到巩固某个阶段的作用，哪些机制起到促使阶段发生转变的作用？

4. 你能用哪些模式来为《月球殖民地》构建出突现型玩法阶段？（参见 9.3 节。）

有意义的机制

传统的电子游戏业创造的主要是有娱乐性（且有利可图）的游戏。但除了娱乐之外，游戏的用途还有很多。越来越多的公司开始致力于开发用于教育、说服、启迪甚至治疗的游戏。很多这些游戏都试图向玩家传达某种信息，其传达方式多种多样。但在本章中，我们主要关注的是如何通过游戏机制以及机制与游戏其他部分（设定、美术以及故事——如果有故事的话）之间的相互作用来传达信息。

本章中，我们将阐述如何创造出有意义的机制。首先，我们将讨论严肃游戏（serious games），研究它们有何用处。然后，我们将探讨传播理论和符号学，并把我们从这些学科中学到的知识应用到游戏设计中去。最后，我们会探讨那些能提供多个意义层次的游戏，研究其中意义的相互矛盾性以及一种叫作互文讽刺（intertexual irony）的现象。即使你的兴趣主要在于创造娱乐性游戏，你也完全可以运用从本章中学到的知识来让你创作的娱乐性游戏更有意义，且拥有自己的信息。

12.1 严肃游戏

玩乐和学习活动都有着十分悠久的历史。人类及许多动物都一直把玩乐作为一种对今后生活中的更加严肃的任务的准备。儿童在玩捉迷藏时，实际上是在练习一些猎人所使用的技巧。如今，狩猎技巧已不如从前那么重要了，但其他儿童游戏，例如，过家家和骑脚踏车，仍然与儿童将来可能从事的活动有所关联。它们为儿童提供了一个演练和准备的机会。

玩乐行为在演化成一种更具条理的活动（即我们所称的"玩游戏"）后，其学习功用仍然保留了下来。游戏设计师 Raph Koster 写了一本探讨游戏中的乐趣和学习行为之间关系的书《A Theory of Fun for Game Design》（2005）。他主张，不管玩的是什么游戏，玩家所体验到的乐趣都是通过他对这个游戏的学习和掌握而触发的。当你在游戏中解开一道谜题，并正确执行了一系列行动从而顺利过关时，你就可能获得成就感。玩游戏是一个不断学习的过程，你要学习游戏目标，学习各种动作，还要学习如何运用各种策略来达成游戏目标。这适用于所有类型的游戏，甚至包括《俄罗斯方块》这类与现实生活中的任务没有明显相似之处的抽象型益智解谜游戏。尽管 Koster 的观点有些偏颇（除了学习，还有很多元素能为游戏带来乐趣，如社交互动和审美愉悦），但其观点的核心是正确的：有乐趣的学习是游戏可玩性的一部分。

游戏一代

如今，电子游戏在发达国家中已相当普及。已经有整整一代人玩着电子游戏长大，游戏教给他们的东西已改变了他们的生活态度。在《The Kids Are Alright》（2006）一书中，John Beck 和 Mitchell Wade 认为，当前的游戏一代对待工作的态度已和上一代人不同，这种不同源于他们作为游戏玩家所经历的体验。例如，游戏玩家倾向于将失败看作一种短暂的挫折，而不是严重的灾难。他们长久以来在游戏中经历的失败—从头开始的经验已降低了他们对失败的畏惧心理。此外，游戏中的任何问题都有解决方案。玩家可能并不能立即发现这些方案，但他们却坚信游戏是公平的，设计者一定安排了某种克服挑战的方法。这使得游戏玩家在处理现实生活中的问题时也更有自信，并抱着一种一定能做到的信念，尽管现实生活并没有游戏世界那么公平。

人们用严肃游戏（serious game）这个术语来指代那些不以轻松娱乐为目的的游戏。严肃游戏这个概念没有标准定义，不过，著名的严肃游戏倡导者 Ben Sawyer 提出过一个广义定义："严肃游戏就是能解决问题的游戏。"严肃游戏被设计为可对现实世界产生某些形式的影响，其中许多游戏利用了玩家玩游戏时对学习的开放态度来教导玩家某些东西。游戏还提供了一个平台，使我们能在其中安全、廉价地对某个问题的新解决方案进行测试，而不必担心引发什么糟糕的后果。

12.1.1　早期严肃游戏

早在计算机出现以前很久，严肃游戏就推动着现代桌上游戏的发展。我们如今熟知的《地产大亨》（Monopoly）就源于一个严肃游戏。《地产大亨》在很大程度上借鉴了一个更早的作品《The Landlord's Game》（图 12.1）。该游戏由 Elizabeth Magie 在 1904 年设计出来，用于展现资本主义经济在无约束状态下所产生的后果。Magie 希望证明这种地产购买和租借系统会使地产拥有者越发富有，同时使承租者穷困潦倒。"Monopoly"❶这个名字讽刺性地颠倒了原游戏意欲传达的信息，但我们确实能从这段历史中看出，为什么《地产大亨》的胜利条件是使其他玩家破产，而非只是积累起比其他人更多的财富。

现代的大部分战争游戏，无论是电子游戏还是桌上游戏，其历史都可追溯到《Kriegsspiel》（德语原义即为"战争游戏"）这款严肃游戏上。《Kriegsspiel》最初由普鲁士中尉 Georg

---

❶ 英语原义为"垄断"。——译者注

Leopold von Reiswitz 于 1812 年发明。之后，他和他的儿子又对这个游戏进行了完善，供普鲁士军队训练其军官的战术战略素养，如图 12.2 所示。在《Kriegsspiel》中，玩家轮流在一张代表战场的地图上移动涂有颜色的木制棋子。规则规定了棋子可移动的距离，骰子则决定了一个单位对另一个单位的射击效果，或它参与附近战斗后所造成的效果。如果你玩过战争类桌上游戏，就会觉得这些规则听上去很熟悉。

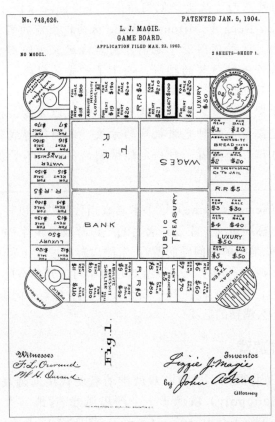

图 12.1　《The Landlord's Game》的游戏棋盘，出自游戏的原始专利图

对于军官训练来说，《Kriegsspiel》是一项革命性的创新发明。尽管它用掷骰子来模拟枪炮战斗的规则非常简单，但它确实提高了军官的战略素养。《Kriegsspiel》允许玩家尝试不同的战斗策略，逐一摸索这些策略的功效和缺点，而不必承担任何后果。游戏还给了玩家一个扮演敌军的机会，使他们得以从敌方视角看问题，从而全面深入地考虑策略。在贯穿整个十九世纪的一系列成功的军事战役落幕之后，欧洲及欧洲之外的许多国家都将战争游戏采纳为一种训练军官的方法。

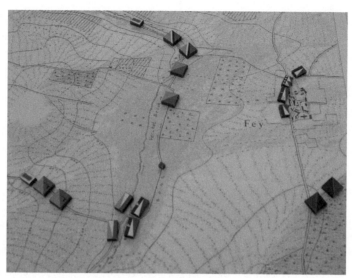

图 12.2　《Kriegsspiel》。照片由 Andrew Holmes 提供

认真对待游戏

　　有的国家没有认真对待战争游戏。他们不理解一个用骰子来模拟战斗的简单游戏怎么能与真实战争的混沌性和复杂性产生联系。战争游戏的历史伴随着许多趣闻轶事，它们记载了各种由作战方对待战争游戏的态度而导致的胜利和失败案例。1960 年，美国海军上将切斯特·尼米兹（Chester Nimitz）宣称第二次世界大战中与日军的战斗曾在战争游戏中经过相当彻底的测试，以致于唯一没能预料到的事件只有神风特攻队的出现。与此形成对照的是，在第一次世界大战早期，俄国人没有把他们在战争游戏中演练的结果放在心上，结果在坦能堡战役中遭受惨败。（要了解更多关于战争游戏历史的信息，可访问"Historical Miniatures Gaming Society"网站的 www.hmgs.org/history.htm 这个页面。）这些运用了战争游戏来预演实际战斗的历史案例带给我们的重要启示是，一个游戏在其规则系统相对简单且并不写实的情况下，仍然可以准确抓住它所表现的真实情形的本质，并成为优秀的学习工具。

12.1.2　严肃电子游戏

　　自 20 世纪 80 年代起，人们就开始设计目的严肃的电子游戏了。这些游戏最初是作为教育工具来设计的。遗憾的是，在技术发展的浪潮中，许多早期的教育游戏都被证明是令人失望的，edutainment 这个曾经风行的词如今也已被人避免提起。有太多早期的教育游戏只不过是一堆略加粉饰的多项选择测试而已，由此产生的游戏可玩性束手束脚、索然无味。（当然也有例外，例如受到高度赞誉的《俄勒冈之旅》（Oregon Trail）。）

现在的教育游戏的设计水准已经进步，在学校和家庭中，它们被用于教授从数学到打字的各种知识。这些游戏将可玩性与游戏主题更加紧密地结合到一起，还借助了突现机制的力量来传授各种原理和法则，而不只限于教授具体事实。

 注意：《Refraction》是一个教授分数知识的杰出游戏。你可以在 www.kongregate.com/ games/GameScience/refraction 这个网页上在线玩这个游戏。

然而，严肃游戏的用途并不只限于教育。你可以在网上找到很多广告游戏，它们被设计成一种广告，用于促进商品销售。如今，许多政治运动会委托专人制作游戏来嘲弄对手，新闻通讯社和游戏公司也开始尝试用小游戏来评论社会时事，以作为报纸上社论漫画的一种全新扩展形式。在医疗保健领域，游戏也有很多应用成果，从心理和身体治疗，到内外科医师的培训等等。

要在一个能够像突现型游戏那样为玩家提供动态自由的游戏中传达特定信息并不容易，但我们确信这是可以做到的。如我们在本章开头所述的那样，玩游戏是一个充满乐趣的学习过程（特别是第一次玩的时候）。游戏没有理由不能同时做到有趣和有意义，事实上，商业游戏中已有许多优秀范例。例如，《模拟城市》和《文明》一直以来都被用于教授社会地理学或政治史等知识。20 世纪 80 年代，美国国务院将《Balance of Power》这个以美苏之间的地缘政治斗争为题材的游戏作为外交官的培训工具之一。

为了说明严肃游戏的设计师可如何利用游戏机制来传达信息，下面我们将目光转向传播理论和符号学——一种研究符号及其意义的科学。

游戏化

游戏化（Gamification）是以严肃目的来应用游戏的最新趋势。它试图通过将类似于游戏的机制应用到一些通常不被看作游戏的活动中来改变人们的行为方式，或为那些乏味但重要的工作增添趣味性。这种做法并不新鲜，数十年以来，航空公司一直在利用常客奖励计划做着这件事情。航空公司通过奖励常客来防止顾客被竞争对手抢走。甚至，一张简单的每消费满十杯咖啡即赠一杯的会员卡也属于游戏化的一种简单形式。

不过，游戏化的作用并非只限于影响顾客行为。研究者们已经开始思考如何利用人类喜欢享受游戏的天性来激励人们进行其他有益的行为。《Foldit》游戏就是近期的一个例子。这是一个众包项目，它将蛋白质的分子结构转化为一系列谜题，通过这种方式来研究探索有用的蛋白质结构特征。另一个例子是 Experts-Exchange 网站，它是计算机相关问题解决方案的一个在线资料库。参与者之间相互竞争，看谁能为某个问题提供最有用的答案。答案被采纳的人能够获得积分，积分可用于换取成就勋章和免费访问该网站的资格。

目前，几乎没有人成功运用游戏化方法创造出具有真正策略性或复杂度的游戏，但这肯定是能够做到的。你可以运用我们在本书中阐述的机制来对游戏化策略进行分析和探索。

12.2 传播理论

游戏与电影、书籍、报纸等其他媒体之间是有所关联的，它们都将信息传达给受众。电影和电子游戏使用的是视觉和听觉手段，而书籍、报纸和桌上游戏则依赖静态图像和书面文本。针对不同媒体和特定的媒体信息对受众的影响效果这个问题，传播理论已经研究了很长时间。传播理论研究所有种类的信息和意义，广告、政治声明、个人观点，还包括个人的艺术眼光和幽默谈吐。

传播理论的学者建立了一个传播模型，在这个模型里，发送者通过一个渠道将一段信息发送给接收者，如图 12.3 所示。这个模型通常包含以下要素。

- 发送者（sender）。这是一个人或一个团体，他们想要将某个特定信息传达给接收者。
- 接收者（receiver）。他们是受众，是需要理解信息的人。
- 渠道（channel）。它是发送者将信息发送给接收者的途径。渠道经常被称为媒介（medium），如文本、图像等等。
- 信号（signal）。它由传递给接收者的一些有形物理信号组成。在一本书中，信号由单词和字母构成。在音乐中，信号由空气的振动构成，我们将这些振动识别为不同频率和音色的声音。
- 信息（message）。这是信息的无形部分，它存在于我们的大脑中。你可以将它理解成有意识的或潜意识的想法，也可将它理解成意义（meaning）。传播的目的就是将信息从发送者处转移到接收者处。

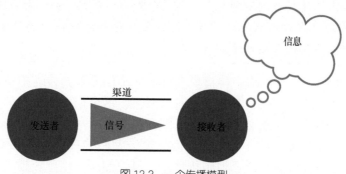

图 12.3　一个传播模型

　　注意：我们之所以把潜意识想法也列入在内，是因为有的发送者试图在不引起接收者注意的情况下将信息传达给他们。此时，信号是以潜意识刺激的形式被发送出去的。这种方法已被证明能在某些特定类型的心理学测试中起到一定作用，但目前还没有充足的证据表明潜意识信息能改变人们的消费选择或政治观点。

这些要素的不同属性以不同方式影响着传播效果。例如，如果信号以押韵形式呈现出来，就能吸引更多注意，也更易被铭记。艾森豪威尔（Dwight D. Eisenhower）竞选美国总统时的宣传口号"I like Ike[❶]"就是一个著名例子。渠道（或媒介）的特性也十分重要。音乐很容易唤起人们的情感，但却很难传达理性的主张。如果你希望高效地传达信息的话，就应该考虑到每种媒介特有的优势和劣势。

艺术与娱乐

传播理论同样可应用到游戏创作中去，即使你要创作的游戏并不是严肃游戏，而且除了其内在的娱乐或美学价值以外并不传达任何信息（也就是说，这是一个纯艺术游戏或娱乐游戏）。俄国的文学和诗学学家罗曼·雅各布森（Roman Jakobson）用传播理论解释了诗歌和文学与其他形式的书面文字有何区别（1960）。他认识到传播行为可以聚焦于不同方面。例如，如果一段信息聚焦于接收者，它就是一道指令或一个直截了当的演说。那张山姆大叔直指着观众，下面写着"I want YOU for U.S. Army"的美军征兵海报就是一个经典例子。与此相反，如果一段信息聚焦于发送者，它就是在试图为发送者树立声誉。雅各布森将这些不同的聚焦点称为功能（functions），他还确立了诗性功能（poetic function）理论。诗性功能理论适用于传播行为聚焦在信号本身上时的情况——在这种情况下，信号具有的结构工巧、音节押韵等特征会引起人们对信号本身的注意。我们所称的文学和诗歌就是两种诗性功能十分强烈的传播形式。我们在欣赏这类文字时，所产生的欣赏之情一部分是源于我们对信号本身的精巧构建技艺产生的赞赏和钦佩。

雅各布森的成果同样可应用到其他任何媒介和艺术形式中去，游戏也不例外。我们之所以赞赏艺术游戏和娱乐性游戏，部分原因是这些作品中信号的精湛构建技巧能带给我们享受，激发我们的赞美之情。

我们应当注意的一点是，这个传播模型反映的是信号单向传送的情况。这意味着发送者发送一个特定信息，而接收者并没有对其回复。这个模型适用于大众传播媒体。在这种情况下，一个强有力的发送者（例如报纸或电视广播网）同时向许多接收者发送同一个信息。这种大众传播方法十分有效，因为发送者通常有时间和资源来制作时间长、质量高的信号，这种信号能够出色地传达预定信息。然而，这种传播方式也将受众变成了被动的信号消费者。该方式并非在所有需要传播信息的情况下都能表现得那么出色。在教育活动中，你会希望接收者（学生）成为积极的参与者，并且能自己玩味信息，以充分领会其意义。这就是我们在每章末尾给出练习题，并在配套网站上提供交互式案例的原因。

---

❶ Ike 是艾森豪威尔的昵称。——译者注

12.2.1 媒介如何影响信息

为了有效地传播信息，选择最合适的媒介至关重要。你也许曾听说过马歇尔·麦克卢汉（Marshall McLuhan）的那句著名言论"媒介即信息"（the medium is the message）。麦克卢汉的意思是，选择传播媒介时，媒介的特性比实际的信号更重要。为了达到戏剧效果，他多少有些言过其实，不过确实说到了点子上。在将你意欲传达的信息传播出去之前，你选择的媒介就已经揭示出了很多东西。人们会对媒介抱有信任和偏见等情感，这些情感的产生与媒介实际传达的信息并无太大关联。例如，写书比拍电影更能使我们显得有权威性。

游戏作为传播媒体的一大长处是它允许交互式的传播行为，这种交互式传播不仅存在于设计师与玩家之间，也存在于玩家与玩家之间。在游戏中，受众与信号之间会产生积极性的关联，这是有好处的，但也会使人们与游戏沟通起来比与书籍或电影沟通起来更加困难，或至少说更加不同。许多委托别人制作严肃游戏并为之出资的人（即严肃游戏设计师的客户）仍然在以大众传播媒体的方式来思考问题。他们会习惯性地想着如何将资料展现出来，而不是如何提供一些有趣的事情让观众来做。游戏虽然保留了一些典型大众传播媒体的要素，但它与大众传播媒体还是有决定性不同的。有的信息很适合通过游戏来传达，但有的信息还是通过其他形式的媒体来传达更为合适。

有时还是拍电影更好

对某些类型的信息来说，通过电影来传达比通过游戏来传达效果更好。如果你想要讲述一个故事，这个故事十分漫长而细致，并且几乎没有留下什么供读者诠释和试验的空间，那么用电影来表现它会有效得多。游戏是一种需要观众积极活跃地参与其中的媒介。当玩家在玩一个含有故事的游戏时，他在游戏中的行动所引起的事件就成为了故事的一部分，即使这些事件并未改变游戏的故事情节或结局。如果你要传达的信息没有预留出供玩家积极参与的空间，那么你就不应该把这些信息放到游戏中去。

游戏是唯一一种用机制来产生信号的媒体，这是游戏拥有的独特品质，这项品质将游戏同其他所有媒体区分开来。游戏可以使用音频、视频和文字这些表现性的媒体来传达信息，但机制才是它的优势所在。如果你的游戏仅用到了表现性手段，那么你或许还是换一种更合适的媒体来传达你的信息为好。如我们曾阐述过的那样，在一个游戏中，控制游戏内部经济的机制会产生突现型玩法。为了创造出有意义的游戏，你需要回顾至今为止学到的所有关于机制的知识，并用这些知识构建出与你意欲传达的

信息相适应的正确机制。

　　游戏和电影的共同特征是它们的信号看上去都得花大钱才能造出来，这使它们的受众产生了期待。我们在看一部电影或玩一款游戏时，总是期望它具有很高的质量。看一场电影或买一款游戏可能只需花十几到几十美元，但我们知道这些作品的制作费远远不止这点钱。这也许能够解释为什么委托你制作严肃游戏的客户期望值那么高，他们会把这些游戏与好莱坞的最新大片以及最近上市的 3A 级游戏相比较。预算较低的严肃游戏很难满足这种期望，因为与电影不同，游戏制作过程中的很多工作是局外人看不到的——软件工程工作、调整工作、测试工作等，都是电影制作者不用做的工作。游戏是交互式的，它们必须包含不同的场景和不同的结局。与电影不同，游戏不只是信号，还是机器，这种机器被设计为能够产生信号，且这些信号必须能传达设计者的信息。

12.2.2　机制如何发送信息

　　优秀的游戏（也包括严肃游戏）不会进行讲演或说教。要使用游戏作为传播媒介的话，你要做的并不仅仅是制作出适合传达信息的信号，而更需要构筑出一台能为你生产信号的机器——游戏机制。图 12.4 表述出了这一观点。这种途径的效果并不如简单直白地把事情告诉人们那么好，但在传达某些信息时，使用这种途径更能唤起接收者的理解和认可。人们会在与游戏进行交互，并观察游戏的输出信息的过程中推断出你意欲传达的信息。

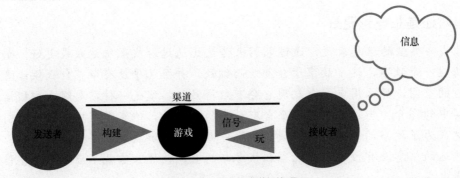

图 12.4　通过游戏进行沟通

　　游戏机制发送信息的过程可能并不明显，这种情况在电子游戏中尤其突出，因为电子游戏的机制大都被隐藏了起来，玩家只能通过显示在屏幕上的输出信息以及游戏对玩家的输入行为作出的回应来观察机制。为了说明这个过程是如何运作的，下面我们将分析两款游戏：《模拟城市》和《PeaceMaker》。

　　在最早版本的《模拟城市》中，玩家可以设置地产税税率，并决定如何花费收取的税金。游戏中有一个机制，如果玩家征税太重，该机制就会使城市中的商业活动减少。

一些人据此认为该游戏宣扬商业，具有资本主义倾向。但游戏中还有一个机制，这个机制使玩家能用税收收入来建设市民设施，从而提高市民的快乐度。可建设的项目包括体育馆和公园等，都是游戏中的市民所需要的设施。一些人据此认为该游戏具有社会主义倾向。这两种对立的观点都给《模拟城市》的内部经济染上了政治色彩。事实上，这个游戏是对一座中型美国城市的模拟，其平衡度十分出色。以上两种信息确实都被有意安排在游戏之中，但设计者却并未将它们以明确结论的形式陈述出来，而是让玩家通过游戏玩法来察觉到它们。你在管理城市时，无论是通过高征税来实行社会主义政策，还是制定低税率来实行自由主义政策，都会导致失败。前者会将商业活动赶出城市，而后者无法满足市民对公共设施的需求，造成城市人口流失。通过让玩家来决定游戏机制如何运转（具体来说，就是玩家必须做什么事情才能获胜），这个游戏传达出了一些相当意味深长的信息。《模拟城市》真正的核心信息是：极端政策不会成功，均衡施政才能胜利。

《模拟城市》是一个纯娱乐性的游戏，而《PeaceMaker》则是一个意在说服的游戏，是严肃游戏的一种。《PeaceMaker》发送的政治信息比《模拟城市》直接得多。这个游戏的目标是促成巴勒斯坦人和以色列人之间的和平，你在游戏中可以选择扮演巴勒斯坦民族权利机构主席或以色列总理。但不论扮演哪一方，如果你采取强硬态度，就注定会失败。这个游戏的机制设计方式决定了玩家只有通过建设性交往才能成功。

这引出了一个重点，使游戏机制得以传达信息的，正是玩家为了获胜而作出的努力。游戏会惩罚某些行为，并奖励另一些行为。为了获胜，玩家必须学习和执行游戏希望他们去做的事。如果一个沙盒游戏中的资源供应是无限的，且玩家不论做什么事都不会产生负面后果，那么玩家可能就不会理睬游戏机制意欲传达的一切信息。事实上，他可能完全察觉不到这些信息，因为游戏没有把他的行为朝着某个特定方向加以约束和引导。

在游戏中，玩家必须动手生产信号，这是游戏的一个重要特性。虽然用机制来传达信息没有直接陈述信息那么直截了当，但却更可能使玩家记住信息，因为这些信息是玩家花费了更长时间自己推断出来的。让玩家动手做事情，并考虑这些事情带来的后果，比直接把你的意图告诉玩家要有效得多。

12.2.3　设计挑战

要通过写文章或拍纪录片的方式来发送信息，你必须具备一定才能，但你至少知道自己能够完全控制通过这种方式产生出来的信号。通过机制来发送信息则更棘手一些。你可以在一定程度上掌控信号中包含的内容（即计算机的输出信息），因为游戏所播放的声音和图像是由你提供的。但是，玩家自身的行为也会影响到信号的生成。根据玩家行为的不同，声音和图像的播放顺序可能发生改变，也可能完全不变。此外，你也无法确定玩家是否能正确领会你想传达的意思。毕竟，玩家可能不够敏锐，也可能由于不感兴趣而懒得动脑思考。真正的核心玩家常常只是把游戏当做一个待攻克的抽象系统，而几乎不关心游戏的上下文或意义。

作为一台信号制造机的设计师，你必须对游戏可能产生的所有信号多加留意。要深入观察游戏机制要求玩家执行的行动（即玩家为获胜而必须做的事情，这点我们之前也提到过），以及其他可供玩家选做的行动。如果某个游戏的核心机制是朝东西开火，且玩家只有这样做才能获胜，那么你就无法否认这个游戏会发送出"暴力才能胜利"的信息。如果你想为这个游戏加入非暴力策略，就要把这个策略设置成一个清晰且可行的选项，让玩家选用这种策略同样能获得胜利。一个游戏的经济结构将决定玩家可能以什么样的方式来玩这个游戏，游戏中最有效的策略发送的信息会比其他不太有效的策略发送的信息更清晰。如果暴力策略能使玩家轻松快捷地获得胜利，而非暴力策略则效率低下、执行困难，就会向玩家发送"暴力是解决问题的有效方法"的信息。

虽然用机制来发送信息的方式比直接陈述信息更含蓄巧妙，但如果你不小心处理的话，仍然会使这种方式染上说教意味。如果你频繁要求玩家在一些选项中做出选择（例如让玩家选择是用暴力手段还是和平谈判来解决问题），但却总是惩罚其中的某一种选择，玩家就会很快认识到该选择是错误的。那些要求玩家根据自己为角色选择的善恶阵营 ❶ 来行事的角色扮演游戏经常会犯这个错误，导致出现"要么当耶稣，要么当希特勒"的两极情况。选择善良一方的玩家必须做一个纯粹的圣人，而选择邪恶一方的玩家必须成为一个十恶不赦的暴徒。这些游戏中用于判断玩家是否在根据所属阵营行事的机制过于死板，缺乏灵活性。

《PeaceMaker》这个以巴以外交为题材的游戏通过要求玩家安抚己方的强硬派而避免了以上问题。你必须以和平为目标，但一味当温和派是不够的，这只会导致你被自己人驱逐下台。无论你选择扮演哪一方，都必须同时应付己方和对方的宗教激进分子。实际上，为了获得游戏胜利，你不得不努力在两种机制之间维持平衡，这两种机制对你提出的要求是不同的，一种要求你维持自己的地位和权力，另一种要求你促进和平。要成功实现这两者的平衡，你需要施展高超的政治技巧。在游戏的早期阶段，你这一方的激进分子势力十分强大，但随着你的政策开始发挥功效，他们就无法给你造成太大麻烦了。

甚至那些没有任何上下文或背景故事的抽象机制也仍能创造出某种情感氛围。游戏在资源由于建设性正反馈的影响而积累得越来越快的情况下，和在没有资源产生，玩家不得不依靠仅有的一点点资源勉强过活的情况下，产生出来的信息（以及唤起的情感）是不同的。我们在前面章节中阐述过的理论和设计方法可以帮助你理解你的游戏会传递出哪些信息。

---

❶ 在一些角色扮演游戏中，阵营（alignment）是以不同的伦理道德态度为基准，对游戏中物种和单位的一种分类。例如在《龙与地下城》的某些版本中，物种被分为守序善良、中立善良、混乱善良、守序中立、绝对中立、混乱中立、守序邪恶、中立邪恶、混乱邪恶九大阵营。——译者注

游戏与伦理道德

一个游戏的玩家和设计者对这个游戏产生的信号负有共同责任，这导致了道德灰色地带的出现。设计师应对游戏所产生的信号负多大责任？玩家又应在哪些时候对游戏所传达的意义负责？如果你制作了一个意在反对校园暴力的游戏，那么当某个玩家扭曲了你设计的机制，将游戏当做校园暴力的模拟演练工具时，你是否应对其负责？

2001 年，有人对《侠盗猎车手 III》进行抨击，称该游戏要求玩家杀害妓女来推进游戏进度。这引发了一场针对该游戏的大论战，不过，游戏其实从未要求玩家这样做。游戏中，玩家在某次召妓后会发现他的生命值增长到 125%。他如果此时把该妓女杀掉，就能拿回事前支付给她的 50 美元。但玩家没有必要杀死这个妓女，而且这 50 美元相对于玩家在游戏中通常拥有的巨额资金来说也微不足道。但从另一方面来看，该游戏的确提供了这种信号的产生所需要的全部基本构件——妓女和武器。事实是，游戏允许玩家执行这些行动，且并不对这样做的玩家进行任何惩罚。这个事实产生了一个预料之外的信息。这似乎比让这种事件在电影里发生还要糟糕，至少电影里发生的事件不应由观众负责。

在本章后面的部分中，我们还会再次回到《侠盗猎车手 III》的话题上来。

12.3　游戏和模拟系统中的符号学

符号学（semiotics）提供了另一种相关的理论视角，供我们分析游戏蕴含的意义。符号学考察的是信号及其意义（或信息）之间的关系，也就是说，符号学考察的是接收者感知到的东西（声音、图像、词汇）与接收者所理解的这些东西的意义之间的关系。它也经常被称为符号理论（theory of the sign）。在传统符号学中，每个符号都是一个双重实体，它拥有一个物质信号，这个信号代表一个非物质的意义（或信息）。按照其信号和意义之间的关系，符号可被划分为三种类型。

- 类象符号（icon）❶。这种符号的信号与意义相似。人物肖像画就是一个好例子，画中形象看起来就像被画的人一样。某些词语也属于类象符号，它们的发音听上去就像是它们所代表的事物（例如表示狗吠的"bark"这个单词），不过这种例子较为少见。

- 指示符号（index）。这种符号的信号与意义之间具有因果关联性。脚印就是典型例子，它标志着曾经有人路过这里（意义）。与之类似，烟（信号）可以指示出火

---

❶　一些中文书籍将其译成"图像符号"，但符号学中的"icon"并不总是图像性的，此段所举的狗吠例子就是一例。因此本书采用"类象符号"这一译法。——译者注

（意义）的存在。

- 象征符号（symbol）。这种符号的信号与意义之间的联系是约定俗成的结果，人的名字以及其他许多词汇都是这样。名字并不能反映出叫这个名字的人是什么样的，我们使用的大多数词汇也与它们所指的事物没有相似之处。另一个例子是玫瑰（信号）可以代表爱情（意义），但玫瑰与爱情并没有天生的联系，我们之所以将它们挂钩，只是出于习惯而已。有的地方不生长玫瑰，在这些地方的文化中，人们用其他象征符号来代表爱情。

传统符号学的术语

我们在本书中使用的术语与传统符号学中的术语有少许不同。我们说"符号是一个双重实体，由信号及其意义构成"，而符号学家会说"符号是一个双重实体，由能指（signifier）构成，这个能指代表一个所指（signified）"。这些术语是弗迪南·德·索绪尔（Ferdinand de Saussure）创造的。不论是信号和意义，还是能指和所指，它们之间的关系都被定义为一种表现形式：信号表现它的意义。因此，一本书可以表现一种哲学观点，一个游戏可以表现特定作品的某种品质理念。从现在开始，我们会经常使用表现（representation）这个术语来指代某个信号及其意义之间的关系。

类象符号、指示符号、象征符号这种分类方法由查尔斯·桑德斯·皮尔士（Charles Sanders Peirce）提出。皮尔士的大部分重要成果都是在他 1914 年去世后才发表的（Peirce 1932）。皮尔士并没有使用能指和所指这两个术语，但后人对他的理论进行了改动，以配合索绪尔所建立的理论基础。如果你有兴趣进一步学习符号学知识，我们不建议你回头去阅读皮尔士和索绪尔的原著，因为这些著作对于现代读者来说并不易懂。我们推荐你阅读约翰·费斯克（John Fiske）的《Introduction to Communication Studies》（2010），这本书可以有效地帮助现代读者了解符号学和传播理论。

根据符号学理论，在我们世界的知识中象征符号起着重要作用。词汇这样的象征符号能使我们用一般性的措辞来谈论世间事物，也能将我们对事物的个别认知结果转换到更加普遍的情况中去。apples 这个词只是我们口中发出的一段声音，或纸上的一些弯曲线条而已，但它可以指代一堆真正的苹果，也可以从普遍意义上指代各种不同品种的苹果，它还可以有各种各样的言外之意和用法。在荷兰语中，土豆（potato）这个词是 aardappel，意为"地里的苹果"，这是因为荷兰的土豆最初是从美洲大陆传来的，当时荷兰语中没有特定的单词与之对应，于是人们就修改了一个常用单词来为这种作物命名。有句俗话是"你是在拿苹果和橘子作比较"。这句话其实与苹果毫无关系，而是意为"你这样比较是没有意义的"。此外，人们经常把《圣经》中夏娃吃下的果子描述成苹果（虽然《圣经》中实际上并未记载果子的种类），这导致苹果在艺术作品中成为了情欲的象征（《圣经》中亦未如此解释）。总而言

之，词汇为我们提供了一种捷径，使我们能有效地传达各种宽泛和复杂的意义。

人们发明符号学的目的在于研究传统媒体以及大多数静态媒体中的符号。这些媒体包括口头语言、书中的文本、电影、视觉艺术等等。如果要用符号学来分析游戏的话，我们必须考虑哪些东西可被归为符号。我们在用符号学来考察游戏机器所产生的信号时，可以沿用我们用符号学考察任何其他媒体中的符号和信号时相同的方式。这样，我们就能谈论信号的写实性，或者说信号与它意欲传达的意义之间的相似性。我们还能试着用符号学理论来考察游戏本身，而对游戏所产生的输出不做太多关注。通过这样做，你就可以宣称一个游戏（作为一个由若干规则组成的有形系统）代表另一个系统。例如，《魔兽世界》这个游戏（包括它的全部机制）代表一个假想的奇幻世界（包括所有有意加入的复杂度和微小细节）。一般说来，这正是许多人所理解的模拟，在进行模拟时，你构建出一个系统（模拟系统）来仿造另一个系统（例如天气系统）。

12.3.1　游戏和模拟系统

游戏开发者们针对游戏和模拟系统之间关系的争论已经持续一段时期了。这两者是相似的，因为它们都使用了由规则（或机制）组成的系统来表现另一个系统（确切地说是另一个系统的概念）。然而它们又是不同的。游戏设计师 Chris Crawford 在他 1984 年的著作《The Art of Computer Game Design》中做出了以下论述。

准确性是模拟系统的必需要素（sine qua non），清晰性则是游戏的必需要素。模拟系统与游戏的关系相当于工程图纸与绘画作品的关系。游戏不仅仅是一个缺乏模拟系统应有细节的小型模拟系统，游戏有意抑制了细节，以强调设计者所希望传达的更宽泛的信息。在模拟系统中被细节化的地方，在游戏中则被风格化（Crawford 1984, p. 9）。

另一种较新一些的观点是由游戏研究者 Jesper Juul 提出的。

游戏常常是风格化的模拟系统，它们被制作出来的目的并不只是为了忠实地展现其源领域，也是为了实现美学意图。它们是对现实世界中元素的改编。这种模拟系统偏向于迎合事物（如足球比赛、网球比赛或在一座现代都市中扮演一名犯罪者）中可感知到的有趣方面（Juul 2005, p. 172）。

Crawford 虽然对模拟系统和游戏进行了区分，但他谈的实际上是科学和工程中的模拟系统与游戏中的模拟系统。游戏同样模拟别的事物——游戏和模拟系统只是因不同理由而存在的不同东西而已。在下面的两节中，我们会将模拟系统在科学和工程学中的运作方式与它在娱乐性游戏中的运作方式进行对比。

注意："Sine qua non"是拉丁文，意义近似于"不可缺少的要素"。

科学中的模拟系统

在通常的科学研究中，科学家一开始会对现实世界进行观测，然后构建出一个假说，以解释他所观察到的事物运作方式。为测试这个假说，他会对现实世界进行实验，并进一步观测。实验的结果要么支持此假说，要么推翻此假说。如果结果是后者，科学家就修订这个假说，然后再次实验。

然而，有的假说在现实中测试起来耗资不菲，或根本无法测试，这包括那些非常庞大或运转非常缓慢的系统（如星系的运行），以及那些发生在过去的事件（如地质作用）。在这些情况下，科学家同样先提出一个假说，但并不进行实验，而是构建一个能够模拟该假说所解释的事物运作方式的模拟系统，然后运行这个模拟系统，并将所得结果与他从现实世界中得到的更多数据进行比较。如果模拟系统产生的结果与现实世界相异，科学家就对假说和模拟系统都进行修改。

如果一个假说看起来是可靠的（它已得到许多实验和观测结果的支持，而且从未被推翻过），它就成为一个理论，可用于预测未来事件、规划建设工程或进行其他活动。例如，科学家可用模拟系统预测下次日食发生的时间和地点，工程师可用模拟系统设计建筑和飞机。

科学模拟重在准确，科学家们在极限范围内尽可能投入最多的时间和计算设备来对一个系统中的重要方面进行模拟。模拟系统所建立的模型应与该系统所表现的真实机制相似，这一点非常重要。为了完善模型，科学家和工程师还会将其与可用的现实世界数据进行对比检查。在符号学用语中，我们有时把这种模拟系统称为类象性的（iconic），以表示信号（模拟系统的规则）与它的意义（真实机制）相似。

游戏中的模拟系统

在一般的游戏中，设计师追求的不是准确，而是有趣。设计师构思出一个点子，然后将其完善成游戏设计。虽然这个设计可能会随时间发生变化，但它是静态的，而不是交互式的，它是在设计会议上采纳通过的一批文档、图表和笔记的集合。之后，程序员按照这个设计写出软件，以实现设计中所定义的系统。在许多类型的游戏中，软件会对一些事物进行模拟，一辆车、一场战斗、一座城市等等。设计师和程序员都会通过观察现实世界来借用一些思想（例如重力法则或飞行器的性能特征），但他们经常会为娱乐目的而忽略或更改现实世界中的系统。这导致电子游戏中常常会出现一些奇特的现象，例如卡通物理机制。在卡通物理机制下，角色可以从很高的地方跳下而毫发无伤。

游戏开发者在测试游戏的模拟系统时，不会将其与现实世界相比较，而是通过玩测来提高它的趣味性。我们在完善模拟系统时，要提升的是它所传递的娱乐价值，而不是它模拟现实世界时的准确度。只有当玩家关心准确度时，我们才应该关心准确度。一般来说，在驾驶模拟类游戏或体育类游戏中，玩家确实会在意某些方面的准确度，但在其他类型的游戏中，玩家对此则远没那么在意。了解你的受众在乎游戏的哪些方面是很重要的。

　　如果用符号学术语来说的话，游戏中指示符号和象征符号的使用频率大大高于类象符号。我们不会真的通过格斗角色外表上的变化来表现他的生命值（这需要制作大量动画），而只是在屏幕上显示一个血条而已，这样做效率更高（无需制作大量美术资源），产生的效果也更好（玩家可以立刻理解血条的变化）。况且，格斗游戏中对角色生命值的模拟本来就是不准确的，因为无论生命值残存多少，他们总是能全力战斗到最后一刻。这类游戏对格斗的模拟是风格化的，它把关注点放在它所表现的真实格斗系统中最具趣味性的一些要素上，并将这些要素以清晰得多的形式呈现出来。

　　如果思考一下游戏和模拟系统之间的这些区别，我们就会觉得游戏开发者们花费这么多工夫来提高游戏的写实性十分奇怪。写实的游戏就像是类象性的模拟系统，它们试图创造出与它们所表现的真实事物尽量相似的机制。虽然在游戏中使用写实的和类象性的模拟系统并不是一件坏事，但以牺牲有趣的可玩性为代价来追求写实性，或认为添加写实性就能使游戏更有趣，则通常是一个误区。以娱乐为目的的游戏应该着重于通过其他非类象形式的模拟系统来传达信息。在本章后面的部分中，我们将详细探讨类比模拟（analogous）和象征模拟（symbolic simulation）的概念。

抽象

　　无论是在科学研究中还是在游戏模拟中，我们在构建机制时都必须使它比现实世界中的机制更简单。这是有必要的，因为若非如此，我们就只是在制造一个运行速度和规模与源系统相同的复制品而已。在一个复制品中，我们无法快进时间，也无法在一个安全的环境中测试想法。因为模拟系统必须比它所表现的系统更简单，所以模拟系统的设计师需要下决心从系统中去除某些细节，这个过程被称为抽象（abstraction）。

　　抽象分为两类：去除（elimination）和简化（simplification）。一般来说，你可以安全地把那些对机制运转影响甚微或毫无影响的因素从模拟系统中去除。在对一辆汽车进行空气动力学模拟时，不需要大费周折地把雨刷和收音机天线考虑进去，它们的影响微小得不值得我们为之操心。当然，还有一些细节同样与模拟完全无关，例如汽车内饰。

　　我们在利用简化的方法对一个系统进行抽象时，所关注的是系统中那些对整体机制有所贡献，但自身的内部工作原理却无关紧要的特性。然后，我们在不考虑这些内部细节的情况下，以非常简单的方式将这些特性模拟出来。下面我们来看一个例子，假设你试图在一个很大的规模上（大到涉及整个国家的所有军队）对国家军备中交通装备的故障率进行模拟，又假设你已经从现有的统计结果中得知，飞机平均每着陆 10000 次，就会由于起落架损坏而停飞修理。此时，你的任务不是弄清起落架的损坏原因，而是将这个因素纳入到你所建立的整体军备模型中。你不需要详细模拟出起落架的机械结构，而只需设置一个 1/10000 的随机损坏因子来模拟起落架的损坏机制即可。这样，你就把起落架损坏这个问题抽象成了一个简单的随机因子。在运行这个模拟系统时，你可以通过调节该损坏率来研究起落架得到改进之后对整体系统产生的影响，即使你并不知道具体该如何改进起落架也无关紧要。

如果某个游戏允许玩家角色随身携带金钱，则该游戏几乎不可能会去逐一还原出各种钞票和硬币的具体面值和单位。游戏只会告知玩家"你拥有 25.37 元"，仅此而已。这笔现金的内部细节被简化掉了，因为玩家不关心这个，并且这样做对游戏的其余机制也毫无影响。科学模拟和游戏模拟中都一直在使用这种做法（游戏中使用得更频繁一些）。由于缘由不同，科学家和工程师选择加以抽象的功能通常也与游戏开发者选择的不同。科学家追求的是准确，而游戏开发者追求的是趣味。

模拟系统可能会撒谎

作家和符号学家安伯托·艾柯（Umberto Eco）曾写道，符号学是"谎言的理论"（1976）。这句话十分有名。他的意思是，符号就是任何可能被用于撒谎的东西。由此引申开来的话，我们可以说符号学既关心谎言，也关心真实。

模拟系统同样可用于向人们撒谎，这种谎言要么是无意的，要么是有意的。游戏研究者 Ian Bogost 告诫道，一个模拟系统无论看上去多么写实，都必然带有一定主观性（2006, p. 98-99）。这种主观性是由抽象过程造成的，因为在抽象过程中，设计师必须下决心抛弃一些东西。因此，无论一个模拟系统看上去多么准确，你都不应该将其与现实世界中的事物混为一谈，还必须认清该模拟系统的开发者做出了哪些选择，以及为何做出这些选择。

游戏《美国陆军》（America's Army）就是一个有趣的例子。这个第一人称多人射击游戏在写实度上下了很大功夫。它甚至要求你必须先通过武器训练课程，才能开始执行"真正"的任务。这个游戏由美国陆军发行，显然，让这个游戏看起来更逼真对他们是有好处的，毕竟他们制作这个游戏的目的就是为军队征募新兵。不过，如果你把这个游戏的视觉效果和真实情况做一下对比，就会发现很多东西。例如，在这个游戏中你看不到多少流血场面，而真实的战斗却是十分肮脏和骇人的，没有人能轻松地忍受下来。但这并不是美国军方在征兵时所希望传达的信息。

另一个有趣的地方是，在该游戏的多人竞赛模式中，玩家可以分组对战，但双方必须同时扮演美军士兵。在玩游戏时，你眼中的自己和队友都是美军士兵，对手是叛乱军士兵。而在对方眼中，他们才是美军士兵，你这一方则是叛乱军士兵。可以理解，美国军方并不想让他们发行的这个游戏成为人们用来训练如何对抗美军士兵的潜在工具。其结果是，游戏可玩性实质上是对称的，双方都使用美军装备，都运用美军战术，这与该游戏所宣称的不对称战斗（美军与叛乱军的战斗）形成了鲜明对比。正因如此，对于那些未来可能成为士兵的玩家来说，《美国陆军》无法训练他们的反叛乱战术能力。

严肃游戏中的模拟

　　严肃游戏中的模拟处于科学模拟和娱乐模拟之间的某个位置，具体位置取决于游戏的目的。如果一个游戏意在说服别人，它就会调整其机制，使机制为这个目的服务，就像《PeaceMaker》所做的那样。教育游戏则会努力把它的主题准确无误地表现出来，就像专业的飞行模拟器所做的那样。

　　在娱乐游戏中，我们经常会将那些不太有趣的细节抽象出来。娱乐性的战争游戏从不把"向前线运送粮食和燃料"、"向医院转移伤员"等后勤工作模拟出来，就是因为这些细节不如为战斗制定战术战略那么有趣。但在一个真心希望让人们体会到战争中后勤事务的挑战性的严肃游戏中，这些细节就不能被完全省略掉，设计师必须设法把它们纳入到游戏中去。这就可能产生一种冲突，一方面要维持游戏趣味性，另一方面又要准确地传达信息。

　　要解决这个问题，你应该直接围绕着你想教授的主题来设计严肃游戏，并对其他元素加以抽象，即使这些元素能从娱乐性的角度为产品增添趣味性。如果要设计一个以后勤为主题的严肃游戏，你就需要对后勤学的相关经济原理、挑战和活动进行调查研究，然后构建出机制来模拟这些东西。尽管可能对游戏造成影响，你也应当将战斗部分去除或简化掉，以使玩家不必参与其中。要将工作重点放在设计后勤挑战上，使这些挑战自身就具备趣味性，并选用那些能对这个工作重点进行补充的机制。同时，要确保游戏主题对玩家来说清晰易懂，使玩家的注意力不被其他问题所分散。

　　还有一点需要注意。在严肃游戏中，尽管你设计的机制必须准确地模拟出游戏主题，但这并不意味着这些机制也必须准确地模拟出游戏中的其他一切东西。严肃（serious）并不意味着一切都要严肃。在一个关于后勤的游戏中加入卡通物理机制（以及相应的卡通美术风格）是完全可以接受的，只要你能确保该模拟系统仍然能够正确地将核心原则教授给玩家即可。

　　试图通过模仿某个现有的娱乐游戏来着手设计严肃游戏的想法几乎总是错误的。你应当围绕着你的主题来构建机制和玩法。

　　注意：如果你受雇制作一个严肃游戏，你就可能会和一个被称为主题专家（subject-matter expert）的人共事。这个人对该项目的主题非常了解，但对游戏设计则可能知之甚少。你需要与他协同工作，结合你们各自的专长来创作出一款准确合理、信息丰富、引人入胜的游戏。为此，你需要施展的交际技巧和做出的妥协可能比设计娱乐性游戏时要多得多。

12.3.2　类比模拟

　　道具库是类比模拟的一个例子。自 1976 年的《Adventure》以来，电子游戏就具有了道具库这个概念。游戏允许玩家角色捡取物品并随身携带，玩家可在道具库界面中对这些物品进行管理。由于设计上的考虑或物理内存的限制，大多数游戏都使用了一些方法来限制玩家角色可携带的物品数量。有的游戏规定了玩家可携带物品的总数，有的游戏则为每件物品设定一个重量值，并规定了玩家的最高负重量。

　　《暗黑破坏神》中的道具库系统是所谓的类比模拟系统的一个优秀范例。该道具库系统的机制与它所表现的系统背后的机制并没有直接相似性，但其中隐含的概念却是有因果联系的。如果用符号学术语来说的话，该道具库是一个指示符号。

　　《暗黑破坏神》的道具库系统没有企图模拟出道具的尺寸、形状、重量等全部细节，而是将道具的相对尺寸设为主要限制条件，如图 12.5 所示。道具库中可用于放置物品的格子是有限的，这些格子呈网状排列，每件道具占据一定数量的格子。道具的大小可以是 1×1 格、2×2 格、1×4 格等等。只有当道具库中有足够空间时，玩家角色才能捡起物品。

图 12.5　一个《暗黑破坏神》风格的道具库

　　这种形式的道具库是类比模拟在游戏中的一个应用例子，因为它把人们在现实生活中携带物品的主要限制因素（形状、尺寸和重量）以易于理解的二维图形形式表现了出来。虚拟物品所占的格数与它们所模拟的真实世界中的事物的重量、形状和尺寸有一种成比例的对应关系。该道具库机制的内部规则和约束条件十分明显和直观，能使人立即理解（之所以能达到这种效果，绝不是因为这些规则和条件是根据界面的视觉表现而量身定做地设计出来的）。然而，这个系统也产生了与现实生活中非常类似的物品管理问题。它甚至允许玩家杂乱无章地摆放物品，以借此教导玩家必须合理规划物品的排列方式，才能往道具库中塞入更多东西——尽管有的玩家觉得这些事情对于一款奇幻游戏来说只不过是一堆单调乏味的琐事而已。

　　《暗黑破坏神》的道具库系统把现实世界中的很多复杂因素归纳成了一个适合于电子游戏这种媒介的单一机制。显然，这种做法会损失一些准确性（在《暗黑破坏神》中，一件道具不可能同时具有较大的体积和较轻的重量），但其总体特点还是得到了保留（玩家可携带的物品是有限的)。《暗黑破坏神》道具库设计的巧妙之处在于，它把道具库管理涉及的所有细微之处都统一简化为一个关于尺寸的智力问题，使其能够容易地在计算机屏幕上表现出来。在早期的游戏中，重量则是更常见的一种物品属性，但重量并不如尺寸那么适合转化为计算机上的视觉形式。

类比模拟的另一个例子是大多数游戏处理健康度的方式。角色和单位的健康度经常只是通过一个简单的量度来表现，例如一个百分数或一个离散的生命值数字。显然，在现实生活中，人的身体健康程度或汽车的结构完整度是一个复杂的问题，其中有许多不同因素在发挥作用。大多数游戏都把这些因素简洁地归纳成一个机制：角色的生命值。将繁杂的健康度问题以这种数字形式表现出来后，无论是玩家还是计算机都能轻松地处理和理解。

12.3.3　象征模拟

类比模拟是建立在模拟系统的机制与其源系统之间的关系上的，我们此前阐述过的《暗黑破坏神》的道具库机制就是一个例子。这种模拟利用了两个系统的相似性。此相似并非感官上的、类象性的相似，而是因果的、指示性的相似。(换句话说，现实世界中一把真剑的形状与游戏中这把剑占用的格子形状有一种因果上的联系。)象征模拟则更进一步，模拟系统的机制和源系统之间的关系不是因果性的，而是人为规定、约定俗成的。许多桌上游戏对骰子的用法都趋向于象征性。例如，在《Risk》中，玩家掷出几枚骰子后所得的点数可决定一场完整战斗的结果。在这个游戏中，掷骰子和战斗之间的关系是人为规定的。掷骰子这种方法广为人知，被各种各样的游戏所采用，《Risk》也使用了这种简单方法来模拟大量的游戏活动，这些活动对于大多数玩家来说都比较陌生、难于应付，而它们如今全部被简化成了一个单纯的掷骰子行为。在《Risk》中之所以能用掷骰子的方法来决定战斗结果，是因为按照游戏意图，玩家不应具有影响战斗结果的能力。《Risk》的关注点是全局性策略，而不是具体战场上的战术调遣。玩家无法控制骰子的结果，就好比军队的最高指挥官无法亲自指挥每场战斗一样。(不过，玩家有权决定派上战场的军队数量以及撤退的时机。)

类似的情况也存在于《Kriegsspiel》以及之后的许多战争游戏中。与《Risk》不同的是，这些游戏全都涉及战场上的具体战术调遣，因此它们的规则相当精细，但那些涉及单兵战斗的规则仍然是以骰子和损耗表格的形式展现出来的。再次强调，这些游戏的设计意图是锻炼玩家的战术能力，而不是教玩家怎么使用一支枪。

如果想在不制定详细规则的前提下得到非确定性的结果，骰子是一个极好的工具。在一个适当的抽象级别上，一个复杂的非确定性系统(例如单兵战斗)的效果类似于掷若干枚骰子，这是一个结果很难预测和控制的复杂系统。这与我们之前在"抽象"一节中所述的飞机起落架例子完全是同一种类型的抽象，尤其是当我们不希望玩家对系统影响过大时，就可以用骰子机制来替换掉那些比掷骰子更为复杂的系统。不同的骰子机制有不同的随机特性，可分别用来对应各种各样由更为复杂的系统所产生的表面上的非确定性模式。

也有一些例子介于象征模拟和类比模拟之间，例如经典电子游戏《超级马里奥兄弟》中跳起来踩踏敌人以消灭它们的行为。虽然踩踏造成的实际效果因敌人而异，而且并不是对所有敌人都有效，但它是该游戏以及其他马里奥系列游戏中的一个常用技巧。这种攻击方法有一点奇怪，但它很容易通过代码来实现。"跳到敌人头上来造成伤害"已经成为了平台游戏中的一个设计惯例，玩家能够立即识别出该机制，而且它与该类型游戏中的典型动作——在平台之间跳来跳去——也联系到了一起。

在现实生活中，跳到某个东西上面和击败某个东西之间的关联性并不完全是人为规定的，但在平台游戏中这已经成为惯例，其常用程度可与象征符号在语言中的常用程度相比。在现实世界中对付某些生物时，跳起来踩扁它们的方法的确是有效的，但如果对机器人或乌龟也这样做，就会显得十分古怪。此外，《超级马里奥兄弟》中的这种攻击方式更多地是由该类型游戏最显著的动作特征——跳跃动作所生发出来的，而对于写实性的顾及则是次要因素。这个模拟行为和被模拟的对象之间的联系既是强行规定的，也是约定俗成的，这点在《超级马里奥兄弟》之后的大量平台游戏中体现得尤其明显。这些游戏都追随着《超级马里奥兄弟》这个范例。（在《刺猬索尼克》（Sonic the Hedgehog）中，索尼克在整个游戏里只有一种攻击方式：跳跃。）

不过，《超级马里奥兄弟》中击败敌人所需的技巧与现实生活中的技巧也有一定联系。这个游戏要求玩家具备对时机的把握能力以及准确性，这些素质在真正的战斗中也是需要的。我们想要说明的重点是，尽管该游戏的表现形式很简单，但它不仅允许玩家磨练技巧，还允许玩家做更多的事情。跳起来踩踏这个隐喻很容易就能被玩家理解并掌握，但游戏并没有就此固步自封，而是继续引导玩家去试验并发明各种各样的策略。跳起来踩踏敌人这个机制非常巧妙地将攻击规则加入到了一个关于跳跃的游戏中，它不要求玩家学习任何新动作，而是将它试图表现的动作（攻击）替换为游戏中已存在的另一个人为规则（跳跃）。这就减少了玩家需学习的动作数量，使玩家能够迅速将目光转向那些更深层次、更具策略性的游戏交互中，而不必在操作界面上纠结。简要来说，象征模拟有效地将系统缩减成了一个更为简单的构架，同时保证了系统具有的动态特性几乎没有损失。

12.3.4　少即是多

类比模拟和象征模拟所形成的游戏系统通常比写实的类象性模拟所形成的游戏系统更简单，这是有积极意义的。简单的游戏学习起来更加容易，但精通起来却仍可能十分困难。少即是多（less is more）这项准则并不仅仅适用于游戏这种媒体。人们在欣赏几乎任何形式的具象派艺术时，都十分看重简洁性和经济性，那些评论家和鉴赏家尤为如此。一个准确无误的词胜过二十个意义模糊、缺乏重点的词。

机制的数量有上限吗？

要明确无误地说清一个游戏应该拥有多少个机制是不可能的。每个设计都自有其合适的平衡点，一个游戏应拥有的机制数量很大程度上取决于该游戏的目标受众。面向儿童的游戏不应该像面向大人的游戏那样复杂，但即使是成年人也完全可以从非常简单的游戏中获得乐趣。我们觉得，游戏提供的机制数量应足以保证该游戏的受众能享受游戏，且与该游戏的幻想世界相协调，但又不至于多到给玩家造成过度的认知负担。设计师需要努力调和其中的平衡。

然而，不同受众有不同喜好。如果你采用了 Ernest Adams 提倡的"以玩家为中心"的设计方法，你就必须时刻把目标玩家的愿望放在心上。最近几年，很多动作格斗类游戏使用了快速反应事件（QTE，Quick Time Events，一种明确提示玩家以一定序列按下按键的系统）来简化其机制，这引起了很多传统动作格斗游戏迷的反感。

Antoine de Saint-Exupéry（《小王子》的作者）有句名言："完美之所以达到完美，不是因为无法再为其添加任何东西，而是因为无法再从中取走任何东西"（1939）。在确保玩家感到快乐这个前提下，我们完全可以用这句话来指导游戏机制设计。

我们已经知道，相对简单的机制也能产生突现现象，游戏可以只借助一小批机制来形成有趣的玩法。用少量设计模式来生成复杂的玩法有很多好处：对设计师来说，设计更易于管理；对程序员和美术师来说，设计更容易实现；对玩家来说，游戏更容易学习。在我们列举过的模拟系统（《暗黑破坏神》的道具库、《Kriegsspiel》的生命值和骰子、《超级马里奥兄弟》的跳跃行为）中，类比模拟和象征模拟产生出了一个比类象性模拟所能产生的更简单的规则系统。和一个完全细节化、写实化的模拟系统相比，类比和象征模拟的目标是用更少的元素来抓住源系统的核心。

就 Machinations 示意图的情况而言，类比模拟将多个相似的机制替换成仅仅一个机制，从而减少了示意图中的元件数量。象征模拟则更进一步，将游戏中那些放到现实世界里本无直接联系的机制关联了起来，以此减少示意图的元件数量。就像象征符号在口语和书面语中的情况那样，不同象征模拟的效果是有所差别的。那些效果最好的象征符号似乎都连接着两个表面无关但又有某些相干之处的规则。在《超级马里奥兄弟》这个例子中，物理操作技巧和时机把握技巧之间有着天然联系，而跳跃行为和战斗行为都涉及这两种技巧。

如果方法得当，我们就能利用抽象方法来创造类比模拟和象征模拟，从而减少系统中的元件数量，同时不对系统的结构复杂度（例如反馈循环的数量）和突现特性造成太大影响。这样做有三个好处。

■ 由于去除了不必要的细节，玩家得以把心思放在游戏所提供的结构特征和策略互动上。（这同时也降低了用户界面的复杂度——这是许多玩家乐意见到的。）如我们在本书中一直所主张的那样，正是这些结构特征驱动了突现行为。游戏可以将复杂系统简化成易懂的形式，并利用这种简化版本来帮助玩家理解那些在现实生活中繁复冗杂得多的复杂系统。

- 相对于那些在运行时表现出很多复杂系统的系统来说，玩家在那些使用了类比和象征模拟的系统中完整地玩一场游戏的所需时间更少，且能够高效快速地得知他的行动和决策所产生的结果。一方面，这使得玩家能够更加频繁地经历游戏过程；另一方面，这也有助于形成能给玩家带来愉快体验的作用力，许多商业娱乐游戏正是由这种作用力驱动的。（与此相反，在重视准确性的科学和工程领域中，模拟系统的运行速度则常常比现实时间更加缓慢。）

- 对游戏设计师来说，缩减到本质的游戏系统更易于管理，平衡起来也更容易。如果游戏系统的组成部分较少，设计师就能把工作重点放在那些对游戏的突现行为有直接帮助的元素和结构上，并且更容易对游戏特性进行调整，使其符合设计师的期望。游戏更适合于提供象征性或类比性的突现型玩法，而非细致入微的写实模拟。这在经济上更可行，而且在信息传播上也更有效率。（不过，这种情况会受到受众喜好的影响，《马里奥赛车》是无法满足竞速游戏核心玩家的。）

离散无限性

系统即使没有很多部件和机制，也能够创造出大量不同的意义。口头语言就是一个好例子。语言学家诺姆·乔姆斯基（Noam Chomsky）发现，人们的语言词汇量虽然可能很大，但本质上是有限的（大多数人知道数万个词）。然而，你能说出来的东西却是无穷无尽的（或者至少说是没有限制的）。这是因为我们可以用很多不同的方式来组合词语，并且仍然能使其具有意义。我们用语言来写书，但书的篇幅是没有上限的。乔姆斯基把语言的这种属性称为离散无限性（discrete infinity）❶，即以无限的方式来利用离散的意义的可能性（1972, p. 17）。

离散无限性是一个有用的概念，它十分适用于游戏。在创造离散无限性时，游戏元素之间联系的数量比游戏元素的数量更加重要。这意味着作为游戏设计师，你应该时刻注意让你的系统中能够形成数量庞大（甚至可能无穷无尽）的有意义组合。这样做会使你无法确切知晓这个系统可能产生出什么东西。这有一定风险，你可能得到意料之外的结果。但是，这种方法能够创造出一种游戏，这种游戏能够产生出的东西比你放入游戏中的东西更多。

---

❶ 为补充说明"离散无限性"的概念，下面引用乔姆斯基在《The Architecture of Language》一书中的论述："语言机能最基本的特性是离散无限性。构成一个句子的词语可以是六个或七个，但不可能是六个半。此外，句子中的词语数量没有限制。一个句子可以由十个、二十个直至无限多的词语构成，这就是离散无限性。"——译者注

《超级马里奥兄弟》用少量机制组合出了大量的有趣挑战，这是可玩性设计的一个优秀范例。其中每个机制的价值并非来源于它对角色在森林或地下城中探险活动的逼真表现，而是来源于这些机制提供的有趣组合方式。这个游戏提供的探险挑战几乎全都是一些简单的、重复使用的可玩性机制组合起来的结果，这些可玩性机制常常具有明显的类比性或象征性。

从象征和类比游戏中生发出来的意义的细致性和价值并不一定比那些追求细节化和写实化模拟的游戏要低。相反，因为游戏中的挑战更加抽象，所以游戏中涉及的技巧和知识的通用性更强。我们在前面讨论符号学时已经提到过，在有效地传播知识这点上，语言得益于其拥有的大量象征性结构。同理，当游戏信息脱离了游戏这个特定环境时，类象性较低的信息反而适用性较高。当你希望通过一个游戏来表达某种具有超越这个游戏、超越其当前所处情境的价值的东西时，这种做法尤其有用。你从《地产大亨》中学到的东西既适用于游戏，也适用于现实生活中的很多情况。如果《地产大亨》被设计成一个精确再现了新泽西州大西洋城（这是该游戏的原始版本所设定的游戏背景舞台）地产市场的写实模拟游戏的话，你是学不到这么多东西的。

12.4 意义的多个层次

在人类历史上，最为不朽的艺术作品都具有不同的意义层次，这吸引了不同的受众。根据符号学家安伯托·艾柯的观点，莎士比亚就是一位创作这种艺术作品的高手（2004, pp. 212–235）。在莎士比亚的时代，他的戏剧作品对于广大观众有着强烈的吸引力。这些作品既有浪漫和戏剧性，也有幽默和悲情，这些特质对于每个观众来说都是易于接纳的。同时，莎士比亚戏剧也吸引着社会和政界的精英人士，因为这些戏剧的情节虽然设置在其他时代和异国他乡，但却常常蕴含着一些对当时社会政治事件的评论。而且，莎士比亚在成功地做到上述事情的同时，还写出了华丽优美、即使放到今天也令人赞叹的散文和诗句。

安伯托·艾柯指出，为一个作品赋予多个意义层次，有三个好处。

- 这能使作品具有广泛的吸引力，使其吸引大量受众。
- 这能鼓励受众以不同方式探索这个作品（你可以把这称作创造重玩价值）。
- 意义不同层次之间的对比和矛盾为幽默和讽刺的出现创造了机会。

在这方面，游戏与其他媒体并无不同，它同样能创造出不同的意义层次。而且，游戏在这方面上的能力是天生的，因为游戏的传播行为不仅能通过它所产生的信号来进行，还能通过产生这些信号的机制来进行。许多游戏都很好地运用了意义的这些不同层次，在下面几节中，我们将讨论一些例子。

12.4.1 不相关的意义

莎士比亚的戏剧包含不同口味的娱乐形式，从而吸引了不同社会阶层的观众，即使这些娱乐形式相互之间并无关联。莎士比亚为精英阶层准备了政治讽刺元素，为农民阶层准备了双关语和低俗笑话（尽管精英们也可能会喜欢这些东西）。莎士比亚能够把这些东西糅合在同一个戏剧作品中，同时仍使整部戏保持和谐，这是他才能的体现。例如，《罗密欧与朱丽叶》是一个关于爱情和家族世仇的悲剧，但该剧的开头却充斥着荒唐的插科打诨，只为了让那些文化程度最低的观众也能哈哈大笑。随后，情节就从插科打诨发展到剑斗，变得严肃了起来。

在那些提供了多个不相关的意义层次的游戏作品中，《生化奇兵》（Bioshock）是近期的一个优秀范例。表面上来看，《生化奇兵》是一个含有角色扮演要素的生存恐怖类第一人称射击游戏。玩家如果愿意的话，完全可以忽视其他一切事务，只把精力集中在生存、杀戮和提升属性上。我们可以把这称为《生化奇兵》的物理层次（physical layer）。

在另一个层面上，玩家可以认真对待游戏中的道德选择，尽力不去伤害那些叫作 Little Sisters 的无辜角色。玩家并没有这样做的义务，不伤害这些角色的风险更大，而且玩家如果干脆地杀掉她们，还能获得不菲的短期回报。但玩家如果不杀死这些角色，就能体验到不同的游戏可玩性，并且进入不同的游戏结局。这是《生化奇兵》的道德层次（moral layer）。

在又一个层面上，玩家可以抛开游戏可玩性，去欣赏游戏那非同凡响的装饰艺术风格画面。《生化奇兵》的美术成果是那样令人震撼，乃至于印制成了装帧精美的图册进行销售，这对于电子游戏来说是一项少见的成就。这个游戏的美术效果并不影响游戏的物理部分和道德部分，而只是游戏娱乐性的一个独立自主的方面。我们把这称为《生化奇兵》的美学层次（aesthetic layer）。

最后一点，也是只有那些熟悉政治理论的人才会注意到的一点，《生化奇兵》其实是对安·兰德（Ayn Rand）的客观主义哲学的一个讽刺。（游戏中，世界的创建者名叫 Andrew Ryan，这其实是一个指示性符号，是对 Ayn Rand 的影射）。客观主义是自由主义的一个变体，它主张的观点之一是"不受控制、不受监管的自由放任资本主义"（Rand 1964, p. 37）。《生化奇兵》在一个幻境中展示出了如果让一个客观主义者团体参与到不受控制、不受监管的生物实验中去，会导致什么样的灾难性后果。这是《生化奇兵》的政治层次（political layer）。

《生化奇兵》的物理和道德这两个意义层次是由游戏机制提供的，这些机制加强着玩家的生存需要，并且计算着玩家的道德抉择所产生的效果。此外，意义的美学层次来自于游戏的美术效果，政治层次则来自于游戏中不时叙述的故事。《生化奇兵》不是一个容易效仿的游戏，但它十分值得研究学习。

12.4.2　表面形式和机制之间的对比

Gonzalo Frasca 设计的《9 月 12 日》（September 12）在说明界面上宣称它并不是一个游戏，而是一个允许用户"探究反恐战争的某些侧面"的模拟系统。它以等轴视角向用户展示出了一幅卡通风格的画面，看上去像是一座阿拉伯城市，如图 12.6 所示。平民和恐怖分子在这座城市中四处走动，恐怖分子拿着枪，因此很容易识别。作为玩家，你可以向城中发射导弹，这会摧毁建筑并杀死恐怖分子和平民。然而，精确地瞄准目标是十分困难的，而且导弹的爆炸会殃及四周，造成大量附带伤害。最重要的是，平民的伤亡会导致其他平民变成恐怖分子。控制恐怖分子数量的最佳方法其实是什么也不做，因为随着时间推移，恐怖分子会逐渐转变成平民。作为模拟系统，《9 月 12 日》是对反恐战争的一个极其简单的表现。它或许拒绝被称作一个游戏，但它也绝不是一个类象性的模拟系统。

图 12.6　《9 月 12 日》

　小提示：你可以在 www.newsgaming.com/games/index12.htm 这个网页上在线玩《9 月 12 日》。

　　《9 月 12 日》的意义很大程度上来自于它在其表面形式和机制运作方式之间建立的对比。表面形式上，《9 月 12 日》非常像一个卡通风格射击游戏，与你在互联网上能够找到的其他类似游戏并无差异。然而，它的机制设计方式却与传统射击游戏相悖：假设目标是清除恐怖分子的话，射击行为并不能帮助你接近这个目标。《9 月 12 日》巧妙地利用了用户的期望（这个期望是由无数游戏建立起来的）来把用户引向错误的道路。当用户发现《9 月 12 日》背离了他们的期望时，就产生了一个有意义的转折点，使主题回到该作品所主张的观点上来：要解决全球恐怖主义问题，野蛮地滥用暴力是没有效果的。

《9 月 12 日》是在设计中运用简单性的一个杰出例子。它利用不同意义层次之间的对比把重点引回到了它试图传达的观点上。由于表面形式与射击游戏相似，该作品具有广泛的吸引力，然而从它的设计师在作品发布后收到的数十万封邮件中我们可以看到，该作品虽然没有取悦所有玩家，但确实让很多玩家领会到了它希望传达的信息。

我们可以在 Brenda Brathwaite 于 2009 年设计的桌上游戏《Train》（图 12.7）中找到一个类似的表面形式与机制的对比例子。在这个游戏中，表面形式与机制扮演的角色同《9 月 12 日》中相反。该游戏的规则很简单，而且十分含糊，这与游戏外观所明确阐述出来的意义形成了鲜明对比。游戏规则要求玩家将列车开向目的地，并尽可能多地装载上黄色乘客。在你玩游戏时，有一些迹象会暗示出发生了某些不妥的事情。乘客是用货车车厢来运载的，作为"棋盘"的碎玻璃窗也营造出一种令人不安的氛围。当第一列火车到达最终目的地时，游戏才会揭示出这里其实是纳粹的一座死亡集中营。当你认为自己获胜时，你已经成为了历史上最大暴行之一的帮凶。此时，甚至你为自己的不知情进行辩解的行为（"我不知道这回事，我只是在玩游戏而已！"）也让你开始反思：自己当初是否应该对那些迹象多加留意。游戏中的碎玻璃暗指"水晶之夜"事件（这是 1938 年发生在德国和奥地利的有组织地袭击全国犹太人的事件，事件后，碎玻璃在街道上散落一地），乘客之所以是黄色的，也是因为在第二次世界大战期间，欧洲德占区的犹太人被迫戴着黄色的星形识别标记。

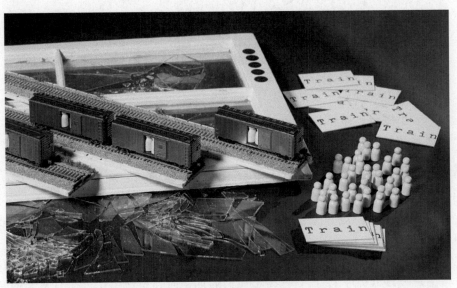

图 12.7 《Train》

12.4.3 互文讽刺

我们可以利用游戏多个层次之间的意义不同性来创造出一种效果，安伯托·艾柯把这种效果称为互文讽刺（intertextual irony）。当一个游戏（或书籍、电影）的风格影射了该游戏之外的某些知名风格或设定，并在此同时将这个信息与一个不同层次上的某个对立意义进行对比时，就产生了互文讽刺。《侠盗猎车手Ⅲ》及其后续作品都大量使用了互文讽刺。

《侠盗猎车手Ⅲ》提供了很多个意义层次。首先，这个游戏本身的机制允许玩家偷窃汽车，并进行各种各样的犯罪。由于这个原因，该游戏常常被称为飙车模拟器或"模拟犯罪"游戏。游戏背景设置在一座类似于纽约的城市中，城中的许多地点和居民的设计都引用了现实世界中的地点和常见形象。这个游戏中充斥着对流行文化的影射，游戏的虚拟世界里有大量广告，它们宣传的东西乍看起来相当可信，但如果你仔细一看，就会发现强烈的讽刺意味。例如，你可能会发现一部叫作《不幸的士兵》的电影的广告标语是"他们完好无损地离开，但却支离破碎地归来"，这听起来就像典型的电影宣传语，但其意义却与常见的那种气势磅礴的大片式宣传口号截然相反。汽车收音机播放的节目也都是各种虚构的商业广告和古怪的小曲，它们起初听上去没什么问题，但如果你仔细留意，就会发现它们相当令人不安。例如，有一个电台骄傲地宣称，它不仅拥有好几个卫星网络，还拥有十名参议员。另一个公司在广告里宣称他们提供宠物盒装邮寄服务。还有个真人电视秀节目让一群有前科的人手持武器在街道上相互残杀，直到只剩一个存活者为止。在玩这个游戏时，你很难忽视掉这些影射和戏谑成分，这些事物讽刺性地暗示了游戏主角的犯罪式生活方式与他所处的这种过度消费社会之间的关系。总之，《侠盗猎车手Ⅲ》是一个深刻的讽刺游戏，它提供了一面映照社会的扭曲镜子。它的机制生产并积聚起了庞大的财富，游戏世界中的所有人似乎都在不择手段地追求这些财富。

《侠盗猎车手：圣安地列斯》是另一个优秀范例，说明了互文讽刺是如何建立在表面形式和游戏机制之间对比的基础上的。在这个游戏中，玩家扮演的角色需要购买衣服。玩家的服装越昂贵，他的性吸引力就越高。在某些游戏任务中，较高的性吸引力是完成任务的必要条件。游戏中最昂贵的商店之一叫作牺牲品（Victim），如图 12.8 所示。一方面，这个店名令人联想到玩家及游戏角色内心所认同的这种城市暴徒式生活方式，但与此同时，当你发现自己已经花掉了数千美元来购买新衣服时，你也许会开始怀疑到底谁才是这里的牺牲品。你控制的角色过着四处犯罪的生活，这意味着他能得到足够金钱来在高级商店里买衣服，但也同时意味着他需要拿生命来冒险。这就为该店的广告语"不惜一切"（to die for）添加了一个完全不同维度的注解。

第12章

图 12.8 《侠盗猎车手：圣安地列斯》中的"牺牲品"商店

按照安伯托·艾柯的观点，使用互文讽刺的一个好处是它鼓励受众用一种更加反思性的态度来看待作品，无论该讽刺的背景是什么。作为对比，《美国陆军》尽管有着令玩家把己方看作美军士兵（好人），把对手看作叛乱军的设定，但它十分缺乏讽刺性暗示。这个游戏完全实现了道德上的相对主义：没有哪一方是明确的好人。对于那些关注这个方面的人来说，该游戏使他们开始思考："如果大家都是一样的，那么我们为何而战？"但是，《美国陆军》在引出这个问题时太过严肃，它从未提醒玩家对这种状况加以反思。

本章总结

在这本书的最后一章中，我们探索了各种通过游戏（特别是游戏机制）来传播信息的方法。我们对严肃游戏进行了定义，并讨论了它们的意义何在以及它们如何发挥作用。我们还阐述了《侠盗猎车手Ⅲ》这类娱乐性游戏是如何运用讽刺元素来对它们自己所建立的前提进行取笑的。传播理论和符号学都提供了有用的模型，人们可以运用这些模型来思考游戏是如何表现思想，并将这些思想传达给玩家的。你还可以使用类比模拟和象征模拟这两种工具来有效地传播意义，同时无需准确地再现出真实世界中的事物。最后，通过为游戏赋予多个意义层次，你可以为你的玩家构建出十分丰富的体验，还能创造出超越轻度娱乐、接近艺术品境界的游戏。

我们希望你喜欢这本书，并且从中获益。虽然我们既没有详细阐述各种游戏类别，也没有具体讨论软件开发技术，但我们认为，本书提供的各种工具（尤其是设计模式和Machinations框架/工具）将成为你的游戏设计师生涯中的无价之宝，无论你设计的是哪种游戏。感谢您的阅读！

练习

1. 选择一款严肃游戏（或让教师指定一款），对其进行分析。它试图传达何种信息？

它在传达信息时是通过游戏机制，还是通过其他手段？如果是通过机制来传达的，就分析这些机制，并解释玩家是如何从机制的运作中推断出信息的。

2．选择一款具有很强模拟元素的游戏（或让教师指定一款），对其进行分析。该游戏的哪些机制是类象性的，哪些机制是指示性或类比性的，哪些机制又是象征性的？为什么？

3．选择一款游戏（或让教师指定一款），对其进行分析。你认为该游戏的哪些方面诚实地表达出了它们的主题，哪些方面则说了谎？要注意把简化行为和纯粹的谎言区分开来。如果该游戏是一个严肃游戏，那么你是认为这些谎言损害了游戏的意图，还是认为它们是可以接受的？

4．我们以《生化奇兵》为例，说明了一个具有多个意义层次的游戏是什么样的。《生化奇兵》中各层次之间的联系并不紧密，但它们允许玩家在多个层级上玩游戏并欣赏游戏。你是否能举出另一个类似的例子？这个例子中存在哪些不同层次？它们结合起来后产生的结果是否和谐？

5．我们以《9 月 12 日》和《Train》为例，说明了游戏的表面形式和游戏机制之间是如何形成对比的。你是否能举出其他例子？你认为设计师想要通过这些对比说明什么？

6．《模拟人生》和《侠盗猎车手Ⅲ》都对物质主义和消费文化进行了讽刺。《模拟人生》较为温和，而《侠盗猎车手Ⅲ》则尖锐得多。你是否能举出其他具有讽刺作用的游戏例子？它们讽刺了什么？

Machinations 速查手册

资源通路规定了资源如何在各元件之间进行流动。

| 资源在节点之间的流动 | 流动速率为1 | 流动速率为3 | 随机流动速率 | 基于玩家技巧水平的流动速率 | 基于多个玩家之间互作用的流动速率 | 基于玩家策略的流动速率 |

标签类型	格式	示例
标签类型	x	0; 2; 3; 0.5; 1.3
流动速率	Dx; yDx; x%	D6; 2D5; D3-D2; 20%; 50%
随机流动速率	x/y	1/4; 2/2; D6/3; D3/(D6+2)
间隔	x*y	2*50%; 3*D3
倍增数	all	all
随机选取资源	drawx	draw1; draw2; draw5

状态通路规定了示意图中元件状态的改变会对其他元件产生什么样的影响。一个节点的状态由该节点拥有的资源数量决定。

标签修改器   节点修改器   激活器

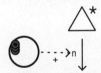 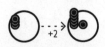 

标签修改器可改变资源通路或其他状态通路的标签值   节点修改器可改变节点中的资源数量   激活器可激活或抑制节点

触发器

当触发器源节点的所有输入条件都得到满足时，触发器激活节点一次。一个输入端条件得到满足的定义是：这个输入端成功运送了与其标签上标示的流动速率数目一致的资源

反向触发器

如果反向触发器的源节点试图牵引资源，但可供牵引的资源数量无法满足源节点输入端通路的要求时，反向触发器就会激活其目标节点

标签类型	格式	示例	适用于
修改器	+; −; +x; −x; +x%	+; −; +2; −0.3; +5%; -2%	标签修改器；节点修改器
间隔值修改器	+xi; −xi	+2i; −1i	标签修改器
倍增数修改器	+im; −im	+1m, −3m	标签修改器
概率	x%; x	20%; 3	门所产生的触发器
条件	==x; !=x; <x; <=x; >x;>=x;	==0; !=2; >=4;	激活器；门所产生的触发器
条件范围	x-y	2-5; 4-7	激活器；门所产生的触发器
触发器标记	*	*	触发器
反向触发器	!	!	反向触发器

节点

　　节点是一种参与资源的生产、分配和消耗活动的元件。节点可以启动。启动状态下的节点会按照其输入端资源通路所标示的流动速率来牵引资源。没有输入端的节点则会按照其输出端的流动速率来推送资源。

池　池能够牵引和积聚资源

消耗器　消耗器能够牵引和消耗资源

转换器　转换器消耗资源来生产出其他资源

延迟器　延迟器能够牵引资源，并在保留一段时间后将这些资源推送出去

门　门能够牵引资源，并立即对资源进行再分配

来源　来源能够生产和推送资源

交易器　交易器能使资源易主

队列　队列与延迟器的工作方式相同，但一次只处理一个资源

激活模式

　　节点的激活模式决定了此节点何时启动。

牵引和推送模式

　　在默认设置下，节点会尽量多地牵引所有可牵引的资源，上限是其输入端设置的流动速率值。我们可以更改这种设置。

被动激活　只有受到一个已激活触发器的触发时才会启动

 自动激活　在每个时间步长中或每回合结束时都启动一次

 All/None　这种节点只在可用资源能够满足其输入端的流动速率值要求的情况下才会牵引资源

 交互激活　受玩家控制而启动。（被点击即会启动）

 前导激活　只在示意图开始运行时启动一次

 推送　这种节点会按照其输出端的流动速率值来推送资源。如果只有输出端，则节点默认处于推送模式（此时不显示任何标记）

门的类型　　　　　　　　　　　　　　　　　　其他元件

随机　　玩家技巧　　多玩家　　策略

结束条件元件规定了游戏何时结束

拥有概率型输出端的门会根据各个输出端所标示的概率值来分配资源。如果概率值为百分数形式，则各个百分数之和可低于 100%。在这种情况下，通过门的资源可能会被消除

起到限制作用的门

拥有条件型输出端的随机门会生成一个随机值，并根据这个值来决定资源如何分配。拥有条件型输出端的确定门则在每个时间步长中对资源进行计数，来判断是否让资源通过

 AP　人工玩家元件可以模拟玩家的行动

x　寄存器可以执行计算工作

0　交互式寄存器的值可以由用户来设置

从门引出的所有状态通路都是触发器。这些触发器既可以是概率型，也可以是条件型

附录 B

设计模式库

B.1　静态引擎

- **类型**：引擎
- **意图**：随时间推移而产生出平稳流动的资源，供玩家在游戏活动中消费或采集。
- **动机**：一个静态引擎产生出流动平稳、永不枯竭的资源。

适用性

静态引擎适用于下列情形。

- 你希望限制玩家的行动，但又不想把设计搞得太复杂。静态引擎可迫使玩家考虑如何运用所得资源，同时不要求玩家太过关注长远规划。

结构

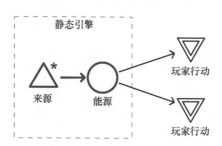

参与者

- 由静态引擎生产出来的**能源**（energy）。
- 用于生产能源的一个**来源**（source）。
- 需要消费能源来进行的**玩家行动**（action）。

　　注意：一个静态引擎必须为玩家提供多种能源消费的去处。如果玩家只能把能源花在一个地方，则这个静态引擎的用处微乎其微。

协作

来源生产出能源。其生产速率可以是固定的，也可以是不可预测的。

效果

　　静态引擎的生产速率是不变的，所以它对游戏平衡的影响很容易预测。只有当静态引擎的生产速率对于不同玩家来说各不相同时，它才可能引起游戏失衡。

　　静态引擎通常不会促生出什么长期策略，因为从静态引擎那里获取资源（如果允许玩家获取的话）的过程十分清晰明了，玩家无需进行长远规划。

实现

　　一般来说，实现静态引擎是较为简单的，只要设置一个用于生产能源的来源就已足够。虽然你也可以在这个能源生产过程中多添加几个步骤，但这通常并不会为游戏增光添彩。

　　如果我们为生产速率引入一些变化，就可以实现一个具有不可预测性的静态引擎。这种静态引擎会迫使玩家提前为资源短缺情形做好准备，并使那些未雨绸缪的玩家得到回报。要使静态引擎具有不可预测性，最简单的方法是随机改变资源的输出强度或间隔时间。除此之外，利用多玩家动态机制或玩家技巧机制也是一种方法。

　　随机生产速率产生的结果可以对每一个玩家都相同，但不必一定相同。只要你使用的这个不可预测性静态引擎为所有玩家提供的是同样的资源，那么运气因素就被平均分散开了，不会影响到整体上的不可预测性。这就强调了这种模式所要求玩家具备的规划能力和时机把握能力。例如，我们可以设想在一个游戏中，每个玩家都需要私下写出一个数值，然后大家一起出示，其中最小的那个数值就成为全体玩家在开局时得到的资源数量（即每个玩家都得到这个数量的资源），而提出这个最小值的玩家可以第一个行动。这就使得游戏的当前状态和这种机制之间自动建立起了一些反馈。（这个系统可防止游戏局势膨胀。）

实例

　　在《星球大战：铁翼同盟》中，太空船生产能源的过程就是一个静态引擎。这些能源可用于提升玩家的护盾、速度或激光武器威力。玩家可以随时改变能源分配状况，如何合理运用能源是至关重要的游戏策略。在这个游戏中，所有种类的太空船每秒生产的能源数量都是相同的，如**图 B.1** 所示。

　　在很多回合制游戏中，玩家每一回合只能执行有限的几种行动，我们可以把这看作一个静态引擎。在这种情况下，玩家需要着重考虑每次该选择哪种行动，且游戏通常不允许玩家把行动机会保留至下一回合。奇幻题材的桌上游戏《Descent: Journeys in the Dark》就使用了这种机制。在每一回合中，玩家可以选择三种行动：移动、攻击或执行特殊技（见**图 B.2**）。在我们的这张示意图中，玩家每回合可以执行两次普通行动，但只可执行一次特殊技。这就产生了五种可能的组合：攻击两次、移动两次、攻击并移动、攻击并执行特殊技、移动并执行特殊技。

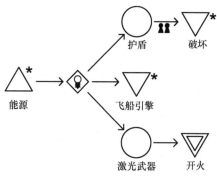

图 B.1 《星球大战：铁翼同盟》中的能源分配示意图

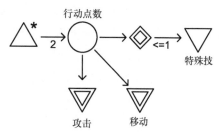

图 B.2 桌上游戏《Descent: Journeys in the Dark》中的行动点数分配示意图

相关模式

- 一个效果较弱的静态引擎可以用于防止转换引擎中出现死锁现象。
- 静态引擎可被动态引擎、转换引擎或慢性循环模式细化。

B.2 动态引擎

- **类型**：引擎
- **意图**：一个来源产生出资源，这些资源的流动速率是可调整的。玩家可以花费资源来提高流动速率。
- **动机**：一个动态引擎产生平稳流动的资源，同时也允许玩家花费资源来提高生产率，从而实现长期投资。动态引擎的核心是一个建设性正反馈循环。

适用性

如果你想要构建出一个机制，使玩家需对长期投资和短期收益进行权衡和取舍，就可以使用动态引擎。相较于静态引擎，动态引擎使玩家对生产速率拥有更高的控制力。

结构

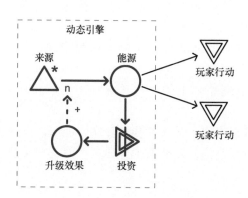

附录 B

参与者

- 由动态引擎生产出来的**能源**（energy）。
- 用于生产能源的一个**来源**（source）。
- 影响能源生产速率的**升级效果**（upgrades）。
- 产生出升级效果的**投资**（invest）行为。
- 需要消费能源来进行的**玩家行动**（action）。投资行为也属于一种玩家行动。

协作

动态引擎产出能源，这些能源在玩家执行行动时被消耗掉。玩家可以通过投资行为来激活升级机制，提高动态引擎的能源产出效率。动态引擎中的升级机制有下面两种形式。

- 能源产出的频率。
- 每次产出的能源量。

上述两种形式的区别是比较细微的。较高的产出频率会使能源的流动较为稳定，而较高的每次产出能源量（但产出频率较低）会引发能源爆发现象。

效果

动态引擎会引起一个强力的建设性正反馈循环，这个效果有时需要用其他模式产生的负反馈来加以制约。要达到这个目的，可以引入阻碍力类模式，或利用渐增类模式产生一些难度渐增的挑战。

使用动态引擎时，你必须小心不要让它催生出统治性策略。不论是过分加强长期策略的效果，还是过分提高长期策略的实行成本，都有产生统治性策略的危险。

动态引擎产生了一种独特的游戏可玩性。一个几乎只含有动态引擎的游戏会促使玩家在一开始就进行投资活动，此时这种投资似乎并不能为游戏带来什么进展。到了一定阶段后，玩家取得的进展会开始增加，且他需要尽可能以最快的速度做到这一点。

实现

如果在动态引擎中加入某些形式的随机因素，就能降低统治性策略的出现机会，无论这个统治性策略是助益于长期投资还是短期投资。然而，在游戏一开始，不可预测性动态引擎中的正反馈循环会放大玩家的运气因素，从而可能会迅速产生过多的随机因素。

随机生产速率产生的结果可以对每一个玩家都相同，但不必一定相同。只要你使用的这个不可预测性动态引擎为所有玩家提供的资源都是相同的，那么运气因素就被平均分散开了，不会影响到整体上的不可预测性。这就使玩家选择何种策略变得更加重要。

某些动态引擎允许玩家将用于升级的要素转换回能源，但这种逆向转换率通常低于能源到升级要素的原始转换率。当升级要素十分昂贵，而玩家又急需大量能源时，可以用这种方法救急。

实例

在《星际争霸》中，空间建设工程车（SCV，Space Construction Vehicle）的作用之一是采矿，它采集到的晶矿可用来制造更多 SCV，从而提高采矿效率，如**图 B.3** 所示。这本质上是一个推动游戏进展的动态引擎（虽然在这个游戏中，晶矿是有限的，而且 SCV 也可以被敌人杀掉）。这个引擎直观地为玩家提供了一个长期策略（花钱囤积 SCV）和一个短期策略（花钱增兵，以发动快攻或抵抗眼下的威胁）。

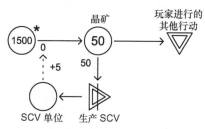

图 B.3 《星际争霸》中的采矿活动

《卡坦岛》的经济机制是围绕着一个动态引擎来运行的，这个动态引擎受到偶然因素的影响。玩家在每一回合开始时需要掷骰子，骰子的结果决定了玩家能从棋盘上的哪些格子中获得资源。建设更多的村庄可以提高每回合获得资源的机会。玩家还能将村庄升级为城市，从而使每个格子提供的资源翻倍。通过让玩家进行多种多样的投资行为，以及用升级成果（而不是能源）作为衡量胜利的标准，《卡坦岛》避开了动态引擎会形成的一些典型特征。你可以在 11.2.2 小节中找到《卡坦岛》的机制示意图，以及我们对这个游戏的详细分析。

相关模式

- 动态阻碍力和耗损模式适合用来制约动态引擎产生的长期收益，而静态引擎则可用于强化长期投资。
- 动态引擎细化了静态引擎模式。
- 动态引擎可被引擎构建模式和劳力分配模式细化。

B.3　转换引擎

- **类型**：引擎
- **意图**：将两个转换器组成一个循环结构，就能产生出富余资源，这些资源可以被游戏的其他部分所利用。
- **动机**：两种可互相转换的资源构成一个反馈循环，产生出富余资源。其中必须至少有一个转换器实现输出大于输入，这样才能产生富余资源。转换引擎比其他大多数引擎更加复杂，但玩家提升转换引擎效果的方式也更加多样化。因此，转换引擎几乎总是动态的。

适用性

转换引擎适用于下列情形。

- 你希望创建出一个更加复杂的机制，使其为玩家提供的资源比静态引擎和动态引擎所能提供的更多。（在我们给出的示例中，转换引擎包含了两个交互式元件，而动态引擎只包含一个。）这同时会增加游戏难度，因为反馈循环的强度和所需投资都更难以估计了。
- 你需要通过多种途径、利用多种机制来对驱动这个引擎（因而也就驱动了流入游戏的资源的流动情况）的反馈循环的面貌进行调节。

结构

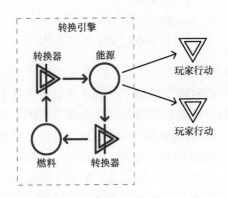

参与者

- 两种资源：**能源**（energy）和**燃料**（fuel）
- 一个将燃料转换为能源的**转换器**（converter）。
- 一个将能源转换为燃料的**转换器**。
- 需要消费能源来进行的**玩家行动**（action）。

协作

一些转换器将能源转换为燃料，而另一些将燃料转换为能源。一般来说，玩家手中的能源最后会有所增加。

效果

转换引擎有可能造成死锁局面。当两种资源都消耗殆尽时，引擎就会停止工作。玩家如果忘记将能源换成燃料，就会面临死锁的风险。要避免这种情况发生，可以引入一个效果较弱的静态引擎，将它和转换引擎结合起来。

转换引擎需要玩家执行更多工作，尤其是当转换器需要玩家手动操作时更是如此。

与动态引擎一样，转换引擎也是由一个正反馈循环所驱动。在大多数情况下，我们需要加入某种阻碍力模式来平衡这个反馈循环的效果。

实现

　　玩家是否容易驾驭某个转换引擎，令其高效运转，很大程度上要看这个引擎中反馈循环包含的步骤数目。步骤越多，驾驭难度越大，但同时玩家调整和改进引擎的途径也更多。

　　如果系统中的步骤太少，转换引擎带来的好处就很有限，此时将它替换成一个动态引擎或许会更好。而如果步骤太多，引擎就会十分笨重，难以驾驭和维护。这个问题在桌上游戏中更加突出，因为桌上游戏的很多操作无法像在电子游戏中一样由系统自动执行。

　　要使转换引擎具有不可预测性，可以通过在它的反馈循环中加入随机因素、多玩家动态机制或玩家技巧机制来实现。这会使转换引擎的复杂程度更上一层楼，而且常常会增加死锁的风险。

　　许多游戏在应用转换引擎时都会在它的反馈循环中加入一个限制装置，以控制正反馈效应，防止引擎产生过多能源。例如，如果每回合可供转换的燃料资源有限，那么引擎运行的最大效率也就受到了限制。在 Machinations 示意图中，你可以用一个门来限制资源的流动。在汽车中，发动机将汽油转换为能量，从而驱动油泵，而油泵又利用一部分能量来将汽油送回发动机。这就产生了一个正反馈循环，它的效果受到节流阀的限制。

实例

　　20 世纪 80 年代的太空贸易电脑游戏《Elite》的经济机制有时会表现为一个转换引擎。在《Elite》中，每个星球都有自己的贸易市场，玩家可在市场上买卖商品。有时，玩家会发现一条有利可图的贸易航路：他可以在 A 星球购买商品，前往 B 星球高价卖出，同时将 B 星球的商品带回 A 星球，再次高价卖出，如**图 B.4** 所示。这条路线有时包含的星球

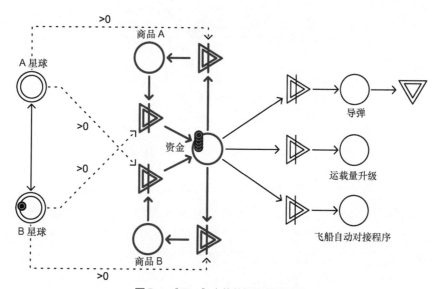

图 B.4　《Elite》中的航行和贸易过程

达到三个或更多。这种贸易航路本质上是一个转换引擎，它受到玩家飞船运载量的限制，但玩家可以花钱扩充这个运载量。飞船的其他特性也可能影响这个转换引擎的效率，飞船的加速能力、途经敌对星域时的存活能力（或花费）都影响着特定贸易航路所能给玩家带来的利益。最终，随着玩家不断进行贸易活动，某种商品的需求量和价格会逐渐降低，使该贸易航路带来的利益减少（此处的示意图中省略了这项机制）。

如图所示，玩家身处 A 星球或 B 星球上时，会激活相应的转换器，这些转换器构成了图中央的交易机制。图右侧是一些可供飞船升级的项目。

《电力公司》的核心也是一个转换引擎，如**图 B.5** 所示。不过这个转换引擎中的其中一个转换器被替代成了一个更加细化的结构（参见 7.2.7 小节）。玩家需花钱从市场上购买燃料，再让发电厂消耗这些燃料来产出金钱。虽然游戏的题材是玩家发电并售电，但游戏机制本身并未包含电力这种元素，玩家只是将燃料直接换成金钱而已。富余的金钱可用于购买更好的电厂，或将玩家的电网连入更多城市。这个转换引擎是受限的，玩家只能从连入电网的城市中收取金钱，这有效地限制了每回合的获利上限。《电力公司》还引入了一个效果较弱的静态引擎来防止死锁，即使玩家某一回合中未能从电厂获利，他也能获得一小笔资金。《电力公司》中的转换引擎具有轻微的不可预测性，因为玩家可以通过囤积燃料来提高燃料的市场价格，这同时也是一种阻碍机制。

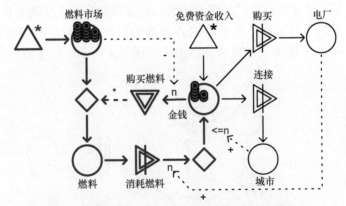

图 B.5 《电力公司》中的生产机制。转换引擎用蓝色标示

相关模式

- 转换引擎很适合与引擎构建模式结合，因为这样一来就有了很多种调整修改引擎的方式，如调节两个转换器之间的转换率，以及对限制装置进行设置等等。
- 转换引擎产生的正反馈最好用某种阻碍力模式来平衡。
- 转换引擎细化了静态引擎模式。

■ 转换引擎可被引擎构建模式和劳力分配模式细化。

B.4　引擎构建

■ **类型**：引擎
■ **意图**：游戏可玩性很大程度上在于让玩家自行建设并调整一个引擎，使资源稳定流动。
■ **动机**：游戏的核心部分由动态引擎、转换引擎或不同引擎的结合体所构成。这个核心部分较为复杂且具有动态特性。游戏包括至少一个用于改进这个引擎的机制，如果有多个这样的机制则更好。这些机制可包含多个步骤。为了使引擎构建模式产生出有趣的玩法，让玩家能够确定和评估引擎的状态是十分重要的。

适用性

引擎构建模式适用于下列情形。
■ 你想要创造一个以建设活动为重点的游戏。
■ 你想要创造一个着重于长期策略和规划的游戏。

结构

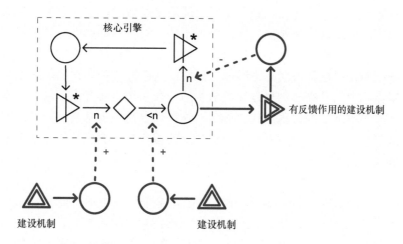

　　　注意：图中所示的核心引擎结构只是个示例而已，这个引擎实际上并没有固定的构建方法。引擎构建模式只需要有若干个作用在引擎之上的建设机制，并且这个引擎能生产资源即可。

参与者

■ 一个**核心引擎**（core engine）。它通常是多个不同类型引擎的结合体，其结构较为复杂。

- 至少一个（但是在实际情况中经常有多个）**建设机制**（building mechanisms），用于改进核心引擎。
- 作为主要资源的**能源**（energy），它由核心引擎所生产。

协作

建设机制可提高核心引擎的输出效率。如果激活建设机制需要能源，则会形成一个建设性正反馈循环。

效果

引擎构建模式会提高游戏难度。由于它要求玩家进行规划和决策，它最适合于慢节奏的游戏。

实现

在游戏中加入不可预测因素，可以有效地提高游戏难度，产生多变的可玩性，还能避免统治性策略出现。而引擎构建模式就提供了很多种加入不可预测因素的方法，因为其核心引擎通常由多种机制构成。此外，核心引擎的复杂性本身常常就会带来一定的不可预测性。

在使用带有反馈作用的引擎构建模式时，一定要确保建设性正反馈不至于太强，也不至于太快。总的来说，你要把构建引擎的过程在整个游戏中分散开来。

当一个引擎构建模式的建设机制不需要用能源来激活时，这个引擎构建模式在运转时就没有反馈作用。如果这个引擎能生产出种类不同、对游戏的影响也各不相同的能源，并允许玩家采用不同的策略，只让某些特定种类能源的生产得到加强的话，这就是一种可行的结构。但如果要使用这种方法，你通常仍需要以某些方式对建设机制加以约束。

动态引擎模式中的升级机制也是建设机制的一个例子。实际上，动态引擎模式是引擎构建模式的一种简单常见的实现形式。然而，这种简单性也意味着一个动态引擎中只可容纳一两种升级效果。而在一个遵循引擎构建模式的游戏中，典型的核心引擎则可容纳多种多样的升级效果。

实例

《模拟城市》是引擎构建模式的一个好例子。这个游戏中的"能源"就是金钱，玩家需要用金钱来激活大多数建设机制。这些机制包括：建设用地规划、区域设置、基础设施建设、特殊建筑建设、设施拆除等。《模拟城市》的核心引擎十分复杂，并包含了许多内部资源，如市民、就业机会、电力、交通运输能力，以及三种不同性质的区域等等。引擎内部的反馈循环产生了各种阻碍力，有效地平衡了正反馈循环，但这种平衡的效果是有限的，如果玩家不够小心仔细，将引擎管理得一塌糊涂，就会导致引擎崩溃。

在桌上游戏《波多黎各》（Puerto Rico）中，每个玩家需要建设和发展一块殖民地。殖民地能够产出不同种类的资源，这些资源可用于再投资，也可兑换成胜利点数。核心引擎包含的游戏元素和资源种类十分丰富，有种植园、建筑、移民、金钱、各种作物等等。《波多黎各》是一个多人游戏，玩家在游戏中需争夺一批有限的职位。担任不同职位的玩家能执行的建设活动也是不同的。因此，玩家争夺的其实是不同的建设机制。这就产生了一个强力的多玩家动态机制，该机制对游戏可玩性的贡献十分巨大。

相关模式

- 要提升引擎构建模式的难度的话，将多反馈模式应用到建设机制上是一个好办法。
- 要平衡那种消耗能源来激活建设机制的引擎构建模式（包括各种实现形式）所产生的典型正反馈机制的话，所有的阻碍力类模式都是合适的选择。
- 动态引擎是引擎构建模式的最简单的实现形式之一。
- 引擎构建模式细化了动态引擎和转换引擎模式。
- 引擎构建模式可被劳力分配模式细化。

B.5 静态阻碍力

- **类型**：阻碍力
- **意图**：消耗器会自动消耗玩家生产出来的资源。
- **动机**：静态阻碍力模式周期性地消耗资源，从而制约生产机制。消耗速率可以是恒定的，也可以是受随机因素控制的。

适用性

静态阻碍力模式适用于下列情形。

- 你想要建立一个机制用来制约生产活动，但又想让这个机制最终能被玩家克服。
- 你想要放大玩家对一个动态引擎的升级效果进行投资所带来的长期利益。

结构

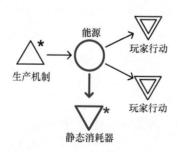

参与者

- 一种资源：**能源**（energy）。
- 一个用于消耗能源的**静态消耗器**（static drain）。
- 一个用于生产能源的**生产机制**（production mechanism）。

■ 其他一些用于消耗能源的**玩家行动**（action）。

协作

生产机制生产出能源，而玩家需要消耗这些能源来执行各种行动。静态消耗器在不受玩家直接控制的情况下消耗掉能源。

效果

要制约引擎构建模式产生的正反馈，使用静态阻碍力模式是一种简单方法。不过，静态阻碍力模式通常会强化动态引擎所固有的长期策略性，因为它降低了动态引擎的初始输出，但却并未影响到任何升级效果。

实现

在使用静态阻碍力时，一定要慎重考虑是使用恒定的消耗速率，还是让消耗速率受随机因素控制。恒定的静态阻碍力模式是最容易理解和预测的，而随机的静态阻碍力模式会为游戏的动态行为带来更多不确定因素。后者可以作为在生产机制中加入随机因素的一个不错的替代方案。阻碍力的频率是另一个需要考虑的问题，当反馈的间隔发生时间较短时，系统整体的稳定性会高于那些反馈的间隔发生时间较长或不规律的系统，并可能在系统中引起周期性现象。一般来说，能源的周期性损耗对系统的动态行为造成的影响，比同样数量能源持续损耗所造成的影响更大。

实例

在以古罗马城市为背景的建设游戏《凯撒大帝 III》中，玩家每关都必须在特定时期向君主进贡。每关中的进贡计划都是游戏安排好的，不受玩家表现的影响。实际上，这形成了一种频率极低、效果很高的静态阻碍力，对这个游戏的内部经济造成了很大影响。你可以在第 9 章中找到我们对这个游戏的详细分析。

《地产大亨》中的动态引擎受到不同种类的阻碍力制约，包括静态阻碍力，如**图 B.6** 所示。游戏中的静态阻碍力主要是通过机会卡（Chance cards）这种机制实现的。机会卡机制使玩家会偶尔损失金钱。尽管其中有些卡会根据玩家拥有的地产来扣除玩家金钱，但大多数卡不会。

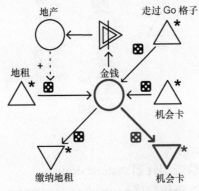

图 B.6　《地产大亨》中的静态阻碍力

你可以把向其他玩家缴纳地租的行为也看作一种静态阻碍力，因为缴租的频率和额度都大大超出缴租玩家所能直接控制的范围。然而，缴租其实并不是静态阻碍力模式，而属于耗损模式。它的耗损速率不随时间而改变，且玩家能在一定程度上间接对其施加影响，如果玩家表现出色，他的对手就很可能表现欠佳，这就对这个阻碍作用产生了负影响。图 B.6 的示意图并没有体现出这一点，因为这张图是从单个玩家的视角来表现游戏的。

相关模式

- 静态阻碍力放大了长期投资的效果，因此它最适合与静态引擎、转换引擎或引擎构建模式配合使用。
- 静态阻碍力可被动态阻碍力或慢性循环模式细化。

B.6 动态阻碍力

- **类型**：阻碍力
- **意图**：消耗器会自动消耗玩家生产出来的资源，其消耗速率受游戏中其他要素的状态的影响。
- **动机**：动态阻碍力模式会制约生产活动，但它能自行调整以适应玩家的表现。动态阻碍力是负反馈在游戏中的一个经典应用。

适用性

动态阻碍力模式适用于下列情形。

- 游戏的资源生产速率过快，你想对其进行平衡。
- 你想构建一个机制，用于制约生产活动，并可依据玩家的进度或实力自行调节其制约强度。
- 你想要减弱动态引擎产生的长期策略所带来的效力，从而加强短期策略的重要性。

结构

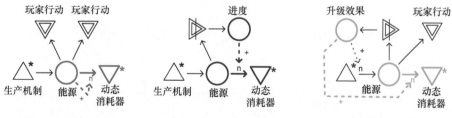

参与者

- 一种资源：**能源**（energy）。
- 一个用于消耗能源的**动态消耗器**（dynamic drain）。
- 一个用于生产能源的**生产机制**（production mechanism）。

■ 其他一些消耗能源的**玩家行动**（action）。

协作

生产机制生产出能源，玩家需要消耗这些能源来执行各种行动。动态消耗器消耗掉能源。这个消耗器不受玩家直接控制，但受到游戏系统中至少一个其他要素的状态的影响。

效果

动态阻碍力是对引擎类模式产生的正反馈加以制约的一种好方法。动态阻碍力在游戏系统中引入了一个负反馈循环。

实现

实现动态反馈的方法有很多种。你需要重点考虑的事情是如何选择能导致消耗速率发生改变的游戏因素。一般来说，这个因素可以是可用能源本身的数量，可以是施加在动态引擎或转换引擎上的升级效果的数量，也可以是玩家达成目标的进度。如果影响阻碍力的是可用能源的数量，则负反馈通常会见效快速。如果影响阻碍力的是进度或生产能力，则反馈的影响就更为间接，并且很可能见效较慢。

当你用动态阻碍力来制约一个正反馈循环时，一定要考虑到这个正反馈循环的属性和该阻碍力所引起的负反馈循环的属性之间的差别。当两者属性类似（速度相同，持久性相同等等）时，阻碍力的效果会比两者属性差异较大时稳定得多。例如，如果用一个缓慢且持久的动态阻碍力来制约一个快速且并不持久，而且最初能够带来高回报的正反馈的话，玩家一开始仍能取得很大进展，但长远上则可能会遭受举步维艰的状况。快速的正反馈与缓慢的负反馈似乎是最为常见的组合。

实例

塔防游戏的机制通常围绕着一个作用在玩家生命值上的动态消耗器而运行。这个消耗器由游戏中的敌人所产生，玩家必须通过建造防御塔来抵御敌人的进攻，如**图 B.7** 所示。在图中所示的情况下，玩家的目标是阻止动态阻碍力发挥作用。而在实际的塔防游戏中，玩家还需考虑如何合理选择并摆放防御塔。该图省略了这些策略因素。

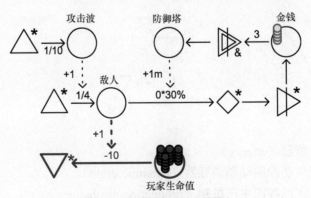

图 B.7 塔防游戏中的动态阻碍力

　　《文明》中的城市生产机制就用到了动态阻碍力模式，如**图B.8**所示。在这个游戏中，玩家可以建设城市来生产三种资源：食物、物资（游戏中以盾牌图标表示）和商业点数。城市在发展过程中会需要越来越多的食物来供养其人口。玩家可以在一定程度上控制食物的产量，但控制程度会受到周围地形的限制。如果玩家在早期大量生产食物，就会削减其他资源的产量，但也会使城市得以迅速发展。不过，这种快速发展也会产生一些问题：玩家必须将城市的快乐度维持在人口值的一半以上，否则城市的生产活动就会由于市民动乱而停滞不前。每座城市初始有两点快乐度。要提高快乐度，玩家可以建造特殊建筑，也可以把商业点数转换成文化点数，这两种方法都为城市的生产活动施加了更多面貌不同的动态阻碍力。建造特殊建筑耗时较长、投资不菲，但建成后效果持久，回报也较高。而将商业点数转换为文化点数见效迅速，但相对于其投资来说，所得回报较低。

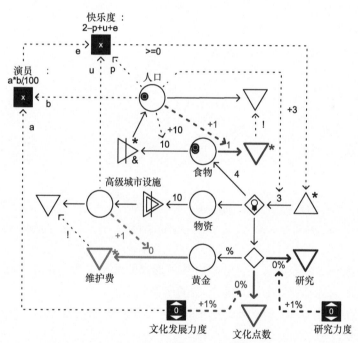

图 B.8《文明》中的城市经济示意图。动态阻碍力机制用彩色标出。玩家可以自由对文化和研究的设置参数进行调整，以控制动乱的产生和研究成果。这些设置是全局的，其调整结果会同时影响到所有城市

相关模式

- 动态阻碍力模式适合用来平衡任何能够产生正反馈的模式。此外它还经常作为多反馈模式的组成部分。
- 如果动态阻碍力模式是多个玩家进行交互行为的结果，则它可被耗损模式细化。

■ 动态阻碍力可被阻碍机制细化。

B.7 阻碍机制

- **类型**：阻碍力
- **意图**：使某个机制产生的效力在该机制每次激活时发生递减。
- **别名**：收益递减法则
- **动机**：为了防止玩家滥用某种强力机制，而使此机制的效果逐次递减。阻碍机制在有些情况下是永久生效的，但这种情况不常发生。

适用性

阻碍机制适用于下列情形。

- 你想要防止玩家滥用某些特定行为。
- 你想要对统治性策略进行制约。
- 你想要减弱某个正反馈机制的效力。

结构

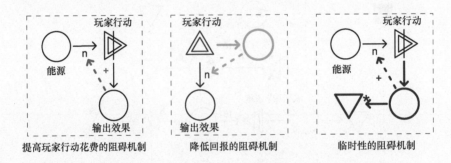

提高玩家行动花费的阻碍机制　　　降低回报的阻碍机制　　　临时性的阻碍机制

参与者

- 一个**玩家行动**（action）。它可产出某种形式的**输出效果**（output）。
- 一种**能源**（energy）。它是玩家行动的所需资源。
- 一种**阻碍机制**（stopping mechanism）。它能够提高能源花费，或降低玩家行动的输出效果。

协作

要让阻碍机制发挥作用，就必须使玩家行动消耗能源，或产出某种输出效果，抑或两者皆有。每次阻碍机制被激活，它就通过提高能源花费或降低输出效果来削减玩家行动所产生的效力。

效果

使用阻碍机制可以显著降低正反馈循环的效果，甚至可以使它的回报无法满足需要。

实现

　　当你使用阻碍机制时，一定要考虑好是否让它永久见效。如果阻碍机制的输出效果可以累积起来作为衡量该机制强度的标准的话，该阻碍机制的效果就不是永久性的。在这种情况下，玩家需要频繁地在"产出输出效果"和"用输出效果来执行其他行动"这两种活动之间切换。

　　一个阻碍机制可以分别作用在每一个玩家身上，也可以同等地影响多个玩家。在后者的情况下，那些比别人先行动的玩家会得到好处。这意味着阻碍机制可产生一种反馈，该反馈取决于是领先玩家更可能先行动，还是落后玩家更可能先行动。

实例

　　《魔兽争霸 III》中的木材采集机制就是一个巧妙的阻碍机制。在这个游戏中，玩家需要指派农民砍伐树木，以获取木材资源。农民砍伐完毕后需要将木材从森林运回玩家基地，且在运送过程中无法继续伐木，因此基地到森林之间的距离就对木材的生产效率产生了影响。随着一棵棵树木被砍倒，这个运送距离也越来越长。**图 B.9** 说明了这种机制。

　　《电力公司》中的燃料价格机制也包含了一个阻碍机制，如**图 B.10** 所示。在这个游戏中，玩家花钱购买燃料，再消耗燃料获得金钱收益，这就形成了一个正反馈循环。但在游戏中，玩家购买大量燃料会导致燃料的市场价格上涨，这就制约了这个正反馈循环。由于游戏规定领先者必须最后一个行动，因此这个阻碍机制就对领先的玩家施加了一个强力的负反馈。

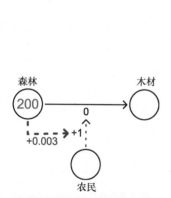

图 B.9 《魔兽争霸 III》中的阻碍机制：当森林即将被砍伐殆尽时，每个农民的生产率将会降到 0.4

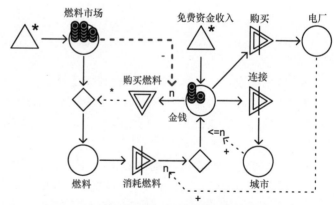

图 B.10《电力公司》中的阻碍机制提高了燃料价格，形成了负反馈。这种负反馈对领先玩家的影响更强

相关模式

- 阻碍机制经常在应用了多反馈模式的系统中出现。

- 阻碍机制细化了动态阻碍力模式。
- 阻碍机制可被慢性循环模式细化。

B.8　耗损

- **类型**：阻碍力
- **意图**：玩家主动性地窃取或摧毁其他玩家拥有的资源，这些资源是玩家在游戏中进行其他活动的必备物资。
- **动机**：玩家可以直接窃取或摧毁他人的资源，从而在争夺霸权的斗争中消灭对手。

适用性

耗损模式适用于下列情形。

- 你想让多个玩家互相进行直接的策略性交互行为。
- 游戏系统本质上由玩家的策略偏好和 / 或心血来潮的行为所控制，你想为这个系统引入反馈机制。

结构

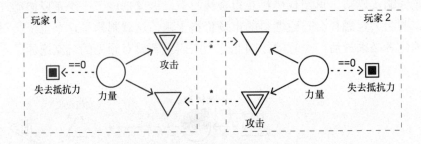

参与者

- 多个**玩家**。这些玩家拥有的机制和选择是相同（或相似）的。
- 一种资源：**力量**（strength）。当某个玩家失去所有力量后，他就被淘汰出游戏。
- 一种特殊的攻击行为，可以消耗或窃取其他玩家的力量。

协作

玩家可通过相互攻击来削减对手力量。执行攻击行为可能需要消耗自身力量，也可能不需要。如果某个攻击行为无需消耗力量，则它应当消耗时间，或涉及一些玩家技巧因素或随机因素。攻击行为的所需花费、攻击效果，以及游戏中其他活动能为玩家带来的利益程度这三者之间的平衡决定了该攻击行为的效力，以及该耗损模式的控制力。

效果

耗损模式会为游戏引入大量动态特性，这是因为玩家发动进攻时可直接控制在每个对手身上投入的攻击力量。这常常会引起破坏性反馈作用，因为一个玩家的当前状态会引起其他玩家的反应。根据获胜条件和游戏当前状况的不同，这个反馈可能会刺激各玩家联合起来对抗领先者，此时它就是一个负反馈；但它也可能会刺激各玩家优先攻击并消灭弱者，此时它就是一个正反馈。

注意：一定要记住，建设性（constructive）、破坏性（destructive）这两个用于描述反馈的术语和正（positive）、负（negative）是不同的概念。关于它们的区别，见 6.2.6 小节。

实现

要让耗损模式有效运作，就要让玩家在执行攻击行动时必须耗费一定数量的资源（这种资源也应能用于游戏的其他活动中）。如果玩家无需耗费资源的话，那么在一个双人游戏中，耗损模式就会变成一种毫无策略性可言的、单纯的破坏竞赛；而在一个便于玩家之间进行社交互动的多人游戏中情况则稍好一些，因为玩家至少需要选择攻击对象。

在游戏中应用耗损模式时，一般不会只包含力量这一种资源，而是同时包含两种资源：生命值和能源。玩家需耗费能源来执行行动，而失去全部生命值就意味着失败。在使用这两种资源时，保证它们存在某种形式的联系是很重要的，例如，很多游戏都允许玩家花费能源来增加生命值。而有时，生命值和能源之间的关系则是隐性的。例如，当玩家必须选择是花费能源还是增加生命值时，两者之间就存在一种隐性联系，因为玩家如果选择执行其中一种行为，通常就无法同时执行另一种。

在只有两名玩家的耗损模式下，游戏必须含有其他可供玩家执行的活动，而玩家人数多于两名的游戏则通常都会含有其他可供玩家执行的活动。多数情况下，这些活动会形成某种生产机制，生产出"力量"这种资源，从而提高各玩家的攻击能力或防守能力（此时耗损模式就被细化成了军备竞赛模式）。大多数即时战略游戏都包含了以上所有要素，且每种要素常常还有若干种变化形式。

游戏的获胜条件，以及消灭其他玩家所引发的效果，都会对耗损模式造成很大影响。不过，获胜条件并不一定得是消灭对手。在分数上超越其他玩家，或达成与耗损模式无关的其他某个特定目标，都可以成为获胜条件，这同时也自然而然地扩展了游戏中可用策略的数量。如果玩家攻击或消灭其他对手能够获得额外好处的话，我们就可以用耗损模式来促使弱小的玩家被淘汰出局。

实例

万智牌这个集换式卡牌游戏中包含了一个十分精细的耗损模式，如**图 B.11** 所示。需要注意的是，图中是从单个玩家的视角来表现游戏机制的。

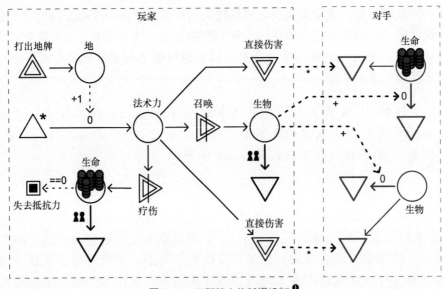

图 B.11　万智牌中的耗损机制❶

在万智牌中，玩家每回合可以出一张牌。牌的作用有增加地、召唤生物、施放疗伤术、给予对手（或对手的生物）直接伤害等等。但除了使用地牌之外，其他所有的行动都需耗费法术力。玩家积累的法术力越多，每回合可使用的法术力就越多，能够施展的咒术威力也就越大。生物会攻击对手的生物，如对手没有生物，则会直接攻击对手。耗尽所有生命值的玩家就被淘汰出局。万智牌是一个运用生命值和能源（在这个游戏中，能源即法术力）这两种资源来构建耗损模式的例子。

万智牌中多种多样的玩法选择显示出了耗损模式可如何以不同的方式运作。"直接伤害"这种行动会触发一个消耗器。如名字所示，这种行动见效快速、作用直接。另一方面，对生物进行召唤会激活一个永久性消耗对手生命值和对方生物的消耗器，其效果通常不如直接伤害那么强力，但它的效果可随时间积累，因此最终也可以形成一股惊人的破坏力。玩家手中的牌决定了玩家可采取哪些战术，以及这些战术威力如何。由于玩家需要从大量卡牌中选取一部分组成自己的套牌，因此如何构建套牌就成为了万智牌的一项重要游戏技巧。

要实现耗损模式，最明显的方法是构建一个对称性游戏。但实际上，许多单人游戏，甚至某些多人游戏中都使用了不对称的耗损模式，桌上游戏《Space Hulk》就是一例。在这个游戏中，一名玩家需控制一批数量有限的星际战士来完成特定任务，而另一名玩家需控制源源不断产生的基因窃取者来阻止前者完成任务。控制基因窃取者的玩家需要尽可能多地消灭星际战士，当消灭的星际战士超过一定数量就算获胜。而控制星际战士的玩家通常无法通过消灭基因窃取者来获胜，但他要想存活下来，就必须将基因窃取者限制在一定

---

❶　在万智牌中，地是法术力的能量来源。玩家需要使用地牌来补充法术力，以施放咒语。——译者注

数量之下，否则基因窃取者的数量就会不断增加，导致其实力越来越强大。图 B.12 粗略地描述了《Space Hulk》的机制。

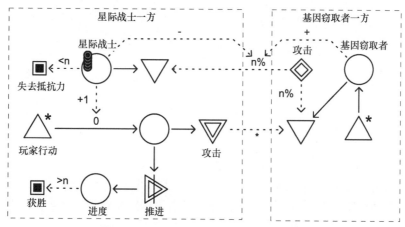

图 B.12　《Space Hulk》中的不对称耗损模式

相关模式

- 耗损模式适合与所有的引擎类模式共同使用。如果多玩家反馈机制是建设性的，而不是破坏性的，并且几乎都是负反馈的话，则我们可用交易模式替代这个多玩家反馈机制。
- 耗损模式细化了动态阻碍力模式。
- 耗损模式可被军备竞赛模式和劳力分配模式细化。

B.9　渐增型挑战

- **类型**：渐增
- **意图**：玩家每朝着目标前进一步，都会导致下一步进展的难度增加。
- **动机**：玩家取得的进展以及游戏的难度之间形成了一个正反馈循环，它使得游戏随着玩家逐渐接近终点而变得越来越难。这种方法使游戏能够快速适应玩家的技巧水平，在玩家的出色表现又进一步加快了玩家进展的情况下尤其如此。

适用性

渐增型挑战适用于下列情形。

- 你想要以玩家的技巧水平（通常是物理技巧）为基准构建出一个快节奏的游戏。在这个游戏中，随着玩家逐渐接近目标，游戏难度也逐渐增加，从而对玩家完成任务的能力加以抑制。
- 你想要创造出能（部分）取代预先设计好的关卡进程的突现型机制。

结构

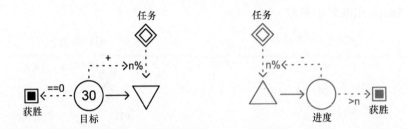

参与者

- **目标**（targets），代表玩家尚未完成的任务。
- **进度**（progress），代表玩家在接近终点的过程中取得的进展。
- 一个**任务**（task），用来减少目标的数量，也可用于产生进度。
- 一个**反馈机制**（feedback mechanism），它使游戏随着玩家进度的增加或目标数量的减少而变得越来越难。

协作

任务能够减少目标数量或产生进度，抑或同时起到这两种作用。随着玩家逐渐接近终点，反馈机制也会逐渐提高任务的困难度。

效果

渐增型挑战基于一个能够影响游戏难度的简单正反馈循环。它的机制会根据玩家水平的高低来快速调节游戏难度。如果任务失败会导致游戏结束的话，渐增型挑战就会催生出一个节奏很快的游戏。

实现

游戏中用来实现渐增型挑战模式的任务通常会受到玩家技巧水平的影响，尤其是当该游戏的核心机制大部分都是由这个渐增型挑战模式构成时更是如此。当这个任务是一个随机机制或确定性机制时，玩家就对游戏进度没有任何控制力。只有当这个渐增型挑战模式属于一个更加复杂的游戏系统的一部分，且玩家可使用某些间接方式来控制成功概率时，我们才可以考虑使用随机机制或确定性机制。使用多玩家动态机制也是一种选择，但这种机制很可能同样更适宜于在一个更复杂的游戏系统中使用。

实例

《太空侵略者》是渐增型挑战模式的一个经典例子。在这个游戏中，玩家需要在外星人抵达屏幕底部之前把它们全部消灭。玩家每消灭一个外星人，其余所有外星人的速度就会提升一点点，使得玩家更难击中它们。另一个例子是《吃豆人》。这个游戏的目标是吃光关卡中的所有豆子，而随着豆子逐渐减少，玩家在鬼怪的追逐之下吃掉剩余豆子的过程会变得越来越艰难。（你可以在第 5 章中找到我们对《吃豆人》的详细分析及该游戏的机制示意图。）

相关模式

　　通过将渐增型挑战与静态阻碍力或动态阻碍力结合使用，可以使游戏配合玩家水平的高低而迅速调整自身难度。

B.10　渐增型复杂度

- **类型**：渐增
- **意图**：玩家需要与逐步增长的复杂度作斗争，努力控制游戏局面，否则复杂度就会随着正反馈逐步增强而越来越高，最终导致玩家告负。
- **动机**：玩家在游戏中需要执行特定行动，此行动的难度取决于其复杂度。如果行动失败，就会导致复杂度上升。玩家只要能够跟上游戏的节奏，就可以持续玩下去，但正反馈一旦失控，游戏就会迅速结束。随着玩家在游戏中不断推进，产生复杂度的机制也会加速赶上，使玩家在进展到某一阶段后无法追上游戏的步伐，最终必然输掉游戏。

适用性

渐增型复杂度适用于下列情形。

- 你希望创造出一个压力较大、基于玩家技巧的游戏。
- 你想要创造出能（部分）取代预先设计好的关卡进程的突现型机制。

结构

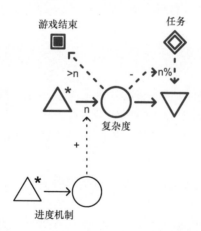

参与者

- 游戏产生出的**复杂度**（complexity）。玩家必须控制这种复杂度，确保它处于一定规模以下。
- 一个需要玩家执行的**任务**（task），该任务能降低复杂度。
- 随时间推移而提高复杂度产量的一个**进度机制**（progress mechanism）。

协作

复杂度会立即促使更多的复杂度被生产出来，从而产生一个强力的正反馈循环。玩家必须控制住这个正反馈，否则当复杂度超出玩家的能力范围后，玩家就会输掉游戏。

效果

如果玩家的水平足够高，他就可以在很长一段时间内跟上复杂度的增长步伐。但当玩家最终无法应付这种增长时，复杂度就会失去控制，导致游戏迅速结束。

实现

游戏中用来实现渐增型复杂度模式的任务通常会受到玩家技巧水平的影响，尤其是当该游戏的核心机制大部分都是由渐增型复杂度模式构成时更是如此。当这个任务受一个随机机制或确定性机制支配时，玩家就对游戏进度没有任何控制力。而在一个更加复杂的、玩家对成功概率有一定控制力的游戏系统中，随机机制或确定性机制的作用会更大一些。使用多玩家动态机制也是一种选择，但这种机制很可能同样更适宜于在一个更复杂的游戏系统中使用。

复杂度的生产机制中的随机因素会给游戏步调带来变化性。玩家可能必须拼命努力才能跟上复杂度生产达到高峰时的游戏步调，但当复杂度生产减慢时，玩家也会得到喘口气的机会。

实现进度机制有很多种方法，可以简单地让复杂度的生产速度随时间推移而上升（就像前面"结构"条目中所示的例子那样），也可以构建一个复杂结构，让这个结构依赖于该玩家（也可以是其他玩家）所进行的其他游戏活动。这样，我们就可以基于任务执行这一过程来为进度机制引入正反馈，再以此为基础，将渐增型复杂度和渐增型挑战结合起来。

渐增型复杂度很适合作为多反馈模式结构的一部分。在这类结构中，我们可以用复杂度机制来激活多个特性迥异的反馈循环。例如，如果让任务激活一个十分缓慢的、控制着复杂度生产的负反馈循环，就可以在一定程度上对渐增型复杂度起到平衡作用。

实例

在《俄罗斯方块》中，复杂度是通过方块接连下落这一过程生产出来的。这个生产过程具有轻微的随机性，因为出现方块的形状是各种各样的。玩家需要将不同的方块尽量吻合地摆放在一起。每填满一行，该行的方块就会被消去，从而腾出空间供玩家摆放新落下的方块。如果玩家无法跟上这一节奏，方块就会迅速堆高，使玩家码放方块的时间变少。玩家如果不够小心，就可能导致这一局游戏的复杂度迅速上升，最终在方块堆积到屏幕顶端时输掉游戏。在《俄罗斯方块》中，等级因素构成了进度机制。玩家每消除十行方块，等级就升高一级，使方块的下落速度加快，从而加大玩家准确摆放方块的难度。这个等级机制同时也是渐增型挑战模式的一个例子。

图 B.13 表现出了《俄罗斯方块》的上述机制。在这张图中，方块会被转换成分数。版面中积累的方块越多，转换而得的分数就越高，这代表游戏中的一种高风险高回报策略——方块越多，玩家一次消除多行方块的机会就越大。图中右侧的图表清楚地体现出：一旦游戏节奏加快到玩家无法跟上的地步，游戏局势就会迅速失控。

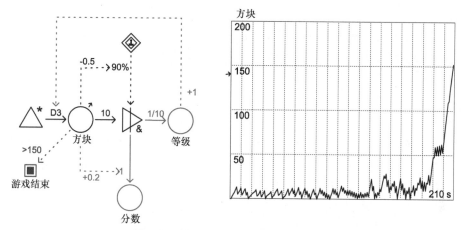

图 B.13 《俄罗斯方块》中的渐增型复杂度

　　在动作射击类独立游戏《Super Crate Box》中，玩家需要射杀敌人以控制敌人数量，同时还要拾取装有武器的板条箱。玩家一旦触碰到敌人就会死亡。敌人会从屏幕顶端不断出现，并会一路跑到屏幕底端。那些成功到达底端的敌人会重新出现在屏幕顶端，并且移动速度会比之前更快。玩家只能持有一种武器，每种武器的威力和特性都不同。然而，由于玩家只能通过不断捡取板条箱来推进游戏，而拾取后武器会强制更换，因此无论拿到何种武器，玩家都不得不尽力去运用。玩家必须交替进行杀敌和捡箱子这两种行为。如果忽略了前者，敌人数量就会越来越多。如果忽略了后者，玩家就无法得分。**图 B.14** 展示出了《Super Crate Box》的这种机制。

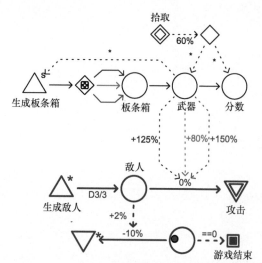

图 B.14 《Super Crate Box》迫使玩家交替进行杀敌和捡箱子这两种行为

相关模式

- 任何引擎类模式都可用于实现进度机制。
- 用渐增型挑战模式来实现进度机制是一种常见做法。

B.11　军备竞赛

- **类型**：渐增
- **意图**：玩家可以花费资源提高他们的进攻和防守能力，以对抗其他玩家。
- **动机**：这种允许玩家花费资源提高进攻和防守能力的机制为游戏引入了很多策略选择。玩家可选择与自己的技巧水平和偏好相匹配的策略。

适用性

军备竞赛适用于下列情形。

- 你想要为一个使用了耗损模式的游戏加入更多的策略性玩法。
- 你想要延长游戏时间。
- 你想要鼓励玩家发展出与自己的技巧水平和偏好相匹配的策略和玩法风格。

结构

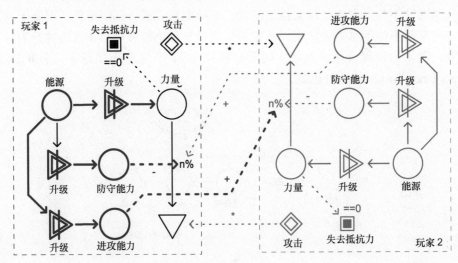

参与者

- 若干个**玩家**（players），这些玩家使用的**攻击机制**（attack mechanisms）是相同（或类似）的。
- 一种资源：**力量**（strength）。当某个玩家失去所有力量后，他就被淘汰出游戏。
- 一种可选资源：**能源**（energy）。能源被升级行为所消耗。在某些情况下，能源和力量可以是同一种资源。

■ 至少一个**升级机制**（upgrade mechanisms），用来提高每个玩家的进攻能力或防守能力。

协作

攻击机制允许玩家互相削减或窃取对方的力量。玩家需要消耗能源或时间才能激活攻击和升级机制。升级机制能提高玩家的进攻或防守能力，或者恢复玩家的力量。

效果

军备竞赛模式为玩家提供了很多策略选择，这可能会导致游戏难以平衡。一般来说，我们在设计升级选项时最好引入一种非传递性 ● 机制（剪刀石头布机制），使得每种策略都能被另一种策略克制。例如，在许多中世纪题材的战争游戏中，重装步兵克制骑兵，骑兵克制炮兵，而炮兵克制重装步兵。在这个例子中，什么样的策略是最佳策略、怎样搭配兵种最有效，部分取决于你的对手所做出的选择。

大量的策略选项使玩家可以自己制定打法和策略。例如，玩家如果偏爱某种机制，就可以频繁地使用它。而如果他不喜欢某个机制，则可以忽略它。

加入军备竞赛模式通常会使游戏流程变长，因为玩家可以从一开始就采取龟缩防守策略。这种策略可能导致对抗和冲突活动迟迟不会发生。

实现

在应用军备竞赛模式时，将哪些种类的资源设为升级活动的必需资源是一个重要的设计决策。当力量和能源是同一种资源时，玩家可能会投资过度，导致自己变得十分脆弱，如果升级活动在一段时间后才见效的话更是如此。当能源和力量是两种独立的资源时，你需要仔细考虑如何设计这两者之间的关系。你可以让力量来决定能源的生产速率，从而构造出一个强力的破坏性正反馈循环，也可以将能源转换成力量，还可以让玩家花费能源来逐渐生产出力量等等。总之有很多选择。

要防止军备竞赛把游戏时间拖得太长，一个好办法是让资源所激活的升级机制具有强烈的竞争性，这种竞争性的产生可以是由于所有玩家都试图采集同一片资源，也可以是由于玩家必须消耗力量来激活升级机制。

军备竞赛不一定非得是对称性的。你完全可以创造出一个对阵双方特性不同的军备竞赛（但这种军备竞赛平衡起来也更难）。

实例

很多即时战略游戏都使用了军备竞赛模式。例如，《星际争霸 II》和《魔兽争霸 III》就允许玩家研究科技来提高单位的战斗能力。在这些游戏中，玩家力量的强弱是以玩家拥有的单位和建筑的总量来衡量的，而能源是靠工人单位采集，这些能源可用于升级和建造新单位。

塔防游戏中也常常会出现军备竞赛模式，但这类军备竞赛是非对称的。例如，**图 B.15** 中的绿色和蓝色机制是两种不同的机制，分别提高己方（蓝色）和敌方（绿色）的攻击力。

● "非传递性"（intransitivity）是一个数学术语。我们通过一个反例来说明：如果剪刀石头布机制是传递性的，则我们应能从"石头优于剪刀"、"剪刀优于布"这两个条件推出"石头优于布"的结果。而事实并非如此，因此剪刀石头布机制是非传递性的。——译者注

大多数塔防游戏中都包含了比这多得多的升级机制：玩家既可以升级现有防御塔，也可以另外建造其他种类的防御塔，以实现各种不同的防守效果。同时，一波接一波袭来的敌军中也会包含各种各样的兵种，这就使得玩家必须根据情况制定相应的对策。

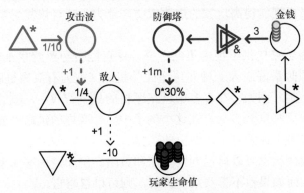

图 B.15　一个塔防游戏中的非对称军备竞赛模式

相关模式

- 军备竞赛模式可与动态引擎模式结合起来生产资源和能量，效果十分出色。很多即时战略游戏都使用了这种组合。
- 军备竞赛模式细化了耗损模式。
- 军备竞赛模式可被劳力分配模式细化。

B.12　玩法风格强化

- **类型**：其他
- **意图**：通过在玩家行动上施加缓慢的、建设性的正反馈作用，使游戏逐渐适应于玩家偏好的玩法风格。
- **别名**：角色扮演（RPG）要素
- **动机**：施加在玩家行动（这类行动产生的效果应与玩法风格强化模式不同）上的缓慢的建设性正反馈使玩家控制的角色或单位随着时间推进而不断发展进步。玩家行动本身会反过来对该机制产生反馈作用，使玩家控制的角色或单位逐渐专业化和特殊化，越来越擅长于执行某种特定任务。只要游戏中存在多种可行策略和多个专业化方向，玩家的偏好和玩法风格就会及时在角色和单位上体现出来。

适用性

玩家风格模式适用于下列情形。

- 你希望玩家在游戏中进行长期投资，并希望此投资行为贯穿于游戏的多个时期。
- 你想要鼓励玩家进行建设建造、预先制定计划、发明个人战术等活动。

■ 你希望让玩家成长为某个特定角色，或形成某种特定的玩法策略。

结构

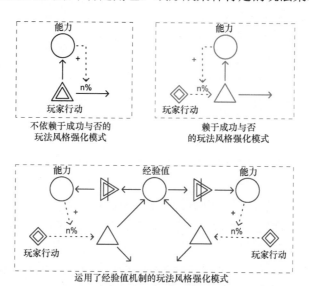

不依赖于成功与否的
玩法风格强化模式

赖于成功与否
的玩法风格强化模式

运用了经验值机制的玩法风格强化模式

参与者

■ 玩家能够执行的**玩家行动**（action）。某次行动是否成功，一定程度上取决于参与该行动的角色或单位的属性。

■ 一种资源：**能力**（ability）。它影响着行动的成功概率，并能够随时间而逐渐增强。

■ 一种可选资源：**经验值**（experience points）。它可用于提升能力。有的游戏把这个概念称为**技能点**（skill points），而用**经验值**这个名称来指代另一种不可交易的资源。

协作

■ 能力会影响到行动成功率。

■ 执行行动可增加经验值，或直接提升能力。有的游戏要求必须行动成功才能产生这些效果，而另一些游戏则无此要求。

■ 某些情况下，玩家可以消耗经验值来提升能力。

效果

玩法风格强化模式最适合于那些游玩过程跨越多个时期，且持续时间较长的游戏。

只有当游戏为玩家提供多种可选策略，并允许玩家采用多种玩法风格时，玩法风格强化模式才能有效发挥作用。如果可选的策略和玩法风格只有一个或仅仅几个的话，玩家们使用的策略就会撞车，导致游戏乏味无趣。

玩法风格强化模式可能会导致玩家采用一种叫作"最小化 - 最大化"（min-maxing[1]）的玩法。采用这种玩法的玩家会试图找到一种能以最快速度培养出强大角色的方法。如果

---

[1] min-maxing 玩法常见于角色扮演等类型的游戏中。例如，玩家可以专注于提高角色的力量、生命等属性（最大化），而忽略智力、运气等属性（最小化），从而培养出一个极其偏重于近战能力的角色，并利用这种近战优势高效地破关。——译者注

他们成功达到了这个目标，其所采用的最小化－最大化策略通常就会成为一种统治性策略。如果游戏中的反馈效果对游戏的各个活动和策略影响不均的话，这种情况就有可能发生。

老手玩家从玩法风格强化模式中获得的好处比新手玩家要多，因为经验丰富的玩家更了解他们的行为会带来何种长期效果，对游戏中各种选择的理解也更为深刻。

玩法风格强化模式奖励那些花大量时间来玩游戏的玩家。在这种情况下，花在游戏上的时间能够弥补玩家之间在技巧水平上的差距。这种副作用效果可能是设计者想要的，也可能是不想要的。

在一个使用了玩法风格强化模式的游戏中，玩家随时间而改变策略的行为可能会效果不佳，因为如果改变玩法风格，玩家也将失去他在上一种玩法中的投资获益。

实现

在实现玩法风格强化模式时，要不要使用经验值是一个重要的设计决定。如果使用经验值，玩家角色的成长和玩家做出的行动之间就不存在直接联系，这使得玩家可以用某种策略来挣取经验，再用这些经验提高角色能力，加强另一种策略。另一方面，如果不使用经验值，你就必须确保反馈作用会根据玩家行动的执行频率来保持平衡，那些被执行得更频繁的行动的反馈效果应弱于那些不常被执行的行动。

角色扮演游戏是一种典型的围绕着玩法风格强化模式构建而成的游戏。这类游戏中的反馈循环通常十分缓慢，并由一个渐增型挑战、一个动态阻碍力或一个阻碍机制来平衡，以确保角色的成长速度不至于过快。事实上，在大多数此类游戏中，角色的成长速度一开始会很快，但随后就会逐渐减慢，这通常是由于培养角色所需的经验值呈指数性增长，游戏就是通过这种方式来实现平衡的。

你还必须决定反馈效果是否只有在玩家行动成功的情况下才会产生。你对这个问题做出的决定可对玩家的行为产生重大影响。如果成功是必需条件，这个反馈循环就具有了影响力。在这种情况下，你可能最好还是让玩家任务的难度也影响到行动的成功机会，并设置难度不同的任务来挑战玩家，使他们得以磨练角色。而如果不需成功也能得到经验值，玩家就有更多机会在游戏的后期阶段或难度较高的阶段中提升那些之前所忽视的能力。然而，这也可能会促使玩家利用每一个可能的机会来执行某项特定行动，从而造成一些出乎意料、脱离实际或令人啼笑皆非的结果，如果这项行动几乎没有风险的话，这种情况就会更严重。

实例

很多桌上角色扮演游戏都使用了玩法风格强化模式。例如，在《Warhammer Fantasy Role-Play》和《Vampire: The Masquerade》中，玩家每达成一个目标就能获得经验值作为奖励，并可用这些经验值来提升角色能力。令人奇怪的是，角色扮演游戏的始祖《龙与地下城》并未使用玩法风格强化模式。在《龙与地下城》中，玩家每积累一定经验值就可升级，但升级时角色能力的提升方向却并不受玩家控制。也就是说，玩家的玩法风格或偏好无法对角色的发展产生影响。

在电子角色扮演游戏《上古卷轴 IV：湮没》（The Elder Scrolls IV: Oblivion）中，玩家角色的实力进步与角色的行动直接相关。角色能力直接取决于该角色执行相关行动的次数。这个游戏成功实现了一种不使用经验值的玩法风格强化模式。

在《文明 III》中，玩家取胜的方法有很多种。玩家可以通过建造具有相应辅助作用的城市设施和世界奇迹来强化他所选用的军事、经济、文化、科技（或这些领域的任意组合）策略。在这个游戏中，有多种资源都起到了经验值的作用，金钱和生产力就是突出的例子。这些资源并不一定只服务于游戏中的某一种特定策略。一座城市产出的金钱可用于提高另一座城市的生产力。

相关模式

当玩法风格强化模式依赖于行动的成功与否时，它就会引起一个强力的反馈作用。在这种情况下，人们常常用一个阻碍机制来提高能力升级的所需代价。

B.13　多反馈

要详细了解**多反馈**（multiple feedback）模式，请查阅附录 B 的完整版本。下载网址是 www.peachpit.com/gamemechanics。

B.14　交易

要详细了解**交易**（trade）模式，请查阅附录 B 的完整版本。下载网址是 www.peachpit.com/gamemechanics。

B.15　劳力分配

要详细了解**劳力分配**（worker placement）模式，请查阅附录 B 的完整版本。下载网址是 www.peachpit.com/gamemechanics。

B.16　慢性循环

要详细了解**慢性循环**（slow cycle）模式，请查阅附录 B 的完整版本。下载网址是 www.peachpit.com/gamemechanics。

Machinations 入门指南

　　Machinations 工具由 Joris Dormans 设计开发，是一个可视化的编辑器和模拟工具。你可以在这个工具中构建并模拟运行 Machinations 示意图。本附录包含的教程能使你迅速掌握在 Machinations 工具中构建示意图的方法。在教程中，我们将带你逐一认识工具的各个界面，还会一步一步向你演示如何构建出一张示意图。本附录需在网上下载，网址是 www.peachpit.com/gamemechanics。